ワークブックで学ぶ
生物学実験の基礎

Skills in Biology

Tracey Greenwood
Lissa Bainbridge-Smith
Kent Pryor
Richard Allan 共著

後藤太一郎 監訳

Original English language Edition
Skills in Biology Third Edition
Copyright © 2011 Biozone International Ltd
Published by Biozone International Ltd
109 Cambridge Road, Hamilton 3216, New Zealand

Japanese translation from the original edition
Basic Biological Experiments — Study with Workbook
(Workbook de Manabu SeibutsugakuJikken no Kiso)
Copyright © 2014 Ohmsha Ltd.

All Rights Reserved. No part of this publication may be reproduced, stored in a retrieval system, or transmitted in any form or by any means, electronic, mechanical, photocopying, recording, or otherwise, without the prior written permission of the publisher.

Acknowledgements and Photo Credits

Royalty free images, purchased by Biozone International Ltd, are used throughout this workbook and have been obtained from the following sources: Corel Corporation from various titles in their Professional Photos CD-ROM collection; IMSI (International Microcomputer Software Inc.) images from IMSI's MasterClips® and MasterPhotosTM Collection, 1895 Francisco Blvd. East, San Rafael, CA 94901-5506, USA; ©1996 Digital Stock, Medicine and Health Care collection; ©Hemera Technologies Inc., 1997-2001; © 2005 JupiterImages Corporation www.clipart.com; ©Click Art, ©T/Maker Company; ©1994., ©Digital Vision; Gazelle Technologies Inc.; PhotoDisc®, Inc. USA, www.photodisc.com.

The authors would also like to thank those who have contributed towards this edition: • Sam Banks for his photograph of wombat scat • Pasco for their use of images of sampling using probeware • Vernier for use of their image of a respiration chamber • Dave Ward, Sirtrack Ltd, for photographs and information on radio-tracking • Campus Photography, University of Waikato for photographs of equipment used for monitoring physical factors • Stephen Moore for his photos of aquatic invertebrates • C. Pilditch for photos of rocky shore animals • K. Pryor for the photo of the rocky shore • Adam Luckenbach • NC State University for the poster presentation.

We also acknowledge the photographers that have made their images availablethrough Wikimedia Commons under Creative Commons Licences 2.0, 2.5. or 3.0: • Yohaneuan 04 • US Fish and Wildlife Service • Laitche • CDC: Dr Lucille K. Georg • Mnolf • Graham Bould

Photos kindly provided by individuals or corporations have been identified by way of coded credits as follows: **BOB**: Barry O'Brien (Uni. of Waikato), **BF**: Brian Finerran (University of Canterbury), **BH**: Brendan Hicks (University of Waikato), **CDC**: Centers for Disease Control and Prevention, Atlanta, USA, **COD**: Colin O'Donnell (Dept of Conservation, NZ), **GU**: Graeme Ussher (University of Auckland), **EII**: Education Interactive Imaging, **EW**: Environment Waikato, **FRI**: Forest Research Institute, GW: Graham Walker, **HF**: HalemaFlannagan, **JDG**: John Green (University of Waikato), **KL-Sirtrack**: Kevin Lay (Sirtrack Ltd), **PASCO**: Pasco Probeware, **PH**: Phil Herrity, **RA**: Richard Allan, **RCN**: Ralph Cocklin, **Sirtrack**: Sirtrack Ltd, **VM**: Villa Maria Wines, **VU**: Victoria University, NZ, **WMU**: Waikato Microscope Unit.

本書を発行するにあたって，内容に誤りのないようできる限りの注意を払いましたが，本書の内容を適用した結果生じたこと，また，適用できなかった結果について，著者，出版社とも一切の責任を負いませんのでご了承ください．

本書は，「著作権法」によって，著作権等の権利が保護されている著作物です．本書の複製権・翻訳権・上映権・譲渡権・公衆送信権（送信可能化権を含む）は著作権者が保有しています．本書の全部または一部につき，無断で転載，複写複製，電子的装置への入力等をされると，著作権等の権利侵害となる場合があります．また，代行業者等の第三者によるスキャンやデジタル化は，たとえ個人や家庭内での利用であっても著作権法上認められておりませんので，ご注意ください．
本書の無断複写は，著作権法上の制限事項を除き，禁じられています．本書の複写複製を希望される場合は，そのつど事前に下記へ連絡して許諾を得てください．

出版者著作権管理機構
（電話 03-5244-5088, FAX 03-5244-5089, e-mail : info@jcopy.or.jp）

JCOPY ＜出版者著作権管理機構 委託出版物＞

はじめに

　本書は，ニュージーランドのBiozone社より出版されている"Skills in Biology (Third Edition)"の日本語版です。"Skills in Biology"は，ニュージーランドの高校から大学初年次で用いられているBiozone社の生物学教科書"Senior Biology"の第1章"Skills in Biology"をベースに，生物学の研究方法についてまとめられた書籍です。

　2010年に，"Senior Biology"の抜粋翻訳版である『ワークブックで学ぶ生物学の基礎』を出版しましたが（現在，第2版），その際にはページ数の関係で生物学の研究方法について取り扱うことができませんでした。そこで，"Skills in Biology"の翻訳出版を計画しました。

　本書の最大の特色は，図がわかりやすい，1〜2ページで1つの課題が完結している，内容理解と思考を発展させる質問がある　ワークブック形式で自学自習しやすい，という点にあります。これらの特色によって，生徒にとっては生物学の研究を始めるうえでのポイントが理解しやすく，教師にとっては生徒の理解度に合わせたテーマ選び，生徒と対話をしながらの授業展開が可能なつくりとなっています。訳者の一人である平山は，すでに3年前から大学の授業（教育学部理科教育コース2年生を対象）で原著の一部を訳して使用しており，そこで学んだ生徒たちは研究の進め方や統計・検定の知識を，その他の授業や卒業研究に生かしています。

　高校における生物学の研究は，特に科学クラブやスーパーサイエンスハイスクール（SSH）指定校で推進されていますが，具体的に研究計画を立てて，どのように進めてよいかわからないという場合も多いようです。実際に地域や全国のSSH校の研究発表会を見ると，科学的手法を知らないために自己流の実験方法で行われているものを目にします。"Skills in Biology"の日本語版は，大学生だけでなく，高校生の研究活動にも役立つと思っています。なかでも野外調査法では，データの取り方などについて初心者にもわかりやすくまとめられているほか，日本の理科教育ではあまり活用されていないデータロガーなどが扱われており，新しいツールの活用を考えることにもなるでしょう。

　本書は"Skills in Biology"の翻訳版であるため，系統分類の箇所は，『ワークブックで学ぶ生物学の基礎　第2版』と一部重複しています。また，原著での明らかな誤りなどについては修正を加え，統計・検定で掲載されているマイクロソフト社のソフト「エクセル」での操作手順については，原著のままでは使用できないために，最新日本語版に合わせて修正しました。

　本書の出版は，"Skills in Biology"の重要性を感じ，出版にご賛同いただいたオーム社の方々のご努力なしには成し得なかったことです。特に，多くの生物学関連書の編集を手掛けておられる加藤法子さんの編集協力のおかげで，素晴らしい翻訳本とすることができました。この場を借りて深くお礼申し上げます。また，三重大学での実習の様子をもとに本書のカバーのイラストを制作してくれた，卒論生の中道瑛美さんにお礼申し上げます。

　　　訳者を代表して
　　　　2014年9月

　　　　　　　　　　　　　　　　　　　　　　　　　　　　　　　　後藤　太一郎

目 次

はじめに･････････････････････････････････iii
本書の構成･････････････････････････････････vi

第1章　科学的な質問の立て方，解答の見つけ方

科学的手法･･････････････････････････････････2
仮説と予測･･････････････････････････････････3
研究計画ガイド･･････････････････････････････5
正確さと精度････････････････････････････････6
変数とデータ････････････････････････････････7
定性的調査の実践････････････････････････････8
定量的調査の計画････････････････････････････9
植物成長の調査･････････････････････････････11
表の作成･･･････････････････････････････････14
グラフの作成･･･････････････････････････････15
時系列データのグラフ化･････････････････････16
時系列データの評価･････････････････････････17
結果の評価･････････････････････････････････19
生データの処理･････････････････････････････21
棒グラフの作成･････････････････････････････23
ヒストグラム（度数分布図）の作成･･･････････24
円グラフの作成･････････････････････････････25
カイトグラフの作成･････････････････････････26
散布図の作成･･･････････････････････････････27
折れ線グラフの作成･････････････････････････28
グラフの解釈･･･････････････････････････････31
キーワード：フラッシュカードゲーム
　　　（表：問題）･････････････････････････33
　　　（裏：解答）･････････････････････････34

第2章　分析とレポート

次のステップへ･････････････････････････････36
もう一歩先のデータ変換･････････････････････38
記述統計量･････････････････････････････････39
標本のばらつきの解釈･･･････････････････････41
平均の信頼性･･･････････････････････････････43
線形回帰･･･････････････････････････････････46
非線形回帰･････････････････････････････････49
t 検定･･･････････････････････････････････51
t 検定の演習･････････････････････････････52
3つ以上のグループの比較･･･････････････････54
分散分析･･･････････････････････････････････55
生態学におけるカイ二乗検定･････････････････57
生態学におけるカイ二乗検定の演習･･･････････58
遺伝学におけるカイ二乗検定･････････････････59
遺伝学におけるカイ二乗検定の演習･･･････････60
スピアマンの順位相関･･･････････････････････61
レポートの構成･････････････････････････････62
方法の執筆･････････････････････････････････63
結果の執筆･････････････････････････････････64
考察の執筆･････････････････････････････････65
文献の引用と引用文献リストの作成･･･････････66
用語の確認･････････････････････････････････68

第3章　野外研究

集団のサンプリング･････････････････････････70
多様度指数･････････････････････････････････72
野外研究の計画を立てる･････････････････････73
物理的環境要因のモニタリング･･･････････････75
間接サンプリング･･･････････････････････････77
動物個体群のサンプリング･･･････････････････79
トランセクト調査･･･････････････････････････81

標識再捕獲法・・・・・・・・・・・・・・・・・・・・・・・ 83
ラジオトラッキングを使った調査・・・・・・・・・・・・ 85
コドラート調査・・・・・・・・・・・・・・・・・・・・・・・ 86
コドラート調査に基づいた推定・・・・・・・・・・・・ 87
岩礁海岸群集のサンプリング調査・・・・・・・・・・ 88
岩礁海岸の調査・・・・・・・・・・・・・・・・・・・・・・ 90
キーワード：フラッシュカードゲーム
　　　（表：問題）・・・・・・・・・・・・・・・・・・・・ 93
　　　（裏：解答）・・・・・・・・・・・・・・・・・・・・ 94

第4章　生物の分類

新しい生物系統樹・・・・・・・・・・・・・・・・・・・・ 96
系統発生と生物分類・・・・・・・・・・・・・・・・・・ 97
系統学的種概念・・・・・・・・・・・・・・・・・・・・・ 99
さまざまな分類群の特徴・・・・・・・・・・・・・・・・ 100
生物分類体系・・・・・・・・・・・・・・・・・・・・・・・ 105
分類検索キー・・・・・・・・・・・・・・・・・・・・・・・ 107
植物の種を同定する・・・・・・・・・・・・・・・・・・ 109
生物の分類・・・・・・・・・・・・・・・・・・・・・・・・・ 110
5界の特徴・・・・・・・・・・・・・・・・・・・・・・・・・・ 116
さまざまな微生物の特徴・・・・・・・・・・・・・・・・ 117
大型菌類と植物の特徴・・・・・・・・・・・・・・・・ 118
さまざまな動物の特徴・・・・・・・・・・・・・・・・・ 119

第5章　実験のテクニック

光学顕微鏡・・・・・・・・・・・・・・・・・・・・・・・・・ 123
顕微鏡使用技術・・・・・・・・・・・・・・・・・・・・・ 125
生物描画・・・・・・・・・・・・・・・・・・・・・・・・・・ 126
線倍率の計算・・・・・・・・・・・・・・・・・・・・・・・ 128
定性的実習・・・・・・・・・・・・・・・・・・・・・・・・・ 129
電子顕微鏡・・・・・・・・・・・・・・・・・・・・・・・・・ 130

植物細胞の構造の確認・・・・・・・・・・・・・・・・ 132
動物細胞の構造の確認・・・・・・・・・・・・・・・・ 133
電子顕微鏡写真を読み解く・・・・・・・・・・・・・・ 134
生化学試験・・・・・・・・・・・・・・・・・・・・・・・・・ 135
比色分析法・・・・・・・・・・・・・・・・・・・・・・・・・ 136
分画遠心法・・・・・・・・・・・・・・・・・・・・・・・・・ 137
ペーパークロマトグラフィー・・・・・・・・・・・・・・ 138
ゲル電気泳動・・・・・・・・・・・・・・・・・・・・・・・ 139
DNA試料を解析する・・・・・・・・・・・・・・・・・・ 140
植物の組織培養・・・・・・・・・・・・・・・・・・・・・ 141
微生物培養の技術・・・・・・・・・・・・・・・・・・・ 143
菌株の単離・・・・・・・・・・・・・・・・・・・・・・・・・ 144
段階希釈法・・・・・・・・・・・・・・・・・・・・・・・・・ 145
用語の確認・・・・・・・・・・・・・・・・・・・・・・・・・ 146

索引・・・・・・・・・・・・・・・・・・・・・・・・・・・・・・・ 147
訳者略歴・・・・・・・・・・・・・・・・・・・・・・・・・・・ 148

本書の構成

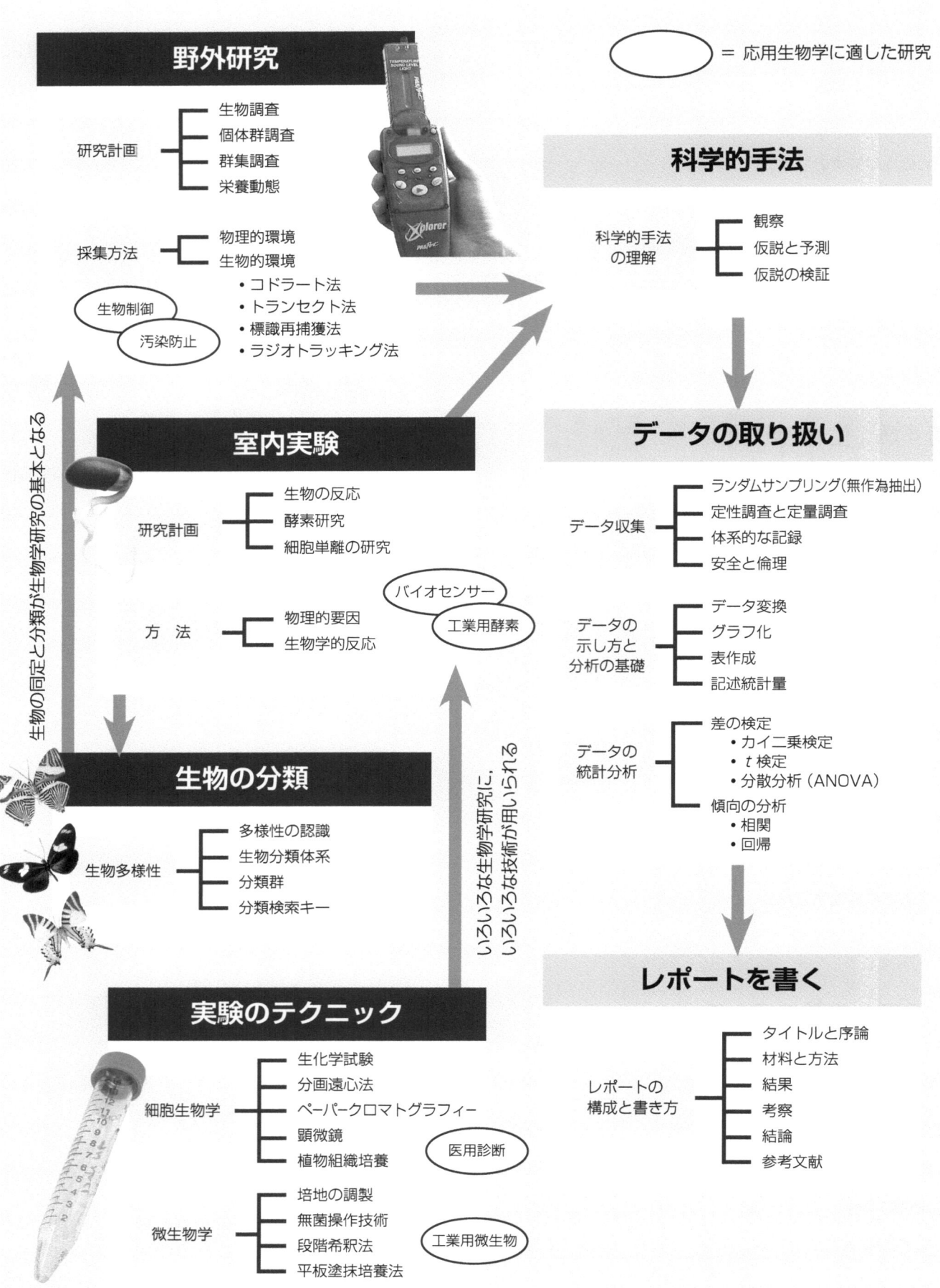

1 科学的な質問の立て方，解答の見つけ方

重要概念

▶ すべての科学の基礎は，観察，仮説，実験（調査）である。
▶ 研究者は，立てた仮説を検証するためにデータを収集して分析する。
▶ 仮説が検証できるように実験計画を立てる必要がある。
▶ データを分析し，グラフや表などさまざまな方法で結果を表現する。

重要語句

科学的手法
仮説
仮定
観察
グラフ
  x軸
  y軸
コントロール
最頻値
正確さ
精度
相関
中央値
データ
  データの傾向
  データの変換
  定性的データ
  定量的データ
  生データ
ヒストグラム（度数分布図）
表
平均
変数
  従属変数
  制御変数
  独立変数
予測

目 的

☐ 1. **重要語句**を参考にして以下の学習の目的を理解し，その課題を行う。

科学的手法　　　　　　　　　　　　　　　　　　　　　　p.2～4

☐ 2. **科学的手法**の原則を説明し，**仮説**を立てて検証可能な**予測**を導く前段階としての**観察**の役割を述べる。

調査の計画　　　　　　　　　　　　　　　　　　　　　　p.5～10

☐ 3. **定性的データ**と**定量的データ**の違いを説明し，それらの適切な利用の事例を示す。

☐ 4. **正確さ**と**精度**の違いを説明し，定量的データの収集におけるそれらの重要性を説明する。

☐ 5. 自身の調査のアウトラインをつくる。目的や仮説，**仮定**について述べる。以下のような関連する情報について取り上げる。

  （a）サンプル数（標本数）と処理数

  （b）**コントロール**と，実験におけるその役割

  （c）**従属変数**と**独立変数**，およびそれらをどのように測定するか

  （d）**制御変数**とその重要性，およびそれらをどのように制御するか

データの収集と分析　　　　　　　　　　　　　　　　　　p.11～32

☐ 6. **体系的にデータを記録する**能力を養う。

☐ 7. **生データ**を処理する能力を養う。簡単な**データ変換**（百分率，比率）を行う。データ変換の理論的根拠を述べる。

☐ 8. 計算して求めた数値など，さまざまな種類のデータを適切に**表**にまとめる能力を養う。

☐ 9. 適切な記述**統計量**（例：平均，標準偏差）を計算し，データの要約や結果の評価に役立てる。

☐ 10. データをグラフ化することの利点を説明する。さまざまなデータを適切な種類のグラフに表す。グラフの種類には，**散布図**，**折れ線グラフ**，**円グラフ**，**棒グラフ**，**カイトグラフ**，**ヒストグラム**がある。

☐ 11. データに潜む**傾向**やパターン（例：相関）を説明する。

科学的手法

科学の知見は，**科学的手法**と呼ばれる過程を経て進歩する。科学的手法の過程は，観察と測定，仮説の構築と予測，仮説検証のための実験計画とその実施から構成される。科学的な**仮説**とは，観察結果に対する一時的な説明であり，実験によって検証することが可能なものでなければならない。仮説は，研究対象についての**予測**を導き，調査（分析）の結果に基づいて支持，あるいは棄却される。ただし，仮説が支持されたとしても，それは必ずしも永続的なものではない。のちに新しい発見によって棄却されることもあり得る。

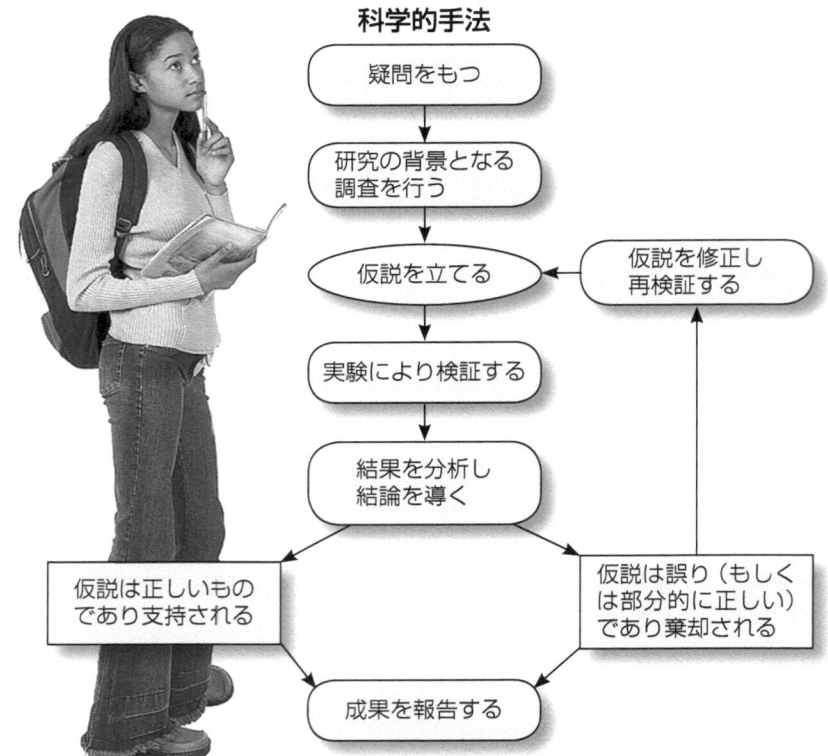

科学的手法
疑問をもつ → 研究の背景となる調査を行う → 仮説を立てる → 実験により検証する → 結果を分析し結論を導く → 仮説は正しいものであり支持される／仮説は誤り（もしくは部分的に正しい）であり棄却される → 仮説を修正し再検証する → 成果を報告する

仮説の構築
適切な仮説の特徴：
- 研究対象についての観察や先行研究の知見に基づいている。
- 観察した現象を説明できるものである。
- １つだけの独立変数からなる。
- 疑問形ではなく，明瞭な説明として書かれている。
- 実験的に検証可能である。
- 研究対象についての予測を導くものである。

仮説の検証
適切な検証方法の特徴：
- 仮説の妥当性を検証している。
- 再現可能である。
- 実験上の処理（操作）の影響を受けない対照（コントロール）を有する。
- 可能な範囲で，すべての変数が制御されている。
- 検証方法に独立変数と従属変数が含まれている。
- 処理群間では独立変数だけを変えることができる。

操作をともなう仮説
ある変数の操作による生物体への影響を調べる際などに用いられる。
例：肥料の化学的組成は植物種Ａの成長速度に影響を及ぼす。

選択に関する仮説
生物種の嗜好性，たとえば特定の生息地や微気候などに対する嗜好性を調べる際などに用いられる。 例：キツツキの種Ａの営巣には樹種選択性がある。

観察をともなう仮説
野外での生物調査など，環境条件を操作することができない場合に用いられる。
例：シダ植物の存在量は林冠の形成度合いに影響を受ける。

1．一度支持された仮説がのちに棄却される可能性があるのはなぜか。＿＿＿＿＿＿＿＿＿＿＿＿

2．科学的手法が再現可能でなければならない理由を説明しなさい。＿＿＿＿＿＿＿＿＿＿＿＿

3．すべての変数を制御することが困難な状況には，どのようなものが挙げられるか述べなさい。＿＿＿＿＿＿

仮説と予測

仮説は，観察から生じる疑問に答えるための一時的な説明であり，観察対象である系のふるまいについての**予測**を導くものである。実験はこれらの予測を確かめるために行われる。すべての仮説には，その仮説を否定する帰無仮説を立てることができる（例：自分の仮説「AとBには差がある」に対して，帰無仮説「AとBには差がない」）。帰無仮説を立てて，統計学的方法で検定した結果が有意であれば，帰無仮説は棄却される。そのようにして，ある仮説が支持された場合，その仮説は，誰でもが同じ手法で確かめることができ，何度でも同じ結果が再現されなければならない。また，より多くの情報が得られることで仮説は修正されることもある。

観察，仮説，予測

仮説を立てたり予測したりするうえでの基礎となるものが観察である。観察は，その現象を説明することのできるいくつかの仮説を生み，そしてそれぞれの仮説は，さらなる調査や分析によって検証され得る1つもしくは複数の予測を導く。

観察事例1：毛虫のなかには，派手な色をもち，昆虫食の鳥などの捕食者に対し目立つように見える種がある。捕食者はこれらの種を避けているように見える。これらの毛虫は，単独で生活していることはなく，群れをなしていることが多い。

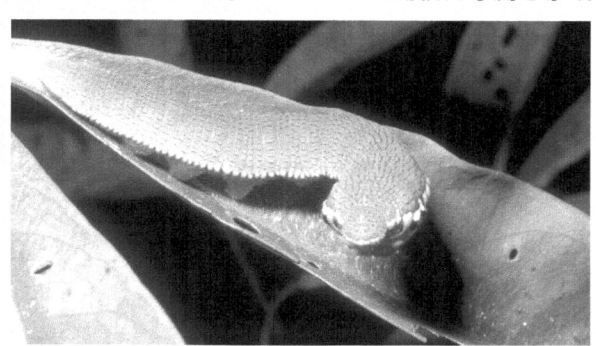

観察事例2：毛虫のなかには，見た目や行動を目立たせないようにしている種がある。これらの種が示す擬態（カモフラージュ）は非常に優れていて，危険を察知すると背景にとけ込んで見分けがつかなくなる。そのような毛虫たちはたいてい単独で生活している。

仮　定

どのような生物学的調査であっても，実施していくなかでは何らかの仮定をせざるを得ない。仮定とは，研究対象の系やその調査に関して，正しいと想定はするが検証はしない（あるいはできない）もののことである。上記の観察事例1と2で考えられる仮定には次のようなものがある。
- 昆虫食の鳥類には色覚がある。
- 私たち人間にとって派手に見えたり目立たなかったりする毛虫たちは，昆虫食の鳥類にとってもそのように見えている。
- 昆虫食の鳥類は，毛虫を食べることを通じて学習し，毛虫に対する嗜好性をもつ。

1. 上記の派手な毛虫と目立たない毛虫の観察事例をよく読み，以下の設問に答えなさい。

    (a) ある毛虫は派手な色をもち鳥類に目立つのに対して，他の毛虫は目立たずに周囲にとけ込んで見えるという観察事実を説明するための仮説を立てなさい。

    仮説：＿＿

    (b) その仮説の帰無仮説を述べなさい。＿＿＿＿＿＿＿＿＿＿＿＿＿＿＿＿＿＿＿＿＿＿＿＿＿＿＿＿＿＿＿＿＿＿＿＿

    (c) あなたが仮説を立てた際の**仮定**を1つ述べなさい。＿＿＿＿＿＿＿＿＿＿＿＿＿＿＿＿＿＿＿＿＿＿＿＿＿＿＿＿

    (d) あなたが立てた仮説に基づき，毛虫に対する昆虫食の鳥類の行動についての**予測**をしなさい。

2. 調査の中では，観察の結果，もとの仮説とは関連のない新しい情報が得られることもある。この新しい情報が研究対象の系についてさらなる仮説を導くこともある。以下にいくつかの偶発的に観察された結果を示す。それぞれについて予測を行い，またその予測を検証するための実験の概要を考えなさい。なおどちらの事例でも，述べられている観察結果は，最初に検証しようとして立てた仮説とは関連がなかったものとする。

(a) 細菌の培養

予測：_____

_____

_____

_____

_____

_____

_____

観察事例：細菌の成長に関する実験をしていた彼女たちは，実験室の異なる場所にシャーレを置いて一晩培養したところ，シャーレ間で細菌の成長速度が異なることに気づいた。

実験の概要：_____

_____

_____

_____

_____

(b) 植物のクローニング

予測：_____

_____

_____

_____

_____

_____

_____

観察事例：植物のクローニングの実験をしていた研究者は，クローンの根の長さが，培地に加えたホルモンの濃度によって異なることに気づいた。

実験の概要：_____

_____

_____

_____

_____

_____

研究計画ガイド

ここでは，研究の各段階における主要なポイントを概説する。自分で研究計画を立てて実施するときの助けとなるだろう。これらのうちのいくつかは，以降の課題で詳しく取り上げる。右下のコラムにはチェックリストを設けている。各段階が終了したところで，指導教員に研究の進捗状況についてチェックしてもらうとよいだろう。

トピックの選択

研究テーマは，自身にとって関心があり，実施可能なものであるべき。次の点を考慮すること：

- リソース（たとえば，調査道具）は利用可能か。
- 研究を遂行するために配分すべき時間は十分か。
- 動物を扱う場合には，倫理的な配慮を。

研究背景の調査

研究テーマの背景となる知見が必要である。次のような情報源から調べる：

- 書籍。
- 学術雑誌，報告書。
- その分野の専門家の助言。

実験（調査）計画

仮説の検証ができるよう，実験（調査）計画を立てる。次の点に注意すること：

- データの収集方法（調査，実験，観察）。
- サンプル（標本）数，サンプリング（標本抽出）単位，対照（コントロール），収集するデータの妥当性，精度*，正確さ*。

*精度と正確さについては p.6 で詳述。

データの収集

研究のもっとも重要な過程であり，注意深く計画すべきである。可能な限り定量的データを収集する。次の点に注意すること：

- 収集するデータの種類，データ収集の方法，いつどのようにデータを記録するか。
- 収集するデータが，あなたの立てた仮説に適切な答えを与えるものかどうか。
- 用いる測定機器（適合性，簡便さ，精度），データを表現する単位，データに含まれる誤差。

データの分析

レポート（論文）の中で結果をどのように表すのか判断する。

- 生データをまとめた表や，それらを変換したデータを示す表。
- データの傾向や重要な特性を示すグラフ。
- 仮説が支持されるか棄却されるかを分析する統計学的検定。

レポート（論文）の執筆

５つの基本となるセクション（はじめに，方法，結果，考察，引用文献）を書く。付随するセクションである，要旨，結論，付録を考える。

- 時間をかけて，実験（調査）で得られた知見を十分に咀嚼する。
- 明快な文章で書く。
- 原稿を完成させ，見直して修正する。

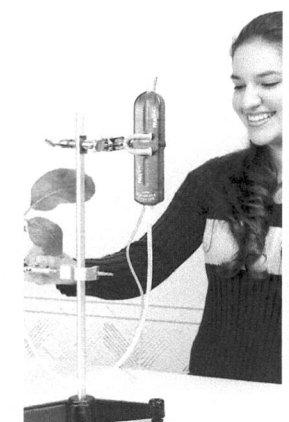

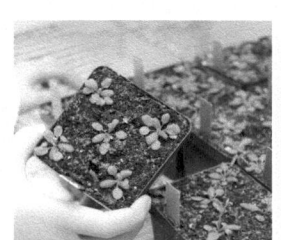

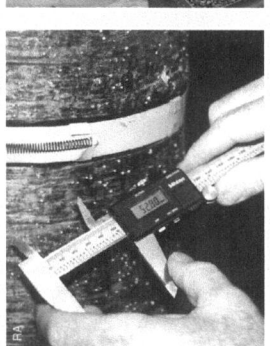

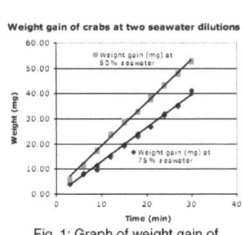

Pasco

RA

Weight gain of crabs at two seawater dilutions
Weight gain (mg) at 50% seawater
Weight gain (mg) at 75% seawater
Weight (mg)
Time (min)
Fig. 1: Graph of weight gain of crabs in two diutions of seawater. n = 5 for both dilutions.

Light Avoidance Behav
in the
Pond Springtail
Podura aquatica

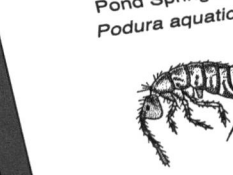

研究計画チェックリスト

- ☐ 計画は利用可能なリソースで実行できる。
- ☐ 研究の遂行に十分な時間がある（無謀な計画にならないように）。
- ☐ 倫理的な事項をクリアしている。

指導教員のチェック：……………………

- ☐ 研究計画に必要な事前の調査を十分に行っている。
- ☐ 必要な器具リストを作成しており，利用可能かどうか調べてある。

指導教員のチェック：……………………

- ☐ 仮説は明瞭か。
- ☐ 最適な手法（調査，実験）を選んでいるか。
- ☐ 予備調査が必要な場合，その内容を決定しているか。
- ☐ 実験（調査）計画（サンプル数や対照実験など）はこの研究に適切か。
- ☐ もし研究のどこかの段階がうまくいかなくても，完全に失敗とはならないよう十分に計画は練られているか。

指導教員のチェック：……………………

研究実施チェックリスト

- ☐ データ収集の方法と，収集するデータの種類は，その研究テーマや答えたい疑問に適切なものであるか。
- ☐ データの収集や記録の方法（測定単位なども含む）は一貫しているか。
- ☐ データの安全な管理のために，データや予備的な分析結果のコピーをとってあるか。

指導教員のチェック：……………………

- ☐ 生データのまとめや必要なデータ変換は行っているか。
- ☐ データの表現方法は，データの種類や伝えたい情報にとって適切か。
- ☐ データや仮説と照らして，用いた統計学的検定は適切か。

指導教員のチェック：……………………

- ☐ レポート（論文）に必要なセクションはそろっているか。
- ☐ 各構成要素には，必要な情報が書かれているか。
- ☐ 引用文献リストは正確かつ一貫した形式で書かれているか。
- ☐ 原稿はきちんと校正されているか。

指導教員のチェック：……………………

正確さと精度

「正確さ (accuracy)」と「精度 (precision)」という語は，よく混同されたり誤用されたりするが，両者は異なるものである。生物学の研究において，**正確さ**とは測定値がどれくらい真の値に近いかを意味する。すなわち，それは測定の正しさを表す。これはサンプリング器具やその校正（キャリブレーション）の性能とも関連する。一方，**精度**とは，繰り返し測定した場合の値の近さを意味する。すなわち，それは測定の精密さを表す。

正確さと精度のバランスが崩れると，精度はきわめて高い（つまり再現性が高い）が不正確な（真の値とは異なる）結果を生じることになる。下図のように，射的をアナロジーとして考えると，両者の違いが理解しやすい。実験における測定の繰り返しは，1つの的に向けて射られたいくつもの矢にたとえることができる。

正確だが精度は低い
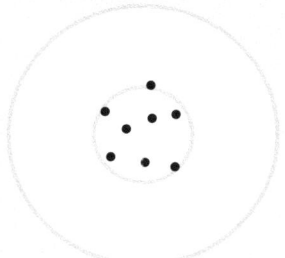
測定値はすべて真の値に近いが，散らばりが大きい。
アナロジー：矢はすべて的の中心部にあるが，散らばっている。

精度は高いが不正確
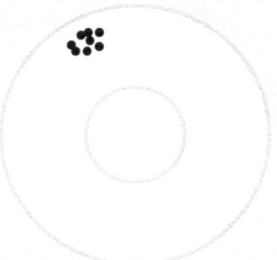
測定値はすべて同じような値をとるが，真の値からは離れている。
アナロジー：矢はすべて同じ場所に集中しているが，的の中心からは離れている。

不正確で精度も低い
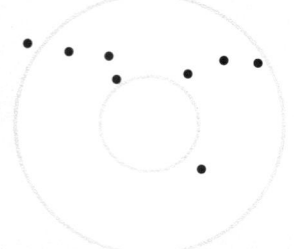
測定値は互いに遠く離れ，真の値からも外れている。
アナロジー：矢は的の周縁部に散らばっている。

正確で精度も高い

測定値はすべて真の値に近くすべて同じような値となる。
アナロジー：矢はすべて的の中心部に集中している。

測定の正確さとは，測定値がどれくらい真の値に近いかを示す。測定の精度は，その再現性の高さを示す。器具が不正確な（偏った）測定をすることもあり得るが，実験室での作業の大半では，通常，精度の高い（再現性のある）測定を行うことがもっとも考慮すべきこととなる。精度は，1つの試料を繰り返し測定することで確認することができる。

野外で生物個体群を調査するときには，さらなる問題に直面する。調査者が何らかの測定を行い（たとえば，魚の体長など），真の値を推定しようとしても（たとえば，魚の平均サイズ，すなわち平均年齢），個体群内での変動が大きい場合には真の値を推定することが難しい。その際には，個体群からの大量の無作為抽出（ランダムサンプリング）を行うことで，より正確な推定値を得る。

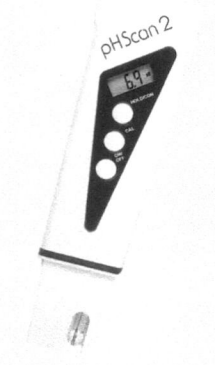
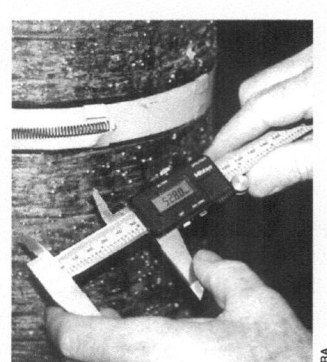

左上写真のpHメーターのようなデジタル機器は，再現性の高い測定値をもたらすが，正確さを得るためには正しく校正する必要がある。右上写真のノギスのような道具を用いた測定では，その精度（再現性）は調査者のスキル（技術）に依存する。

1. 正確さと精度の違いについて述べなさい。_____

2. 正確かつ精度の高い測定を行うことがなぜ大切なのか説明しなさい。_____

3. ある研究者は，酵素Aが何度で失活するのか調べようとしている。しかし温度センサー（プローブ）が正しく校正されていない。これが，収集するデータの正確さや精度にどのように影響する可能性があるか述べなさい。

変数とデータ

どのような調査においても収集するデータの種類を考えることは重要である。調査では，可能な限り，定量的なデータ（数値で表されたデータ）を収集することが望ましい。そのほうがデータ分析しやすく，統計学的検定が容易となるためである。また，データを収集する際には，体系的にデータを記録することが重要である（たとえば，表やスプレッドシートを用いる）。特にデータ処理やデータ変換が必要とされる場合には，体系的なデータの記録が必須となる。データ整理のために，記述統計量（平均や中央値など）を算出することも有用である。これらは，データに潜む特徴や重要な傾向を明らかにすることに大変役立つ。

調査で得られる観測値や測定値はデータと呼ばれる。データの種類には，定性的データ，定量的データ，順位データがある。

データ（変数）の種類

- **定性的データ**
  数値で表せない記述的なデータ。たとえば，性別，色，ある特徴の有る無し，生死など。
  例：家族内の子どもの性別（男性，女性）

- **順位データ**
  段階的に順位をつけて表すデータ。たとえば，存在量（非常に多い，普通，希少），色（濃い，普通，薄い）など。
  例：家族内の出生順（1, 2, 3）

- **定量的データ**
  測定したり計算したりすることのできるデータ。たとえば，高さ，重さ，存在数など。
  - **不連続データ**
    例：家族内の子どもの数（3, 0, 4）
  - **連続データ**
    例：家族内の子どもの身長（1.5m, 1.3m, 0.8m）

A：葉の形

B：産まれた子の数

C：魚の体長

1. 上の写真（A, B, C）が，定性的データ，順位データ，定量的データのどれに該当するか答えなさい。

    (a) 葉の形：_____

    (b) 産まれた子の数：_____

    (c) 魚の体長：_____

2. 生物学の研究において，可能な限り定量的データを収集することが望ましいのはなぜか説明しなさい。

    _____

    _____

    _____

3. 光の色（赤，青，緑）を定量的に測定するにはどのようにすればよいか答えなさい。

    _____

4. (a) 定量的に収集することができないデータの例を1つ挙げ，その理由を説明しなさい。

    _____

    _____

   (b) 順位データに数値を割り振り，たとえば，ほとんどない＝1，少ない＝2，普通＝3，多い＝4，非常に多い＝5などのように表すことがある。これらのデータは**半定量的データ**と呼ばれることがある。それはなぜか説明しなさい。

    _____

    _____

1 科学的な質問の立て方，解答の見つけ方

定性的調査の実践

生物学で行う実験や調査では，常に定量的データを扱うわけではない。分析や解釈がしやすく，調査者による偏りが生じにくいという点から，定量的データが望ましいのはもちろんであるが，状況によっては，定性的データを収集することがふさわしい場合もある。たとえば，簡易な生化学的試験で食材の色の変化を記録する場合などである。デンプンを検出するヨウ素デンプン反応試験や，グルコースなどの糖類を検出するベネジクト試験（ベネジクト溶液が還元糖のアルデヒド基－CHO を検出する）は，炭水化物を調べるためによく使用される試験である。これらの試験では，基質の存在が溶液の色の変化として示される。すべての単糖類や，ラクトース，マルトースなどの二糖類は，還元糖である。単糖類のフルクトースはケトース（ケト基を1つ有する単糖類の総称）であるが，ベネジクト試験で陽性を示す。これは溶液中でアルドース（アルデヒド基を1つ有する単糖類の総称）であるグルコースに変換されるためである。果実の成熟にともない，デンプンは還元糖である単糖類へと変換される。

目 的
バナナの果実成熟が，果実内のデンプンと単糖類の含有量の比率に及ぼす影響を明らかにする。

試 験

ヨウ素デンプン反応試験
試料をヨウ素溶液に浸す。デンプンが存在すると青紫色を呈する。

ベネジクト試験
試料を溶液に入れ，恒温槽（ウォーターバス）の中で加熱する。2分後に試料を除去して撹拌し，すぐに色を記録する。還元糖が存在すれば青色から赤褐色への変化が見られる。

実験方法のまとめ
バナナの成熟度を7つの段階に分け，各段階のバナナから1cmの厚さの果肉を2つ切り出し，つぶしてペースト状にする。片方はヨウ素デンプン反応試験に使用し，もう片方はベネジクト試験に使用する。

色の変化を記録して表に示す。変化の程度を記号（＋／－）で表し，成熟度の異なるバナナでの違いを表す。

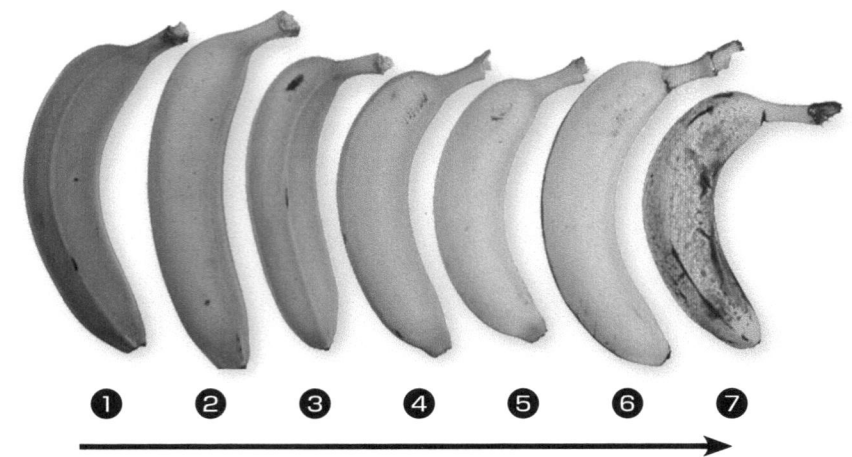

緑色　　　　　　　鮮やかな黄色　　　　　　　まだら状の黄色／茶色
未成熟で硬い　　　成熟しつつあるが先端は　　成熟しており軟らかい
　　　　　　　　　緑色でしっかりしている

成熟度の段階	ヨウ素デンプン反応試験		ベネジクト試験	
1	青紫色	＋＋＋＋＋	青 色	－
2	青紫色	＋＋＋＋	青 色	－
3	青紫色	＋＋＋	緑 色	＋
4	青紫色	＋＋	黄 色	＋＋
5	わずかに青色	＋	橙 色	＋＋＋
6	変化なし	－	橙赤色	＋＋＋＋
7	変化なし	－	赤褐色	＋＋＋＋＋

1．実験方法において以下の手順がなぜ重要なのか説明しなさい。

　(a) ベネジクト溶液中のバナナの試料を2分間加熱する。＿＿＿＿＿＿＿＿＿＿＿＿＿＿＿＿＿＿＿＿＿＿＿
　＿＿

　(b) バナナの試料を含んだベネジクト溶液を加熱後に撹拌する。＿＿＿＿＿＿＿＿＿＿＿＿＿＿＿＿＿＿＿
　＿＿

2．バナナが成熟するにつれて，含まれるデンプンとグルコースの比率に何が生じるのか説明しなさい。＿＿＿＿＿＿
　＿＿

3．フルクトースはケトースである（グルコースのようにアルデヒド基を有するアルドースではない）。

　(a) なぜフルクトースもベネジクト試験で陽性を示すのか説明しなさい。＿＿＿＿＿＿＿＿＿＿＿＿＿＿＿
　＿＿

　(b) このバナナの実験結果からどのようなことが示唆されるか述べなさい。＿＿＿＿＿＿＿＿＿＿＿＿＿＿
　＿＿

定量的調査の計画

研究計画の次は，いよいよ研究を実践する段階である。ここで実験データを収集することになる。研究には実験室で行われるものと野外で行われるものがある。実験室で行われる典型的な研究として，特定の**変数**（たとえば気温など）の操作が，生物学的応答にどのような影響を及ぼすのかを調べるといったものがある。定量的分析のために収集するデータは，体系的に記録する必要がある。また，データ収集は，安全に注意を払いながら，適切な定量的手法をとり，高い精度で実施されなければならない。定量的な調査がきちんと遂行できれば，あいまいさや問題点のより少ない調査結果が得られるだろう。

調査や実験の実施

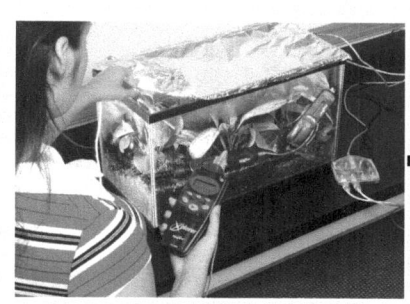

準　備
調査機器やその使用方法に慣れること。正確な測定を実施するために，必要に応じて，機器の校正を行う。

事前に方法を完全に把握し，重要な箇所やどれくらいの時間を要するかなどを知っておく。

実　施
調査や測定をどのように，どのような頻度で，また，どの程度の精度で行うべきかを把握する。

グループで調査等を行っているのであれば，仕事を分担し，各自が何をしているのかを全員が確認する。

記　録
調査結果は，手書きの表やパソコンのスプレッドシートなどに，体系的に記録する。

測定精度に応じて，適切な有効数字で測定値を記録する。

変数の特定

調査や実験では，ある変数の変化が他の変数に及ぼす影響をみることが多い。独立変数，従属変数，制御変数といったすべての変数を可能な限り特定することが重要である。とはいえ，調査者が気づかない撹乱要因が存在する可能性もある。実験では，ただ1つの変数のみを変化させるのが鉄則である。

従属変数
- 調査や実験で測定する
- グラフのy軸に記録する

制御変数
- 実験の間，一定に保つまたは制御することのできる要因
- 調査や実験を適切に遂行するためには，これらをリスト化する

独立変数
- 調査者や実験者が設定する
- グラフのx軸に記録する

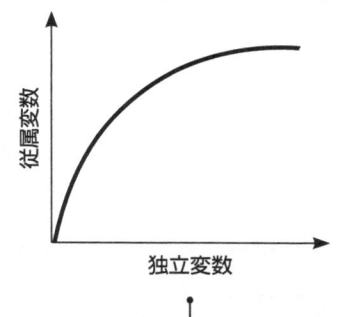

実験の対照（コントロール）

コントロールとは，実験において標準となる，もしくは比較対象となる処理や群をさす。実験群と同じであるが，調査者によって操作された変数を欠く点だけが異なり，実験群における反応がある特定の変数（たとえば気温など）によるものであることを示すために用いられる。コントロールは，実験群と同じように準備され，同じ実験条件に置かれ，同じ観察，同じ測定，同じ分析がなされる。これにより，実験群で観察された反応を信頼して解釈することができる。

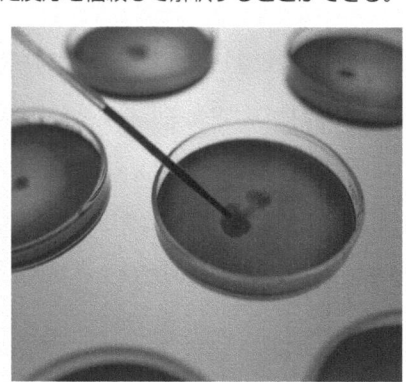

上の写真は，ある栄養分が微生物の成長に及ぼす影響を検証する実験を示している。同じ方法ですべての寒天培地を準備し，コントロールの培地にはその栄養分を与えていない。各培地には同じ保存溶液から微生物を播種し，同じ条件下で同じ期間培養している。この実験においては，その栄養分を与えていないコントロールの培地上での微生物量が実験のベースラインとなる。つまり，成長量がコントロールより増えている分だけ，その栄養分の存在に帰することができる。

調査・実験の例

目	的	変	数
これらを変化させたときの…	以下の項目への影響を調べる	独立変数	従属変数
暖かさ	葉の幅	気温	葉の幅
明るさ	ワラジムシの活動	照度	ワラジムシの活動量
土壌の酸性度	発芽後6カ月の植物の高さ	pH	植物の高さ

適切な調査・実験方法を考えるためには，独立変数，従属変数，制御変数をどのように設定して，どのように測定（または観測）するかを決める必要がある。方法論をよく理解することが調査・実験の成功には欠かせない。どれくらいの量のデータ，どのような種類のデータを集めるのかをはっきりさせねばならないし，収集したデータをどのように分析するのかをよく考えないといけない。下記の例を用いて実践してみよう。

ケーススタディ：カタラーゼの活性

カタラーゼは，過酸化水素（H_2O_2）を酸素と水に分解する酵素である。ここでは，カタラーゼの反応速度に及ぼす温度の影響を調べる実験を行った。小さな試験管（10cm³）に，0.5cm³の酵素と4cm³の過酸化水素を入れて，反応させた。反応速度は，4つの温度条件（10℃，20℃，30℃，60℃）のもとで測定した。それぞれの温度条件に対し，2本の試験管を用意した（たとえば，試験管1と試験管2はどちらも10℃に設定）。反応の1分後に現れる酸素の気泡の高さを，反応速度の指標とした。すなわち，反応速度が速いほど，多くの気泡を生じる。8本の試験管を用いるこの実験全体を，日を変えて2回行った。

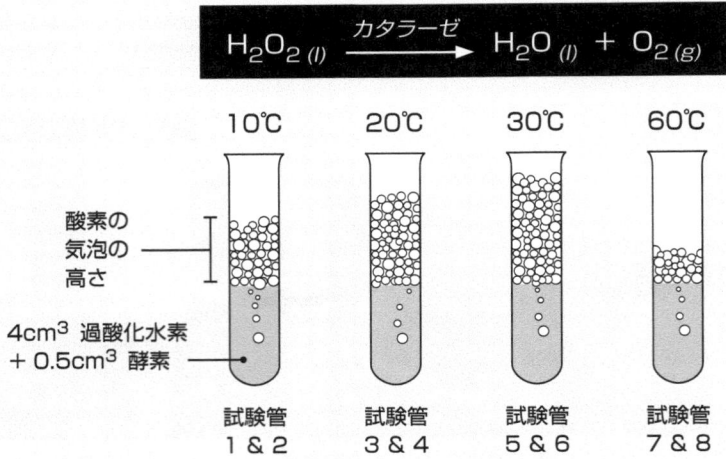

1．この実験の目的を記しなさい。＿＿＿＿＿＿＿＿＿＿＿＿＿＿＿＿

2．この実験の仮説を記しなさい。＿＿＿＿＿＿＿＿＿＿＿＿＿＿＿＿

3．(a) **独立変数**は何か答えなさい。＿＿＿＿＿＿＿＿＿＿＿＿＿＿

　(b) 独立変数のとる値の範囲を答えなさい。＿＿＿＿＿＿＿＿＿＿＿

　(c) 独立変数の単位を答えなさい。＿＿＿＿＿＿＿＿＿＿＿＿＿＿＿

　(d) 独立変数の設定に必要な器具を列挙し，それらをどう使うのか述べなさい。＿＿＿＿＿＿＿＿＿＿

4．(a) **従属変数**は何か答えなさい。＿＿＿＿＿＿＿＿＿＿＿＿＿＿

　(b) 従属変数の単位を答えなさい。＿＿＿＿＿＿＿＿＿＿＿＿＿＿＿

　(c) 従属変数の測定に必要な器具を列挙し，それらをどう使うのか述べなさい。＿＿＿＿＿＿＿＿＿＿

5．(a) 温度の設定は，処理（操作），サンプル（標本），試行のいずれを表しているか答えなさい。＿＿＿＿

　(b) それぞれの設定温度における試験管の数を答えなさい。＿＿＿＿

　(c) それぞれの処理（操作）におけるサンプル数（標本数）を答えなさい。＿＿＿＿

　(d) 実験全体の繰り返し数を答えなさい。＿＿＿＿＿＿＿＿＿＿＿＿

6．酵素を入れていない空の試験管を実験に含めることが求められるのはなぜか説明しなさい。＿＿＿＿＿

7．この実験で制御されていると考えられる変数を3つ挙げ，それらはどのように観測され得るか述べなさい。

　(a) ＿＿＿＿＿＿＿＿＿＿＿＿＿＿＿＿＿＿＿＿＿＿＿＿＿＿＿＿

　(b) ＿＿＿＿＿＿＿＿＿＿＿＿＿＿＿＿＿＿＿＿＿＿＿＿＿＿＿＿

　(c) ＿＿＿＿＿＿＿＿＿＿＿＿＿＿＿＿＿＿＿＿＿＿＿＿＿＿＿＿

8．制御変数はなぜ注意深く観測されなければならないのか説明しなさい。＿＿＿＿＿＿＿＿＿＿＿＿＿

植物成長の調査

実験で得たデータを記録するにはスキルが必要である。結果を**体系的に**記録するには、表を用いることが望ましい。表の使用は調査・実験期間中だけでなく、結果を発表する際にも有用である。また、表は、比率や平均など、生データをもとに計算した値を示す際にも用いるとよい。結果の記録に関する事例を以下に示す。これは学生実験の事例であり、窒素肥料を施した牧場の植物が施肥しなかった牧場の植物よりもよく成長したことを観察したものである。表の最初の列には、独立変数の範囲が示されている。その横に、各サンプル(標本)についての測定値とその平均の記入欄が設けてある。この学生は、植物の成長にとって最適な可溶性窒素肥料の濃度について調べた。

ハツカダイコン

目 的
窒素肥料が植物の成長に及ぼす影響を明らかにすること。

背 景
無機肥料が19世紀後半から20世紀初頭に導入されたことで、農業は大きく変わった。収穫量は飛躍的に増大し、今日では、収穫量の約50%は肥料によるものである。窒素は植物の成長にとって非常に重要な元素であり、何種類もの窒素肥料(例:尿素)が工業的に生産されている。

実 験 方 法
この実験は、窒素肥料が植物の成長に与える影響を調べるために計画された。ハツカダイコンの種子を個別のポット(幅5cm×5cm、深さ10cm)に植え、通常の室内の条件で栽培した。毎日10:00と15:00に1.25Lの水を与え、1日目、11日目、21日目の最初の給水時に水溶性の肥料を混合した。処理ごとに肥料濃度を変え、0.00、0.06、0.12、0.18、0.24、0.30g/Lとした。ハツカダイコンは30日間育てたあとに収穫し、水洗いして根の重さを計測した。結果を下記の表にまとめた。

窒素が植物の成長に及ぼす影響を調べるために、ある学生たちのグループは異なる濃度の窒素肥料を用いた実験を設定した。ハツカダイコンの種子を標準的な混合土壌に植え、6つのグループに5個体ずつ分けた(合計30個体)。

表には正確で記述的なタイトルをつける。
また、レポートや論文では、通し番号をつける。

表1:6つの異なる肥料濃度下でのハツカダイコンの根の重量 (g)[†]
(データは小数第1位まで示す)

独立変数は左の列に。

見出しや小見出しには、それぞれのデータセットや測定の単位を明示する。

肥料濃度 (g/L)	サンプル (n) 1	2	3	4	5	合計重量	平均重量
0	80.1	83.2	82.0	79.1	84.1	408.5	81.7
0.06	109.2	110.3	108.2	107.9	110.7		
0.12	117.9	118.9	118.3	119.1	117.2		
0.18	128.3	127.3	127.7	126.8	DNG*		
0.24	23.6	140.3	139.6	137.9	141.1		
0.30	122.3	121.1	122.6	121.3	123.1		

ハツカダイコンの根の重量 (g)[†]

*DNG:発芽せず

コントロールの値(もしあるなら)は表の最初の行に。

数値は、用いた測定技術に応じて、意味のある有効数字まで表示する。

各列には、各カテゴリーのデータが縦に並ぶようにする。

各行には、実験のさまざまな処理や生物名、調査地などを示す。

[†] M S Jilani, et al Journal Agricultural Researchのデータに基づく。

1 科学的な質問の立て方、解答の見つけ方

1. この実験の独立変数とその値の範囲を答えなさい。＿＿＿＿＿＿＿＿＿＿＿＿＿＿＿＿＿＿＿＿＿＿＿＿＿＿＿＿＿

2. 各肥料濃度のサンプル数を答えなさい。＿＿＿＿＿＿＿＿＿＿＿＿＿＿＿＿＿＿＿＿＿＿＿＿＿＿＿＿＿＿＿

3. 表1に記録されたハツカダイコンのうちの1つは期待していたようには成長せず，特異な値を示した。その**外れ値**を答え，また，これからの分析にそのデータを含めるかどうか判断しなさい。

4. ハツカダイコンの根の**合計重量**と**平均重量**を算出して表1を完成させなさい。

5. 下の座標と算出した平均重量の値を用いて，実験結果の**折れ線グラフ**を作成しなさい。なお，図のタイトルや軸のラベルも正しく記入すること。

6. この学生たちのグループは，表に根の湿重を記録していた。根の重量に及ぼす肥料の影響をよりよく表現したい場合，本当はどのような重量データをとるべきであったか述べなさい。

7. 根の重量を測定するだけでは，ハツカダイコンの成長に及ぼす肥料の影響を測定するうえで完全に正しい方法とはいえない。これはなぜか答えなさい。

8. この学生たちが実験をより完全なものにするために行い得る，他の測定方法を述べなさい。

データセットの基本的な統計量の計算

統計量	定義と利用法	算出方法
平　均	・すべてのデータを平均して得られる数値。 ・正規分布にしたがうデータの中心傾向を表す指標。	・すべてのデータの値の和を求める。 ・それをデータ数で割る。
中央値	・順位付けして並べたデータの真ん中に位置する値。 ・歪んだ分布の中心傾向をみるための指標。	・データを値の小さいものから大きいものへと順に並べる。 ・真ん中に位置する値を特定する。 ・データ数が偶数の場合は，真ん中の2個の値の中間とする。
最頻値	・データの中でもっとも多く見られる値。 ・二山型の分布を示すデータや定性的データを扱う際に適している。	・集計表や棒グラフを用いて，もっとも多くのデータを有するカテゴリーを特定する。
範　囲	・データの最大値と最小値の差。 ・データの広がりそのものの指標。	・データの最大値と最小値を特定し，その差を求める。

記述統計量を使うと，データの特徴を簡単に把握することができる。平均や中央値，最頻値といった記述統計量は，データに潜む傾向やパターンを明らかにしてくれる。平均は，たとえば異なる集団を比較する際などにも用いられる。より複雑な統計量を用いれば，異なる集団の平均が有意に異なるかどうかを調べることもできる。

平均を計算してはいけない場合：
単純な算術平均を算出することが適切ではないこともある。

注意：
- すでに平均として算出された複数の値の平均を求めてはいけない。
- サイズの異なる複数の集団から得られた比率の平均を計算してはいけない。生データをもとに計算し直すべき。
- 測定のスケールが線形ではない場合，平均を計算してはいけない。たとえば，pHは線形スケールで測定されるものではない。

学生たちは，実験を発展させ，ハツカダイコンの各個体の葉の数を記録することにした。

表2：6つの異なる肥料濃度下でのハツカダイコンの葉の数

肥料濃度 (g/L)	サンプル (n) 1	2	3	4	5	平　均	中央値	最頻値
0	9	9	10	8	7			
0.06	15	16	15	16	16			
0.12	16	17	17	17	16			
0.18	18	18	19	18	DNG*			
0.24	6	19	19	18	18			
0.30	18	17	18	19	19			

* DNG：発芽せず

9. 各肥料濃度下の平均，中央値，最頻値を計算して表2を完成させなさい。

10. どの肥料濃度がハツカダイコンの成長に最適と考えられるか答えなさい。　　　　　　　　　　

11. この実験に関して，いくつか誤りがあるとすればどこか答えなさい。　　　　　　　　　　

12. 目的や結果を総合して，この実験結果の結論を簡潔に述べなさい。　　　　　　　　　　

13. 学生たちはこの実験を繰り返すことにした。このことが実験結果をどのように改善するか述べなさい。

表の作成

表の作成は，データを体系的に記録するうえで，また，のちに分析や発表のために大量の情報を要約するうえで有用である。データの記録のための表の作成方法については他の課題で詳しく扱うが，表はレポートや論文の「結果」セクションにおいてデータを示すのに非常に有用である。表の作成は，数値の正確な記録につながり，データの組織化を容易にし，データがもつ関係や傾向を明らかにすることを可能とする。データを示す表に列を追加して，データの変換結果を表示することができる。いくつかの基本的な記述統計量（平均や標準偏差など）は，データを図示したりする前に表中で計算しておくとよい。複雑なデータセットの場合，表よりもグラフ表示が好まれる。その場合，表は付録などとして添付されることが多い。

表におけるデータの表示

表1：3つの異なるホルモンで処理したマメ科植物の第3節間の長さと成長量（±標準偏差）

処 理	サンプル数	節間成長の平均速度 (mm/日)	節間の平均長 (mm)	重量の平均増加量 (g/日)
対照群（コントロール）	50	0.60 ± 0.04	32.3 ± 3.4	0.36 ± 0.025
ホルモン1	46	1.52 ± 0.08	41.6 ± 3.1	0.51 ± 0.030
ホルモン2	98	0.82 ± 0.05	38.4 ± 2.9	0.56 ± 0.028
ホルモン3	85	2.06 ± 0.19	50.2 ± 1.8	0.68 ± 0.020

- 表には正確で記述的なタイトルをつける。また，レポートや論文では，通し番号をつける。
- 独立変数は左の列に。
- コントロールの値（もしあるなら）は表の最初の行に。
- 各行には，実験のさまざまな処理や生物名，調査地などを示す。
- 比較したい列は隣り合うように並べるとよい。数値は，用いた測定技術に応じて有効数字まで表示する。
- 見出しや小見出しは，それぞれのデータセットや測定の単位がわかるように明示する。
- 各列には，各カテゴリーのデータが縦に並ぶようにする。
- 表は，平均からのデータの散らばり具合を表すのにも用いられる。

1．データを表示する場合に表の形式を用いることの利点を2つ述べなさい。

　(a) _____

　(b) _____

2．グラフ表示よりも前にデータを表にするのはなぜか答えなさい。_____

3．(a) 生データだけではなく，基本的な記述統計量を表にすることの利点は何か答えなさい。_____

　(b) 算出した統計量だけでなく，データの散らばりの情報も表に含めるのはなぜか答えなさい。

4．表の一番上の行にコントロールの値を配置するのはなぜか答えなさい。_____

グラフの作成

グラフの形式で結果を表現することで，最小限のスペースでデータの傾向を視覚的に把握できるようになる。グラフと表のどちらで示すかは，データの種類や複雑さ，伝えたい情報によって決まる。正しくグラフ形式で表現するには，軸の適切な設定や表示，データの正確なプロットなど，いくつかの基本的な事項に注意を要する。よく用いられるグラフには，散布図，（連続データに用いる）折れ線グラフ，（カテゴリーデータに用いる）棒グラフやヒストグラム（度数分布図）がある。下の図で示すように，プロットした値が何らかの傾向を有するときは，近似曲線を引くことができる。より詳細なグラフの描き方については，以降の課題で扱う。

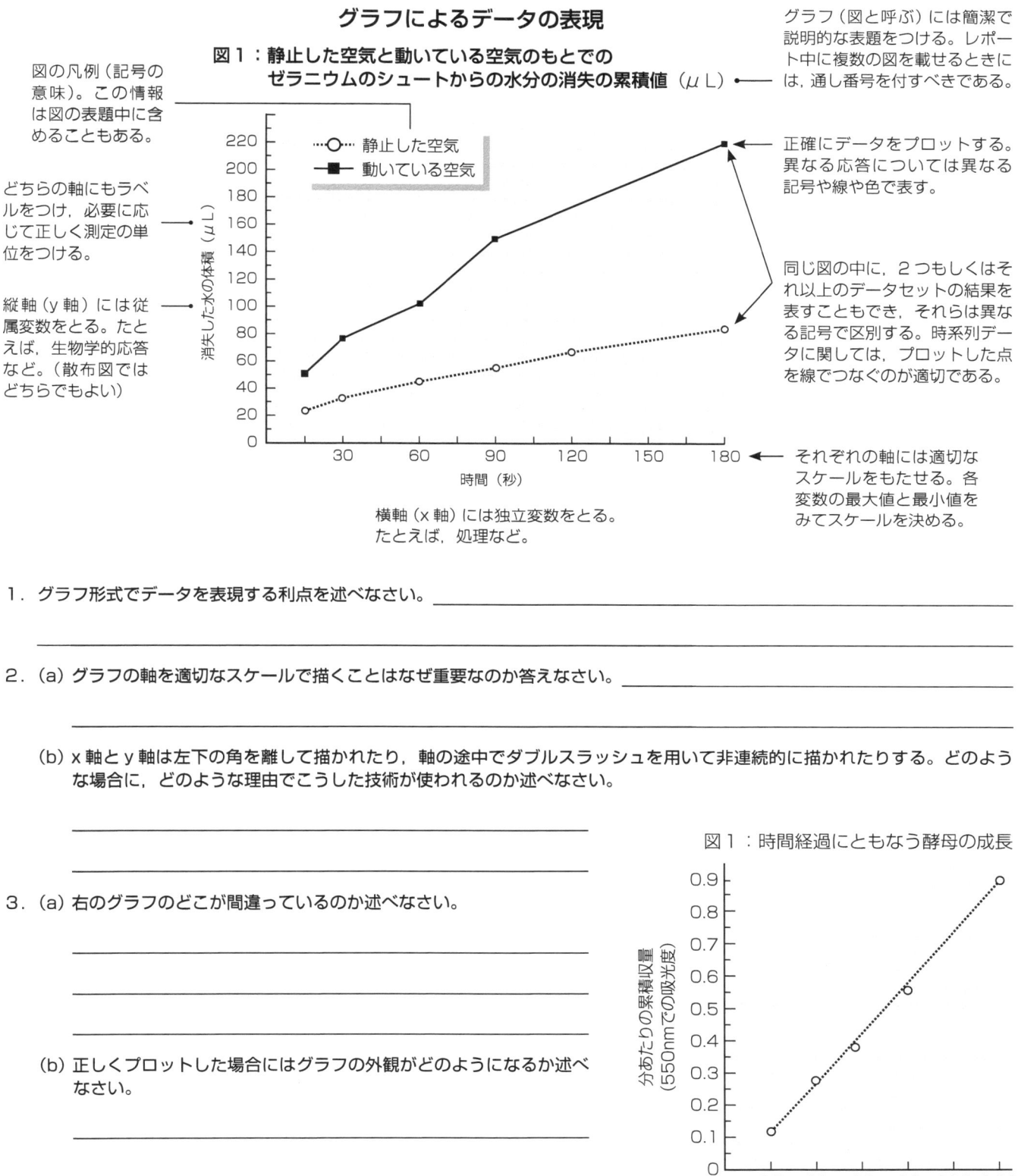

1. グラフ形式でデータを表現する利点を述べなさい。 _____

2. (a) グラフの軸を適切なスケールで描くことはなぜ重要なのか答えなさい。 _____

   (b) x 軸と y 軸は左下の角を離して描かれたり，軸の途中でダブルスラッシュを用いて非連続的に描かれたりする。どのような場合に，どのような理由でこうした技術が使われるのか述べなさい。

3. (a) 右のグラフのどこが間違っているのか述べなさい。

   (b) 正しくプロットした場合にはグラフの外観がどのようになるか述べなさい。

時系列データのグラフ化

実験や調査が完了したら，得られたデータをグラフ化すると有益であることが多い。グラフは異なるデータのもつ傾向や変数間の関係を視覚的に理解しやすくする。グラフで正しく表現するには，軸の適切な設定と表示，データの正確なプロットなど，いくつかの基本的な事項に注意を要する。この課題では植物における蒸散実験を扱う。下記の蒸散のデータを用いて，グラフの作成とデータ分析の練習をしよう。

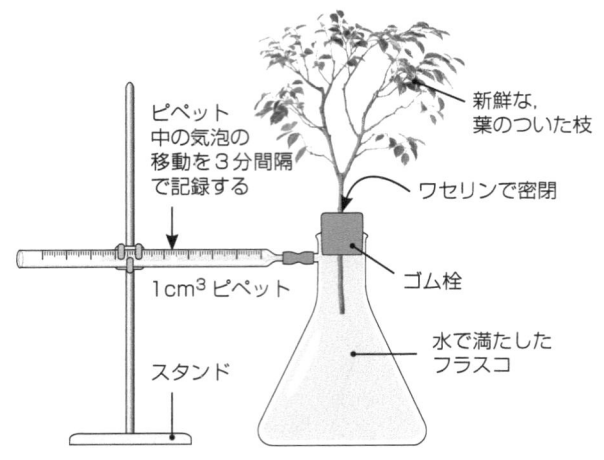

背 景

- 植物は葉からの蒸発により常に水を失っている。この水の消失はほとんどが気孔を通して行われ，**蒸散**と呼ばれる。
- 学生たちは，蒸散実験を行い，環境条件がどのように蒸散速度に影響を及ぼすかを調べた。
- 調べた環境条件は，**周囲の空気，風，湿度，光**である。
- **吸水計**（左図）を蒸散の測定に用いた。
- 測定器を設定して 10 分間後に，ピペット中の気泡の位置を記録した。これを時刻 0 の値とした。
- その後，植物を環境条件の 1 つにさらした。30 分の間，3 分ごとに気泡の位置を記録した。結果を表 1 に示す。

表 1：吸水計の記録

時刻（分） 処 理	0	3	6	9	12	15	18	21	24	27	30
周囲の空気（そのままの状態）	0	0.002	0.005	0.008	0.012	0.017	0.022	0.028	0.032	0.036	0.042
風 有 り	0	0.025	0.054	0.088	0.112	0.142	0.175	0.208	0.246	0.283	0.325
高 湿 度	0	0.002	0.004	0.006	0.008	0.011	0.014	0.018	0.019	0.021	0.024
強 光	0	0.021	0.042	0.070	0.091	0.112	0.141	0.158	0.183	0.218	0.239

1. 右のグラフ作成欄に，表 1 の吸水計のデータをプロットし，グラフを作成しなさい。

2. (a) コントロールはどれか答えなさい。

   (b) 水の消失を増加させたのはどの要因か答えなさい。

   (c) 各要因は水の消失にどのように影響を与えているのか説明しなさい。

   (d) なぜ植物は高湿度の条件下では水をほとんど消失しなかったか答えなさい。

時系列データの評価

どんな実験であれ，仮説やこれまでの知見に照らして，結果を批判的に評価することが必要である。研究の批判的評価は，結果の分析，表現，考察だけでなく，手順の欠陥や誤った結果の説明においても同様に重要である。この課題では，異なる炭水化物が発酵において示す基質としての効果を比較する。醸造酵母は通性嫌気性生物であり，糖類の多い環境ではアルコール発酵を行う。一見，グルコースが細胞呼吸の最初の分子であることから，もっとも高い効果を示す基質はグルコースだと予測される。しかし酵母は，グルコースの異性体や二糖類といったさまざまな糖を分解して単量体とする能力をもつ。実験結果の批判的評価に関するこの課題の事例は，自身の研究を正当に評価する手助けとなるはずである。

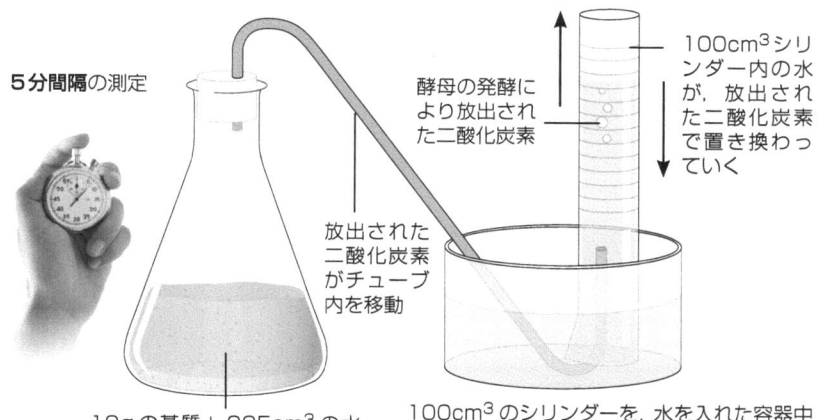

測定装置

この実験では，同じ培養槽から得られた30gの活性酵母を，室温（24℃）の水道水150cm³に溶かして，酵母溶液として使用した。各基質10gをpH4.5に保った225cm³の室温（24℃）の水道水に加え，試験溶液とした。その後，25cm³の酵母溶液を試験溶液に加えた。コントロールには基質を含まない酵母溶液を用いた。

目的

酵母のアルコール発酵において，さまざまな単糖類と二糖類が示す基質としての適合性を調べる。

背景

醸造酵母やパン酵母が炭水化物の基質を代謝する速度は，気温，溶液のpH，炭水化物の種類などの影響を受ける。文献には，暖かくて弱酸性の条件が酵母の代謝に最適であるとの記載があり，培養する最適pHを調査してpH4.5に設定した。なお，この実験ではスーパーマーケットで入手できる活性酵母を使用した。

注意：高濃度の糖類は酵母の好気呼吸を抑制する。そのため酵母は過剰な基質の存在下では，発酵の経路を好んで用いる。

時間(分) \ 基質	グループ1：採集された二酸化炭素の体積 (cm³)				
	基質なし	グルコース	マルトース	スクロース	ラクトース
0	0	0	0	0	0
5	0	0	0.8	0	0
10	0	0	0.8	0	0
15	0	0	0.8	0.1	0
20	0	0.5	2.0	0.8	0
25	0	1.2	3.0	1.8	0
30	0	2.8	3.6	3.0	0.5
35	0	4.2	5.4	4.8	0.5
40	0	4.6	5.6	4.8	0.5
45	0	7.4	8.0	7.2	1.0
50	0	10.8	8.9	7.6	1.3
55	0	13.6	9.6	7.7	1.3
60	0	16.1	10.4	9.6	1.3
65	0	22.0	12.1	10.2	1.8
70	0	23.8	14.4	12.0	1.8
75	0	26.7	15.2	12.6	2.0
80	0	32.5	17.3	14.3	2.1
85	0	37.0	18.7	14.9	2.4
90	0	39.9	21.6	17.2	2.6

時間(分) \ 基質	グループ2：採集された二酸化炭素の体積 (cm³)				
	基質なし	グルコース	マルトース	スクロース	ラクトース
90	0	24.4	19.0	17.5	0

1. 酵母によるグルコースの発酵の化学反応式を書きなさい。

   _____

2. グループ1の結果における各基質の二酸化炭素生成速度（分あたり）を計算しなさい。

   (a) 基質なし：_____

   (b) グルコース：_____

   (c) マルトース：_____

   (d) スクロース：_____

   (e) ラクトース：_____

3. グループ2の学生たちが同じ実験を行った。その結果を左の表に示す。このグループ2の結果における各基質の二酸化炭素生成速度（分あたり）を計算しなさい。

   (a) 基質なし：_____

   (b) グルコース：_____

   (c) マルトース：_____

   (d) スクロース：_____

   (e) ラクトース：_____

実験の計画法と結果はTom Schuster, Rosalie Van Zyl, & Harold Coller, California State University Northridge 2005 より改変引用

4．この実験ではどのような仮定がなされているか答え，その仮定が合理的であるといえるか考えなさい。

5．表のデータを用いて，グループ1の結果をグラフにしなさい。

6．(a) グループ1の実験結果の概要をまとめなさい。

(b) 細胞呼吸と炭水化物に関する自身の知識に基づき，この実験結果を説明しなさい。

7．(a) 2つのグループの結果を比較するために，各基質において90分間で採集されたCO_2の体積を棒グラフで示しなさい。

(b) 2つのグループの結果を比較しなさい。

縦軸：90分間に生成されたCO_2の体積(cm^3)　0〜50
横軸：基質の種類　基質なし　グルコース　マルトース　スクロース　ラクトース

(c) 2つのグループの結果の違いについて，考えられることを説明しなさい。

(d) より信頼できるデータを得るために，この実験の改善点を1つ述べなさい。

結果の評価

調査や実験が終了したあと，次にすべきことは，自身の仮説やこれまでに得た生物学の知見に基づいて結果を評価することである。研究において，結果の分析，表現，考察だけでなく，手順の欠陥やエラーとなった結果においても，批判的評価をすることが重要である。この課題では，発芽中の異なる日齢の種子が示すカタラーゼ活性の高さと酸素の生成を，過酸化水素水と簡単な装置により調べた実験を扱う。実験結果の批判的評価に関するこの課題の事例は，研究を正当に評価する手助けとなるはずである。

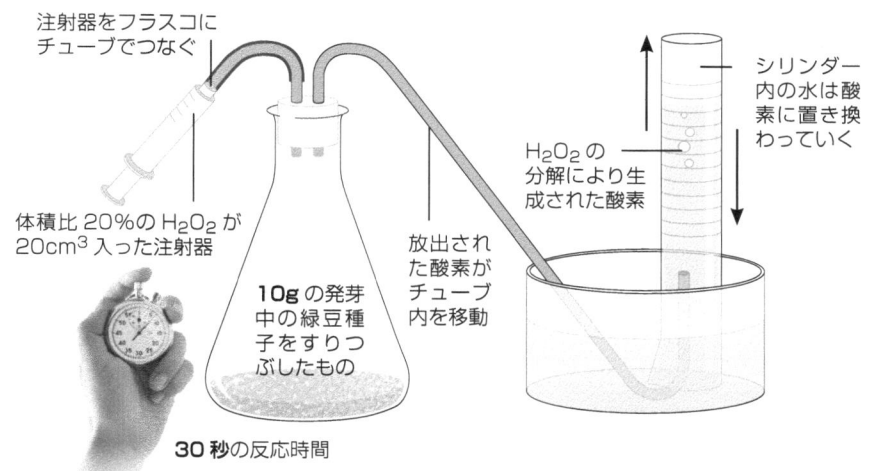

測定装置

目 的
発芽中の種子の日齢が緑豆のカタラーゼ活性に及ぼす影響を調べる。

背 景
発芽中の種子は非常に代謝活性が高い。しかし代謝によって，必然的に過酸化水素（H_2O_2）のような活性酸素が生成される。H_2O_2は休眠を打破することで発芽を助けるが，毒性も有する。H_2O_2の毒性に打ち勝ち細胞への損傷を防ぐために，発芽中の種子は**カタラーゼ**という酵素を生成する。この酵素は，H_2O_2を水と酸素に分解する。

この実験では，10gの発芽中の緑豆の種子（発芽後0.5, 2, 4, 6, 10日目）を乳鉢と乳棒ですりつぶし，上図のように三角フラスコに入れた。5つの日齢の種子それぞれについて，6回の試行を行った。各試行につき，体積比20%のH_2O_2を20cm³，フラスコに時間0で加え，30秒間反応させた。カタラーゼによってH_2O_2が分解されて生じた酸素は，チューブを介して逆目盛シリンダーに集められた。生成された酸素の体積はシリンダーから押し出された水の量で測定できる。すべての試行の結果を下の表に示す。

生徒を6つのグループに分け，各グループはそれぞれの日齢の芽生え（実生）を育てる。したがって，各グループの記録のまとまりは1セットの試行を表す。

試行 発芽段階（日）	1	2	3	4	5	6	平均	標準偏差	平均速度 ($cm^3 s^{-1} g^{-1}$)
0.5	9.5	10	10.7	9.5	10.2	10.5			
2	36.2	30	31.5	37.5	34	40			
4	59	66	69	60.5	66.5	72			
6	39	31.5	32.5	41	40.3	36			
10	20	18.6	24.3	23.2	23.5	25.5			

1. カタラーゼと過酸化水素の反応を化学反応式で示しなさい。＿＿＿＿＿＿＿＿＿＿＿＿＿＿＿＿＿

2. 上の表の空欄を埋めて表を完成させなさい。

   (a) 各発芽段階の種子の平均の酸素の体積を算出して表を埋めなさい。

   (b) 各平均の標準偏差を計算し，表に値を記入しなさい。

   (c) 平均の酸素生成速度（10cm³，1gあたり1秒あたり）を計算しなさい。どのケースでも発芽中の種子の重量は10.0gと仮定しなさい。

3. グループ2が再度実験を行ったところ，次のような生成酸素の体積を得た：0.5日：4.8cm³，2日：29.0cm³，4日：70cm³，6日：30.0cm³，10日：8.8cm³（この値をグループ2のデータの横に書き加えなさい）。

   (a) グループ2の新しいデータは，他のグループの測定結果とどう一致するか述べなさい。＿＿＿＿＿＿＿＿＿
   ＿＿

   (b) グループ2の新しいデータを合わせて，どのようにデータを再分析するとよいか述べなさい。＿＿＿＿＿
   ＿＿

(c) その再分析方法の根拠を説明しなさい。

4. 表のデータをグラフ化しなさい。

5. (a) グラフから読み取れるこのデータの傾向を述べなさい。

(b) 発芽段階とカタラーゼ活性の関係を説明しなさい。

6. この測定装置や実験方法に潜む誤りの原因について述べなさい。

7. この実験設定における，結果の妥当性に影響を及ぼしかねない2つのことを述べなさい。

8. より信頼できるデータを得るために，この実験で改善すべき点を1つ述べなさい。

生データの処理

野外や実験室での調査や測定によって収集されたデータは，**生データ**と呼ばれる。生データは，その重要な特徴（傾向など）をとらえやすくするために**変換**する必要があることが多い。合計（すべてのデータの値の和）は，反復して測定された群を比較するため，また，変換の前段階の操作としてなされる基本的な計算の1つである。**速度**（単位時間あたりの量）の計算は，よくなされる計算のもう1つの例であり，成長や体重の増減などの多くの生物学的現象の分析に使用される。時間を独立変数とし，生物学的応答を従属変数としてプロットした折れ線グラフでは，線の傾きが速度を表す。生物学の調査では，異なる状況下での現象の速度が比較されることが多い（例：明条件下と暗条件下での光合成速度の比較など）。ほかによく使用されるデータ変換としては，度数（ある値の生じる回数）やパーセンテージ（百分率）などがある。

件数表（タリーチャート）

データセットの中で，ある数値が生じた回数を記録する（5件を表すのに日本では「正」の字を用いて記録する）。

高さ(cm)	件数	合計
0〜0.99	111	3
1〜1.99	⊬⊬⊬ 1	6
2〜2.99	⊬⊬⊬ ⊬⊬⊬	10
3〜3.99	⊬⊬⊬ ⊬⊬⊬ 11	12
4〜4.99	111	3
5〜5.99	11	2

- 分析における便利な最初のステップ；きちんと記述された件数表は簡単なヒストグラム（度数分布図）の役割も果たす。
- データシート上で，数え終えた値に印をつけていくことで，二重の計数を防ぐことができる。すべての値に印がついたら，合計計数と一致するか確認すること。

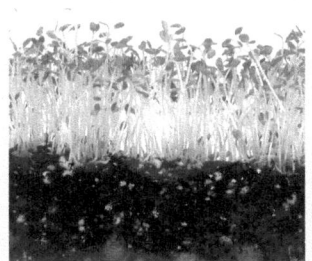

例：発芽後6日の実生の高さ

パーセンテージ

百分率で表す。

女性	体重(kg)	除脂肪体重(kg)	除脂肪体重の割合(%)
スポーツ選手	50	38	76.0
痩せた人	56	41	73.2
標準体重の人	65	46	70.8
やや太った人	80	48	60.0
肥満の人	95	52	54.7

- パーセンテージは，あるカテゴリーのデータがどのような比率を占めるのかを明瞭化するのに役立つ。
- 異なるサンプル（標本）間の比較に有効である。
- 変化を観察するのに役立つ（ある年からその翌年に何%増加したか，など）。

例：除脂肪体重のパーセンテージ

速度

単位時間あたりの数値で表す。

時間(分)	汗で失われる水の量の累積値(cm³)	汗で水が失われる速度(cm³/分)
0	0	0
10	50	5
20	130	8
30	220	9
60	560	11.3

- 速度は，ある変数が標準的な時間あたり（1秒，1分，1時間など）でどう変化するかを示す。
- 速度は，異なる時間の長さで記録されたデータの意味のある比較を可能にする。

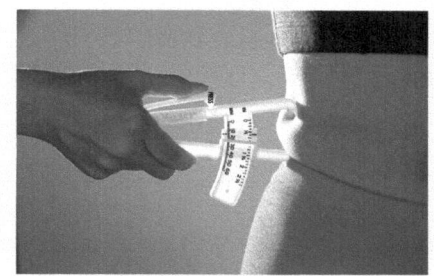

例：運動中の汗による水分の消失速度

---

1. (a) データの変換とは何を意味するのか説明しなさい。 _____

   (b) データ変換の一般的な目的を簡単に述べなさい。 _____

2. 下記のそれぞれの例について，適切なデータ変換方法を，理由とともに答えなさい。

   (a) 異なる2か所のハビタットに生育する4種類の植物の個体数のデータから，それぞれの種の相対的な存在量を求める。

   適切なデータ変換方法：_____

   理由：_____

   (b) 温度が，種子の呼吸による二酸化炭素の排出に及ぼす影響を求める。

   適切なデータ変換方法：_____

   理由：_____

3. 右の各表のデータ変換を完成させなさい。どの例も最初の列の値はすでに計算してある。

(a) 表：異なる場所における毒性（青酸配糖体を含む）クローバーの発生率：

作業： 124 ÷ 159 = 0.78 = 78%

> これは全個体中の毒性クローバーの個体数

異なる場所における毒性クローバーの発生率

クローバーの種類	霜の降りない場所 数	霜の降りない場所 %	霜の降りる場所 数	霜の降りる場所 %	合計
毒　性	124	78	26		
非毒性	35		115		
合　計	159				

(b) 表：吸水計で測定した植物からの水の消失量

作業： (9.0 − 8.0) ÷ 5 分 = 0.2

> これは，最初の5分間に移動した気泡の距離を示している。0分の時点での水の消失量のデータが入力されていない点に注意すること。これはデータからの計算ができないためである。

吸水計で測定した植物からの水の消失量

時間（分）	吸水計の目盛（cm^3）	植物からの水の消失（cm^3／分）
0	9.0	−
5	8.0	0.2
10	7.2	
15	6.2	
20	4.9	

(c) 表：異なる照度のもとでの光合成速度

作業： 1 ÷ 15 = 0.067

> これは，葉が浮かび上がるまでに要した時間である。逆数は，分あたりで表される速度となる（測定された変数は，ある現象が生じるまでにかかった時間である）。

注意：この実験では，葉が浮かび上がるまでに要する時間を，光合成速度のおよその指標として用いている。光合成により酸素の気泡が生じるにつれ，それらは葉の切片に付着して浮力を増す。よって，光合成速度が速いほど水面に浮かぶのが速くなる。光合成速度は同じ時間間隔で測定するべきである。そうすることで，速度が「分あたり」で求めやすくなる（要した時間の逆数）。

異なる照度のもとでの光合成速度

照度（光の強度）(%)	葉の切片が浮かび上がるまでの時間の平均（分）	要した時間の逆数（／分）
100	15	0.067
50	25	
25	50	
11	93	
6	187	

(d) 表：ウナギのサイズ階級の度数分布

作業： (7 ÷ 270) × 100 = 2.6%

> これは，試料採取された全個体中の，サイズ階級0〜50mmに出現する個体数を示す。相対度数は少数第1位まで求める。

ウナギのサイズ階級の度数分布

サイズ階級(mm)	度　数	相対度数（%）
0〜50	7	2.6
50〜99	23	
100〜149	59	
150〜199	98	
200〜249	50	
250〜299	30	
300〜349	3	
合　計	270	

棒グラフの作成

棒グラフとは

不連続なカテゴリーに属するデータは，棒グラフで表すのがふさわしい。この場合，独立変数も従属変数もない。棒グラフの重要な性質を以下に示す。

- データは，不連続なカテゴリーデータ（カテゴリーの例：場所，色，生物の種など）として収集される。したがって，グラフ中の棒は互いに接することのないように描かれる。
- データの数値も表示したい場合は，棒に重ねたり，棒の上に記入したりする。
- 直接比較したい複数のデータセット（雄と雌など）を並べて表示することができる。
- カテゴリーはx軸とy軸のどちらにとってもよい。つまり棒は縦向き（縦棒グラフ）でも横向き（横棒グラフ）でもよい。

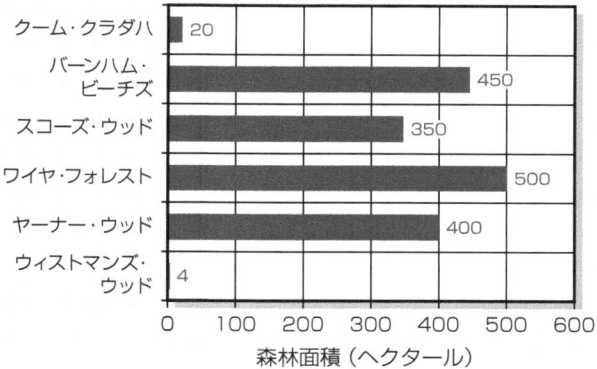

イギリスにおけるさまざまな森林の大きさ

1. 2か所の海岸の岩場で，コドラート（区画）サンプリング法により，8種の軟体動物の個体数を計測した。そのデータを集計した結果をここに示す。

   (a) 下の表に各調査地の1 m²あたりの個体数の**平均**をまとめなさい。

   (b) 表にまとめたデータをもとに，下の座標に**棒グラフ**を作成しなさい。その際，種ごとに，両調査地のデータを並べ，調査地の違いがわかるように色を変えて作図しなさい。

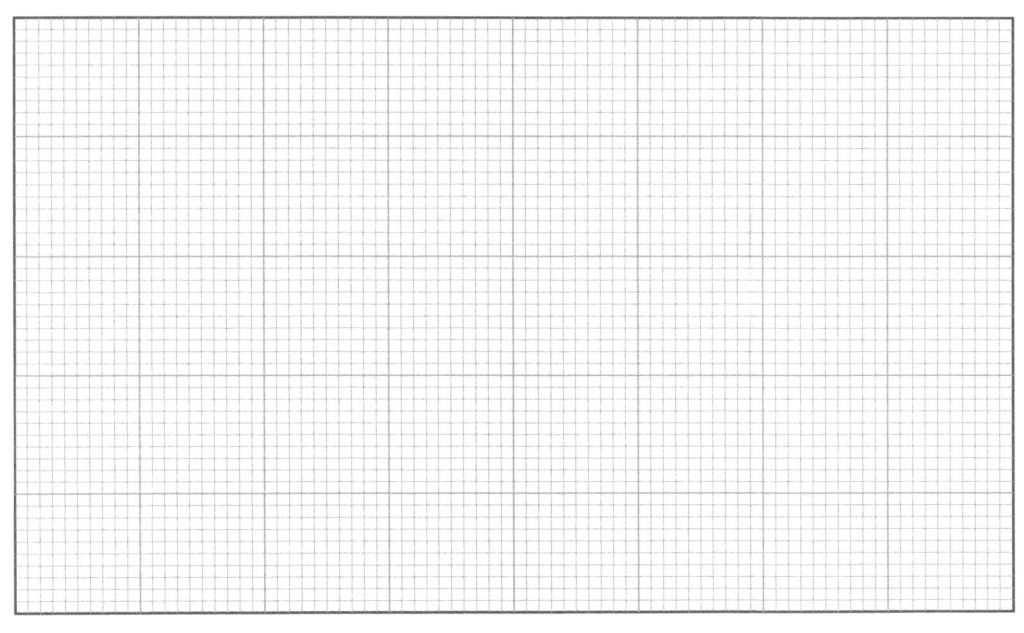

2か所の岩礁における8種の軟体動物の平均個体数

種　名	平均（個体数/m²）	
	調査地1	調査地2

野帳（フィールドノート）

調査地1（11区画）と調査地2（10区画）における個体数。1区画=1 m²。

	調査地1		調査地2	
	個体数（/m²）		個体数（/m²）	
種名	合計	平均	合計	平均
カサガイ類　種A	232	21	299	30
カサガイ類　種B	68	6	344	34
カサガイ類　種C	420	38	0	0
カキ	68	6	16	2
サザエ	16	2	43	4
カサガイ類　種D	628	57	389	39
カサガイ類　種E	0	0	22	2
ヒザラガイ	12	1	30	3

ヒストグラム（度数分布図）の作成

ヒストグラムとは

ヒストグラムは連続的なデータをもとに作図したもので，y軸に特定の測定値の出現回数（度数）をとる度数分布を表すことが多い。そのため，このグラフはよく度数分布図と呼ばれる。このグラフの重要な性質を以下に示す。

- データは数量データであり連続的である（たとえば，高さや重さ）。そのため，グラフ中の隣り合った棒は互いに接する。
- 通常，x軸には階級をとる。y軸には，各階級に現れたデータの数（度数）をとる。

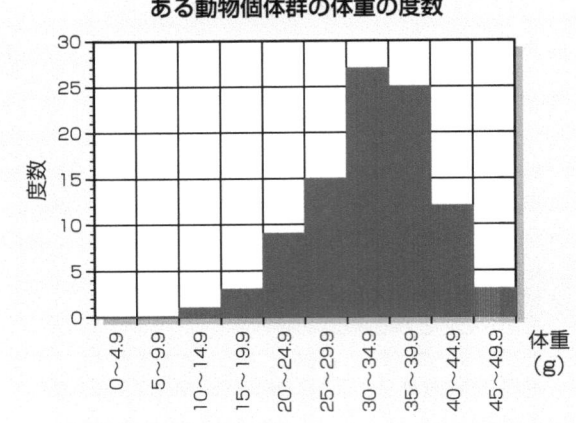

ある動物個体群の体重の度数

1. 下に記した体重のデータは，17歳以上の95名（男性と女性）から得たものである。

    (a) 表の空欄を埋めて，体重のグラフ化に適した件数表（度数表）を作成しなさい。例として，55～59.9kgの階級の度数はすでに示してある。度数の記録が済んだ野帳の生データにはチェックを入れることを忘れないように。この作業は入力ミスを防ぐために重要である。

    (b) 作成した表をもとに，下のグラフ用紙に**ヒストグラム**を描きなさい。

体重 (kg)	件数	合計
45～49.9		
50～54.9		
55～59.9	𝄀𝄀𝄀𝄀 𝄀𝄀	7
60～64.9		
65～69.9		
70～74.9		
75～79.9		
80～84.9		
85～89.9		
90～94.9		
95～99.9		
100～104.9		
105～109.9		

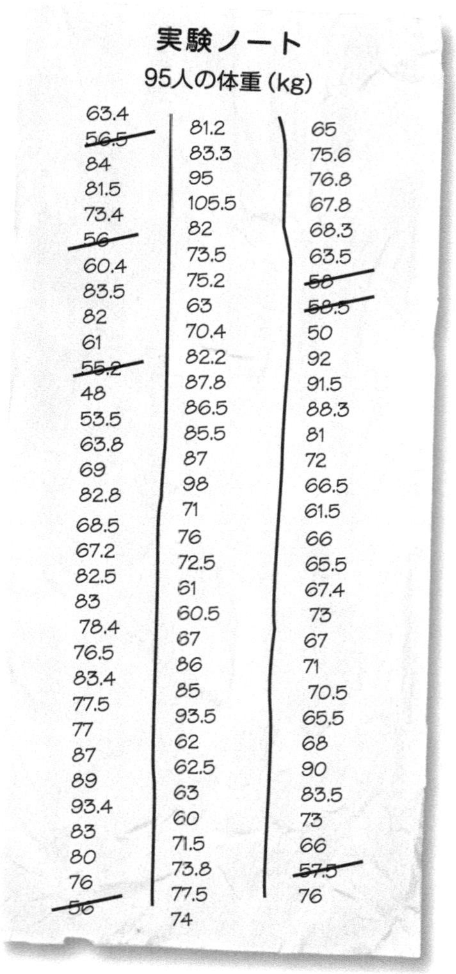

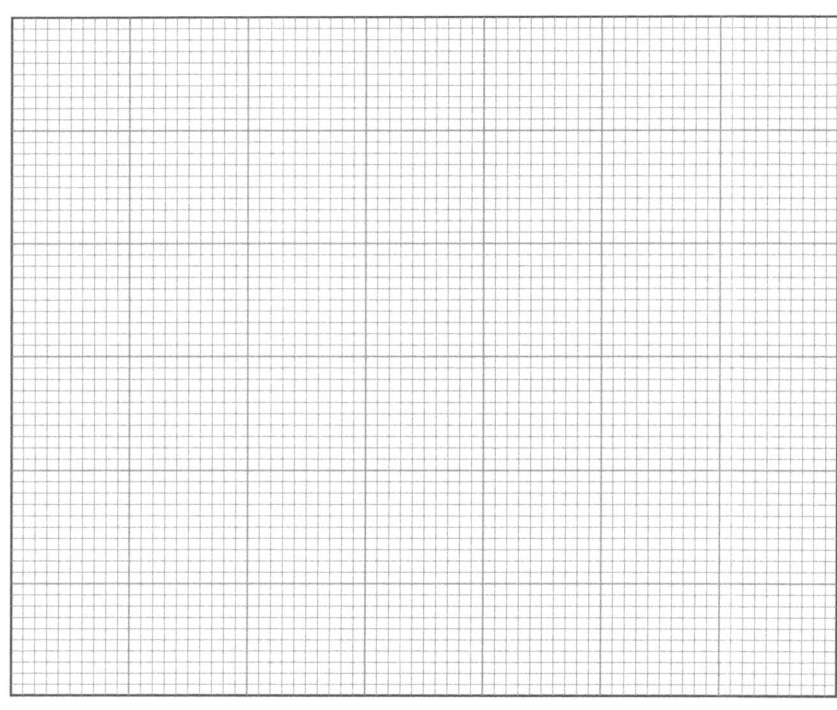

実験ノート
95人の体重 (kg)

63.4	81.2	65
~~56.5~~	83.3	75.6
84	95	76.8
81.5	105.5	67.8
73.4	82	68.3
~~56~~	73.5	63.5
60.4	75.2	~~58~~
83.5	63	~~58.5~~
82	70.4	50
61	82.2	92
~~55.2~~	87.8	91.5
48	86.5	88.3
53.5	85.5	81
63.8	87	72
69	98	66.5
82.8	71	61.5
68.5	76	66
67.2	72.5	65.5
82.5	61	67.4
83	60.5	73
78.4	67	67
76.5	86	71
83.4	85	70.5
77.5	93.5	65.5
77	62	68
87	62.5	90
89	63	83.5
93.4	60	73
83	71.5	66
80	73.8	~~57.5~~
76	77.5	76
~~56~~	74	

円グラフの作成

円グラフとは

円グラフは，カテゴリーの数が6以下の場合に，棒グラフの代わりに用いられるのが一般的である。円グラフを用いることで，各カテゴリーの占める相対的な割合について，視覚に強く訴えることができる。特に，1つのカテゴリーの割合がきわめて大きい場合に有効である。円グラフの性質を以下に示す。

- データは不連続。
- 従属変数のデータは普通，計数データ，比率データ，もしくは百分率データである。
- 円グラフは，視覚的にインパクトのある相対的な比率の表現に適している。
- 多数のカテゴリーをもつデータセットには適していない。

1. 下記のデータは，3種の脊椎動物の摂餌に関する研究で得られたものである。

   (a) 野帳のデータを整理し，右の表を完成させなさい。円グラフを作成する際に，割合1%が角度3.6°に相当することを利用する。したがって，データの各割合の値に相当する角度を求めて記入しなさい（フェレットの摂餌に占める鳥の割合：23.6 × 3.6 = 85）。

   (b) 下の円グラフ用紙を用いて，それぞれの動物の摂餌データを円グラフに示しなさい。分度器がなくても作成できるように，円には5°間隔の目盛がある。作成に際しては，0°から時計回りの方向に，もっとも大きい割合を占めるカテゴリーから順に配置すること。また，3つの円グラフで共通の凡例を使用すること。

野帳（フィールドノート）
摂餌におけるさまざまな種類の餌の占める割合 (%)

餌の種類	フェレット	ドブネズミ	ネコ
鳥	23.6	1.4	6.9
コオロギ	15.3	23.6	0
他の昆虫（コオロギ以外）	15.3	20.8	1.9
ハタネズミ	9.2	0	19.4
ウサギ	8.3	0	18.1
ドブネズミ	6.1	0	43.1
ハツカネズミ	13.9	0	10.6
果実・種子	0	40.3	0
植物の葉	0	13.9	0
その他（未同定）	8.3	0	0

フェレット，ドブネズミ，ネコの摂餌における，さまざまな食物の占める割合。円グラフにプロットする際の助けとなるよう，パーセンテージを角度に換算しなさい。

餌の種類	フェレット 割合 (%)	フェレット 角度 (°)	ドブネズミ 割合 (%)	ドブネズミ 角度 (°)	ネコ 割合 (%)	ネコ 角度 (°)
鳥	23.6	85				

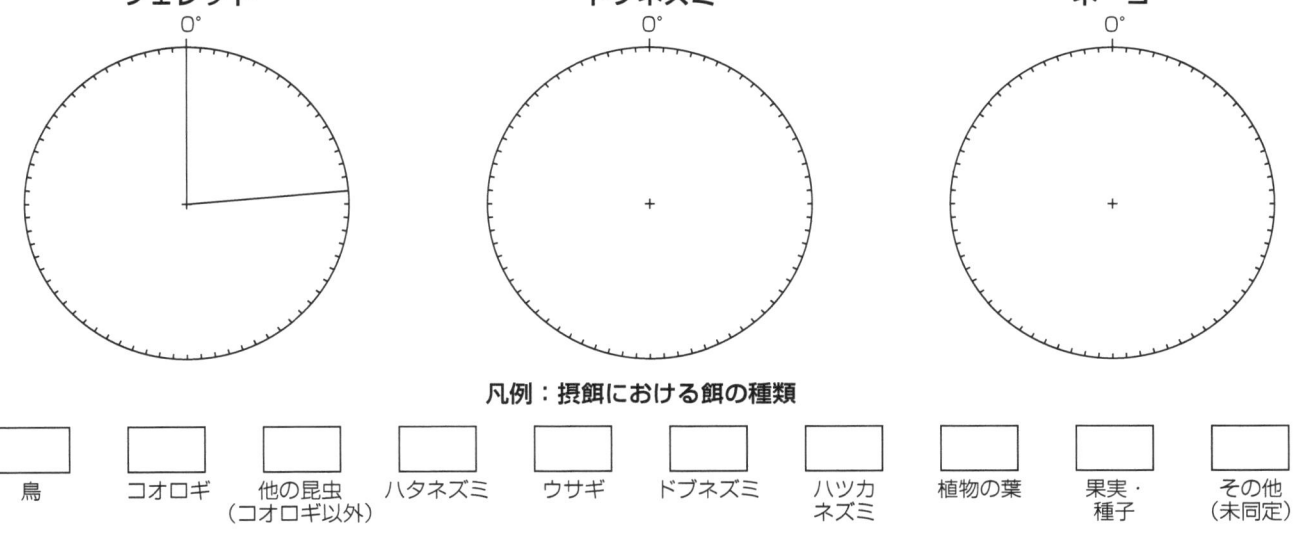

凡例：摂餌における餌の種類

鳥 ／ コオロギ ／ 他の昆虫（コオロギ以外） ／ ハタネズミ ／ ウサギ ／ ドブネズミ ／ ハツカネズミ ／ 植物の葉 ／ 果実・種子 ／ その他（未同定）

カイトグラフの作成

カイトグラフ（凧グラフ）とは

カイトグラフは，たとえばある環境勾配に沿って変化する生物の存在量など，データの分布を表現するのに役立つ。カイトグラフは，ベースライン（基準線）に沿って伸びるカイト（凧）形の図形で描かれ，カイトの幅が存在量を表す。このグラフの重要な性質を以下に示す。

- それぞれのカイトは景観の変化にともなう生物種の存在量の変化などを表す。存在量はカイトの幅で表される。
- 複数の生物種に関して描くことが多い。これにより，種ごとのハビタット（生息場所）の嗜好性の違いを明瞭に示すことができる。
- カイトの幅がない部分（ベースライン：細い線のみの部分）には種が存在しないことを意味する。
- グラフは縦横を入れ替えても構わない。
- カイトグラフは，時間の経過にともなう生物の分布の変化を表すのにも用いられる。たとえば，生物量の日変動や季節変動など。

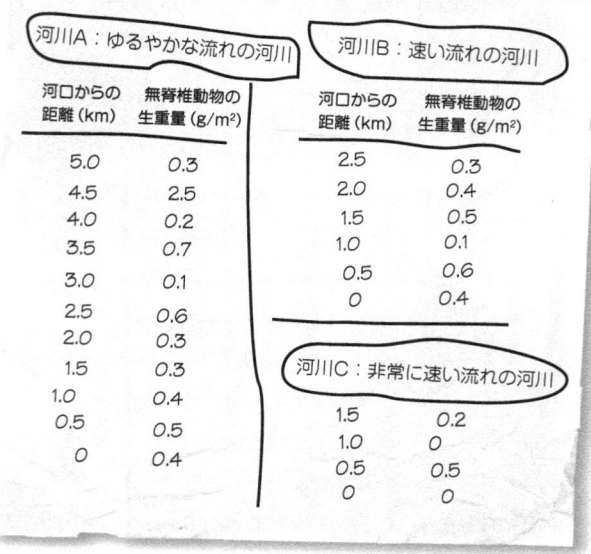

ある岩礁における生物種の存在量

*ある種が地面を被っている割合。

1. 次のデータは，異なる長さと流速をもつ3つの小河川から得たものである。この調査では，水源から河口まで，無脊椎動物を0.5 km間隔で採集し，その生重量（g/m²）を測定して記録した。

    (a) グラフを描くために，野帳のデータを表にまとめなさい。

    (b) 3つの河川のデータを，**カイトグラフ**に描きなさい。カイトの幅から生重量が求められるように，グラフにはスケールを忘れずに記入すること。

3つの小河川における無脊椎動物の生重量

河口からの距離 (km)	生重量 (g/m²)		
	河川A	河川B	河川C

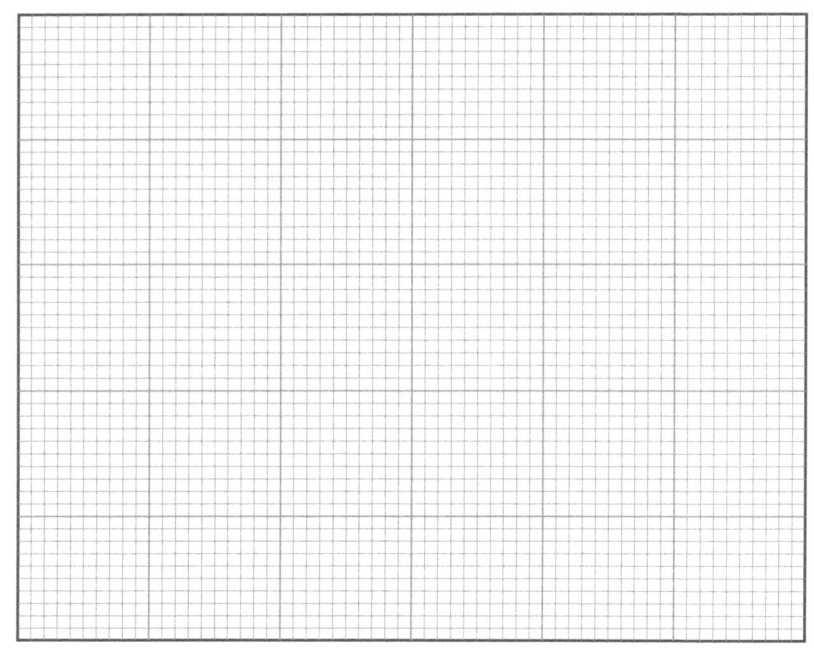

散布図の作成

散布図とは

散布図は，2つの変数間の関係を表すのによく用いられる。

- 右のグラフのデータでは，変数が2つとも連続データでなければならない。
- 独立変数はないが，2つの変数には相関があることが多い。
- 散布図は2つの変数間の関係を特定するのに有効である。
- グラフ上の点はつなぐ必要はない。変数間の関係を表すためには，目視やコンピュータによって近似線（回帰線）を引くことが多い。

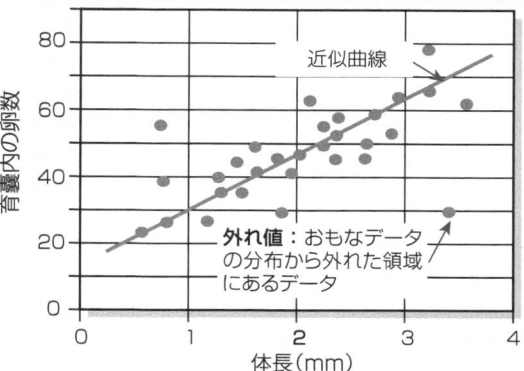

ミジンコの育嚢（孵化するまで卵が入っている背中側の殻の下にある空隙）内の卵数と体長の関係

1. 下記の例は，南極の魚ボウズハゲギス7個体について代謝を測定した結果である。この魚はエラの病気にかかりやすい。この病気は，エラのガス交換面の厚さを増加させ，酸素の取り込みに影響を及ぼす。エラが病気に侵されている割合に対応した酸素消費量の測定結果（休息時と遊泳時のもの）を下の表に示す。

    (a) 片方の軸を酸素消費量，もう一方の軸をエラが病気に侵されている割合に用いて，下のグラフ領域にデータをプロットし，酸素消費量とエラの病気の割合との関係を表しなさい。休息時と遊泳時の各データセットは，記号もしくは色を変えて表しなさい。

    (b) それぞれのデータに近似曲線（または直線）を引きなさい。

2. この魚のエラの病気の割合と酸素消費量の関係を述べなさい。

    (a) **休息時**のデータに関して

    (b) **遊泳時**のデータに関して

エラに病気がある魚の酸素消費量

魚の個体番号	エラが病気に侵されている割合（%）	酸素消費量（$cm^3\ g^{-1}\ h^{-1}$） 休息時	酸素消費量（$cm^3\ g^{-1}\ h^{-1}$） 遊泳時
1	0	0.05	0.29
2	95	0.04	0.11
3	60	0.04	0.14
4	30	0.05	0.22
5	90	0.05	0.08
6	65	0.04	0.18
7	45	0.04	0.20

3. エラの病気は，休息時の魚の酸素の取り込みにどのように影響するのか述べなさい。

折れ線グラフの作成

折れ線グラフとは

折れ線グラフは，ある1つの変数（独立変数）がもう1つの変数（従属変数）に影響を及ぼすような場合に用いられる。折れ線グラフは，データのばらつきを示す情報なしで描かれることもあるし（右上の図），ばらつきの情報を合わせて描かれることもある（右下の図）。折れ線グラフの重要な性質を以下に示す。

- どちらの変数も連続データであること。
- 従属変数は普通，生物学的応答である。
- 独立変数は時間や実験上の処理（操作）であることが多い。
- 変数間に何らかの傾向が示唆される場合（たとえば，ある変数の増加にともない他の変数も増加する場合など）には，通常その関係を表す回帰線が描かれる。
- データの変動が重要だと考えられる場合（たとえば，気候や他の環境要因の変動など）には，データの点どうしを直接線で結ぶのが普通である。
- 折れ線グラフはデータの誤差の値とともに描かれることが多い。その際，データは点（平均）とその上下に引いた棒線で表される。この棒線はデータのばらつきを示すものである（たとえば，標準誤差，標準偏差，95%信頼区間）。
- 誤差の値が計算されていない場合には，個々のデータを平均の上下に縦にプロットすることでばらつきを示すことができる。慣例により，データセットの生データの範囲を棒線で示すことはしない。

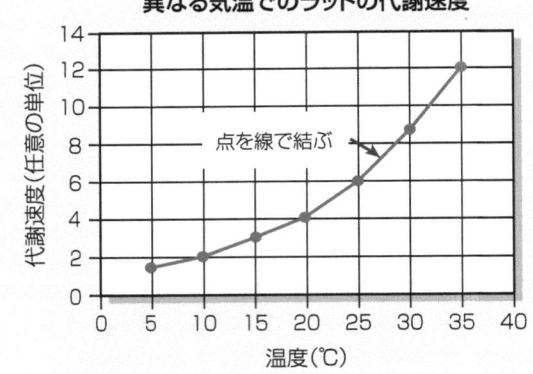

異なる気温でのラットの代謝速度

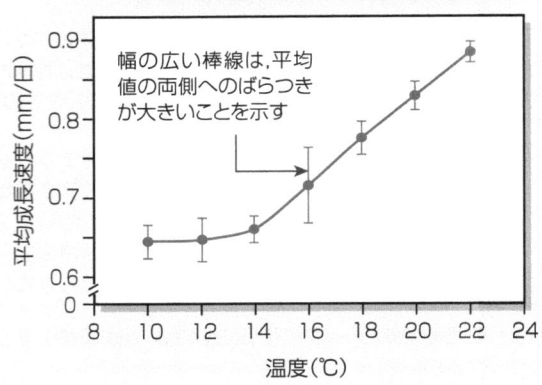

異なる気温でのエンドウの成長速度

1. 右に示す結果は，ある酵素の活性に温度が及ぼす影響を調べる研究で得られたものである。

    (a) 右の表を用いて，下の座標に折れ線グラフを書きなさい。

    (b) グラフをもとに，15℃のときの反応速度を推定しなさい。

実験ノート

さまざまな温度における酵素活性

温度（℃）	反応速度 （1分あたりの生成物の重量：mg）
10	1.0
20	2.1
30	3.2
35	3.7
40	4.1
45	3.7
50	2.7
60	0

複数のデータセットについての折れ線グラフ

1つのグラフに2つもしくはそれ以上のデータセットを用いることもある。つまり、1つのグラフエリアに複数の線が描かれる。このような表し方は、実験上の複数の操作に対する結果を比較する場合や、2つ以上の処理に対して、ある生物種の反応と他の種の反応を比較したい場合などに有効である。以下に重要な点を示す。

- 2種類のデータが同じ単位で測定されており、独立変数の値が同じ範囲にある場合、y軸には1つのスケールが用いられる。
- 2種類のデータが異なる単位で測定されており、なおかつ（あるいは）独立変数の値の範囲が大きく異なる場合、y軸には2つのスケールが用いられる（右の図を参照）。点の重複を避ける必要がある場合には、スケールを調整するとよい。
- 2種類の折れ線は、記号等により区別しなければならない。

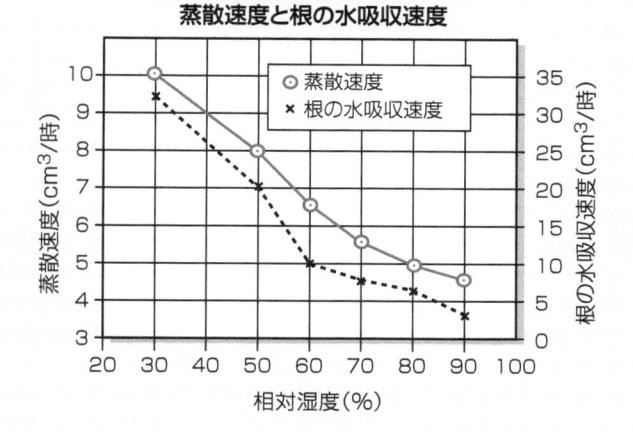

異なる相対湿度下でのエンドウの蒸散速度と根の水吸収速度

2. ある島におけるシカの個体数調査によると、1960年には2000頭の個体数がいた。1961年に、10頭のオオカミ（シカの捕食者）がシカの個体数制御のためにこの島に導入された。その後9年にわたり、シカとオオカミの個体数が観測された。その結果を右の野帳に示す。

   (a) この結果を折れ線グラフに表しなさい。左側の縦軸にシカの個体数、右側の縦軸にオオカミの個体数をとりなさい。異なる記号または色を用いて、両者の折れ線を区別し、凡例を表示しなさい。

野帳（フィールドノート）

島での個体群調査結果

年	オオカミの個体数	シカの個体数
1961	10	2000
1962	12	2000
1963	16	2300
1964	22	2500
1965	28	2360
1966	24	2244
1967	21	2094
1968	18	1968
1969	19	1916

(b) 前ページのオオカミとシカの個体数調査結果の折れ線グラフを見て，これらのデータが示すパターンについて，それを支持する根拠を挙げながら説明しなさい。

_____

_____

_____

_____

3. あるサンプリング計画において，水力発電用の貯水池に生息するパーチ（スズキ目の淡水魚）とマスの個体数がある期間調査された。この湖には，カワウの群れも生息していた。ウは大量のパーチとマスを捕食する（捕食量はパーチの方が多い）。1960年と1961年の営巣期に，424個体のウがこの湖から除かれた。その後，巣の計数が毎年春に実施された。また，1971年に60個体のウがこの湖から除かれ，すべての巣が取り除かれた。個体群調査の結果を下の表に示す。

(a) この調査結果を折れ線グラフに表しなさい。パーチとマスの個体数を左側の縦軸にとり，右側の縦軸にウの営巣数をとりなさい。異なる記号で折れ線を区別し，凡例を表示しなさい。

(b) ウとその巣が取り除かれた時点を矢印で示しなさい。

貯水池における個体群調査の結果

年	魚の個体数（1網あたりの平均） マス	魚の個体数（1網あたりの平均） パーチ	ウの営巣数	年（左からの続き）	魚の個体数（1網あたりの平均） マス	魚の個体数（1網あたりの平均） パーチ	ウの営巣数
1960	—	—	16	1970	1.5	6	35
1961	—	—	4	1971	0.5	0.7	42
1962	1.5	11	5	1972	1	0.8	0
1963	0.8	9	10	1973	0.2	4	0
1964	0	5	22	1974	0.5	6.5	0
1965	1	1	25	1975	0.6	7.6	2
1966	1	2.9	35	1976	1	1.2	10
1967	2	5	40	1977	1.2	1.5	32
1968	1.5	4.6	26	1978	0.7	2	28
1969	1.5	6	32				

出典：Data adapted from 1987 Bursary Examination

グラフの解釈

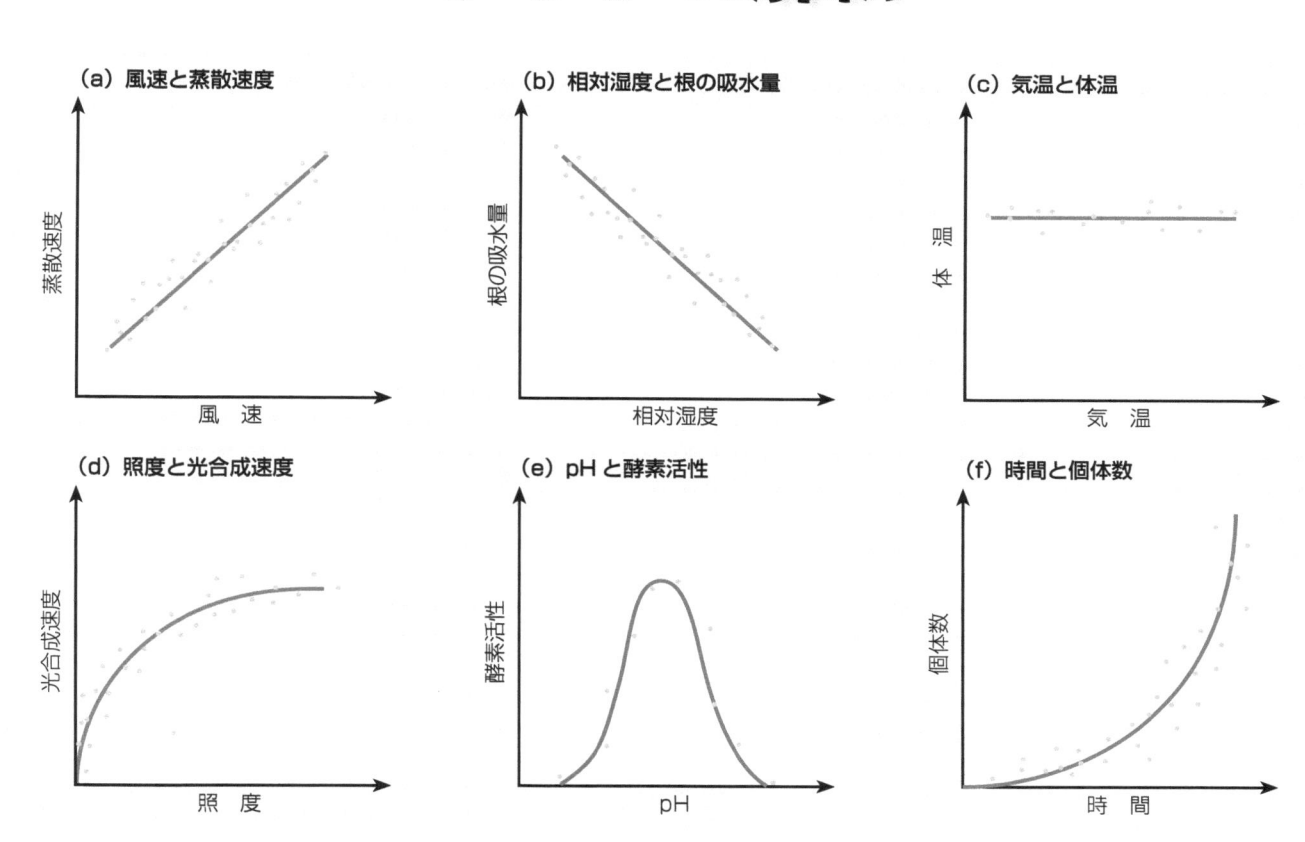

(a) 風速と蒸散速度

(b) 相対湿度と根の吸水量

(c) 気温と体温

(d) 照度と光合成速度

(e) pHと酵素活性

(f) 時間と個体数

1. (b)～(f) の各グラフに関して，線の傾きについて説明し，片方の変数の変化に対してもう一方がどう変化しているのか述べなさい。そのなかで，それぞれの例における独立変数（横軸すなわち x 軸）を「変数 X」と呼び，従属変数（縦軸すなわち y 軸）を「変数 Y」と呼びなさい。なお，たとえ2つの変数間に関係性が見られても，それは必ずしもそれらの変数間に因果関係があることを意味しないということに注意しなさい。

(a) 傾き：<u>正の傾きをもつ直線関係。</u>

関係：<u>変数 Y（蒸散）は，変数 X（風速）の増加にともない一定の傾きで増加する。</u>

(b) 傾き：_____

関係：_____

(c) 傾き：_____

関係：_____

(d) 傾き：_____

関係：_____

(e) 傾き：_____

関係：_____

(f) 傾き：_____

関係：_____

2. 前ページで作成したマス，パーチ，ウの個体数の折れ線グラフを分析し，次の問いに答えなさい。

(a) ウの個体群がパーチの個体数に何らかの影響を及ぼしていることを示唆する証拠を述べなさい。_____

_____

(b) ウの個体数の変動がマスの個体数の変動に関係がないことを示す証拠を述べなさい。_____

_____

3. ある湖で2種の底生の赤虫の調査が行われた（架空の調査である）。これら2種をユスリカaとユスリカbとする。1年を通して測定された，湖のさまざまな水深における水温と溶存酸素を以下に図示する。

架空の淡水湖における溶存酸素濃度のグラフ
（1971年1月～1971年12月）

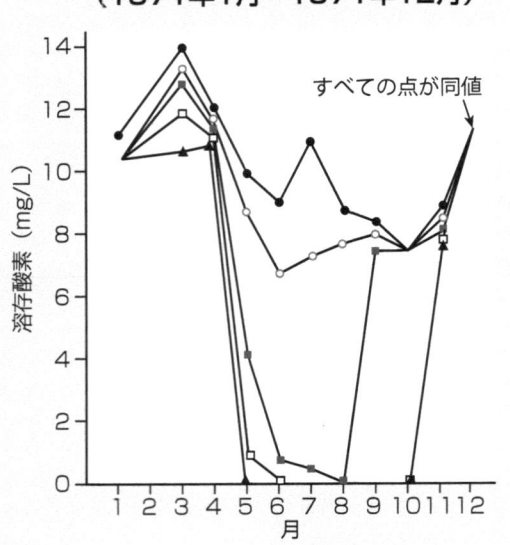

架空の淡水湖における水温（℃）のグラフ
（1971年1月～1971年12月）

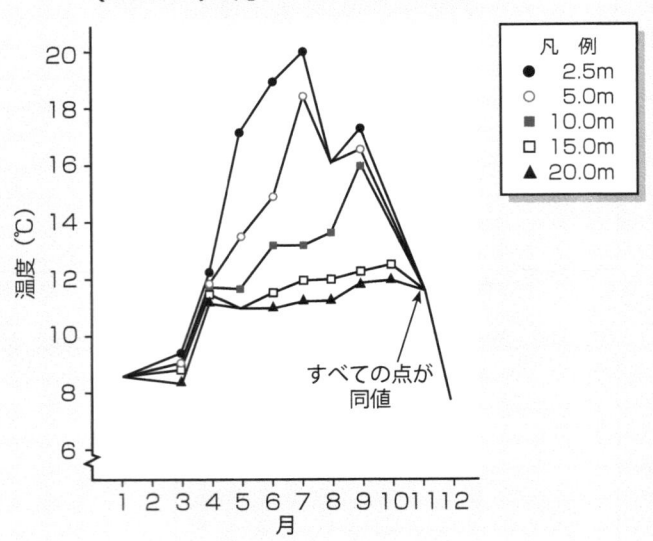

凡例
- ● 2.5m
- ○ 5.0m
- ■ 10.0m
- □ 15.0m
- ▲ 20.0m

(a) 夏（6月～8月）の水深と水温の関係を説明しなさい。

_____

_____

(b) 夏（6月～8月）の水深と溶存酸素の関係を説明しなさい。

_____

_____

4. 右の棒グラフは，上述の2種のユスリカで，ある同じ齢の個体の水深分布を示している。

(a) 夏（6月～8月）と冬（12月～2月）の分布の違いを説明しなさい。

_____

_____

_____

_____

(b) 冬にはどちらの種の個体群密度も，水深のより深いところでより高くなるのはなぜか説明しなさい。

_____

_____

_____

_____

架空の湖におけるユスリカの水深分布

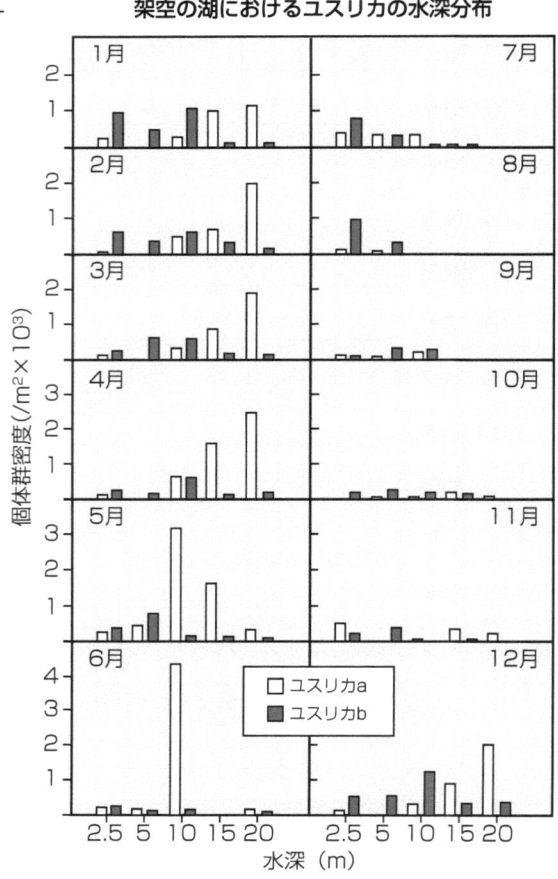

（1月～12月の個体群密度（/m²×10³）を水深（m）ごとに示した棒グラフ。□ ユスリカa，■ ユスリカb）

キーワード：フラッシュカードゲーム

下のカードの表面にはこの章で出てきたキーワードが記されており，裏面にはそのキーワードの定義が記されている。このゲームの目的は，机の上のカードをできるだけ多く取って勝つことである。ゲームの進め方は次のとおり。

1) カードを切り取り，定義の面を下にして机の上に置く。このとき，2人の学生の間にこれら1セットのカードを置くようにする。

2) 交替でカードを選び，カードを裏返す前に，自身の考えるそのキーワードにもっとも適した定義を相手に伝える。
3) カードを裏返して，定義をチェックする。2）述べた答えと合っていると自分も相手も認めたら，そのカードを取ることができる。合っていなければカードを机の上に戻す。
4) 自分の順番が終わったら，相手がカードを選ぶ。

正確さ	表	平均
仮説	変数	精度
質的データ	対照	グラフ
独立変数	従属変数	最頻値
観察	データの傾向	生データ
y軸	中央値	科学的手法

1　科学的な質問の立て方，解答の見つけ方

ゲームが終わったあとは，これらの切り抜きはフラッシュカードとして活用してください！

データの総和をデータ数（n）で割ったもの。	系統的なやり方で大量の情報を記録および要約するもの。これを用いてデータの分析や発表を行う。	測定値がどれだけ真の値に近いかを表すもの。
測定の再現性。	実験における要因であり変化するもの。	観察した現象の一時的な説明であり，実験により検証可能なもの。
数字の情報やデータのもつ傾向がわかるような方法で図示したもの。	他の処理に対する応答を正しく解釈するための標準（参考）となる処理。	数値ではなく，言葉で表されたデータ。
データセットの中でもっとも多く出現する値。	他の変数によって値の決まる変数。	調査者によってその値が設定されたり体系的に変えられたりする変数。
どのような処理も変換もなされていないデータ。	分析しているデータにみられる，データ値と関連がありそうなパターン。	研究対象についての事象を見て記述すること。
調査，処理，データ収集，記録のための再現性のある順序立った方法のこと。	データを順に並べたときに真ん中に位置する値。データを半分に分ける値。	グラフのような2次元の座標における縦軸。

2 分析とレポート

重要概念

▶ 系統立てて結果を記録することで，結果の分析や解釈が容易になる。

▶ 定量的データ評価は，加工データの分析と誤差源の客観的な評価からなる。

▶ レポートでは，実験から得られた知見を示し，考察し，他者の貢献に謝意を表する。

重要語句

CI（信頼区間）
カイ二乗検定
最頻値
スピアマンの順位相関
体系的な記録
中央値
t 検定
データ
　データの変換
　データの傾向
　生データ
統計学的分析
統計量
標準誤差
標準偏差
分散分析（ANOVA）
平均
母数（パラメータ）
有意性（統計学的有意性）
レポート
　引用
　結果
　結論
　考察
　参考文献リスト
　方法

目 的

1. **重要語句**を参考にして以下の学習の目的を理解し，その課題を行う。

データの分析　　　　　　　　　　　　　　　　　　　　　　p.36〜61

2. この章で示すフローチャートを用いて，特定の種類のデータに対して適切な分析方法を決定する。

3. 基本的な**データ変換**（速度，百分率，度数）をおさらいする。その他のデータ変換（**逆数**，**平方根**，$\log_{10}$ など）を行う能力を養う。

4. **標本平均**，**標準偏差**，**中央値**，**最頻値**などの基本**記述統計量**を理解する。

5. 集団の母数と関連する，データの散らばりの**指標**を計算する（平均の**標準誤差**と **95%信頼限界**など）。

6. **統計学的有意性**のもつ意味を理解する。データの種類により適切な統計学的検定方法を判断する。

7. データのもつ傾向に関する検定とデータの差の検定の違いを認識する。それぞれの場合における検定方法の基準を明らかにする。必要に応じて適切な統計学的検定を行い，データのもつ傾向やデータの差の有意性を検定する。

   （a）**傾向**の検定：**相関**，**回帰**，**スピアマンの順位相関**

   （b）**差**の検定（例：グループ間や処理間）：**t 検定**，**カイ二乗検定**，**分散分析**

データの評価と発表　　　　　　　　　　　　　　　　　　　p.62〜67

8. 結果の批判的評価は研究の根幹である。以下に挙げる研究の重要事項を理解して説明できるようにする。

   - 加工データの有する**傾向**
   - 関連する生物学概念の**議論**
   - 誤った結果や誤差源の**評価**
   - 実験の目的とデータ分析結果に基づく結論

9. きちんと構成した**レポート**により，研究で発見したことを発表する。

10. レポートの重要事項を理解して説明できるようになる。

    - 現在までの研究動向を含めた研究の「序論」
    - 研究を再現できるように記す「**方法**」
    - 得られたデータや加工したデータを図表などにより示す「結果」
    - 研究目的とテーマに沿った結果の「考察」
    - 「結論」
    - レポート本文で言及した「引用文献」

次のステップへ

　前章で研究の初期段階に当たる内容を学んだ。ここでは、これまでやってきたことを振り返り、あなたが調べようとしていることの生物学的重要性について改めて考えてみることにしよう。まず、このフローチャートの最初のページに、学んできたことに照らして取り組もう。ここまで来れば、研究調査結果をより詳細に分析してみる良い時期である。初歩的な段階だからといって、自分のデータを分析する意味を過小評価してはいけない。このフローチャートは、もっとも適切なデータ分析方法を決めるのに役立つだろう。

Photos courtesy of Pasco

観察
- 何かが別の何かに変化や影響を与えたりする。
- ある場所で、トランセクト（調査地を横断する線）に沿って、気温に沿って、濃度に沿って、何かがほかのものより多い、少ないなど。
- 何かが、より大きい、高い、より速く成長する。

予備調査
チェックしよう
- 道具、調査地、調査間隔
- データ収集に必要な時間
- 問題点の洗い出しや、他の予期しなかった事項

調査
- 基本的な生物学的特性を明らかにする。
- 他に影響を与えている生物的、非生物的要因があるかを明らかにする。
- より広範な生物学的背景の中での位置付けを明らかにする。

分析
調べたいものは、
- 差
- 傾向もしくは関係
- 適合度（理論的な結論への）

次のページへ

予備調査結果に基づく研究計画の練り直し

変数
次に必要なのは、
- 影響の主要因となっている変数を特定すること。
- 調べたい内容をもっとも明快に示すために、制御されるべき変数を特定すること。

仮説
データが仮説を支持するものか棄却するものかを最終的に判断するために、仮説は
- 検証可能でなければいけない。
- 予測につながるものでないといけない。

2 分析とレポート

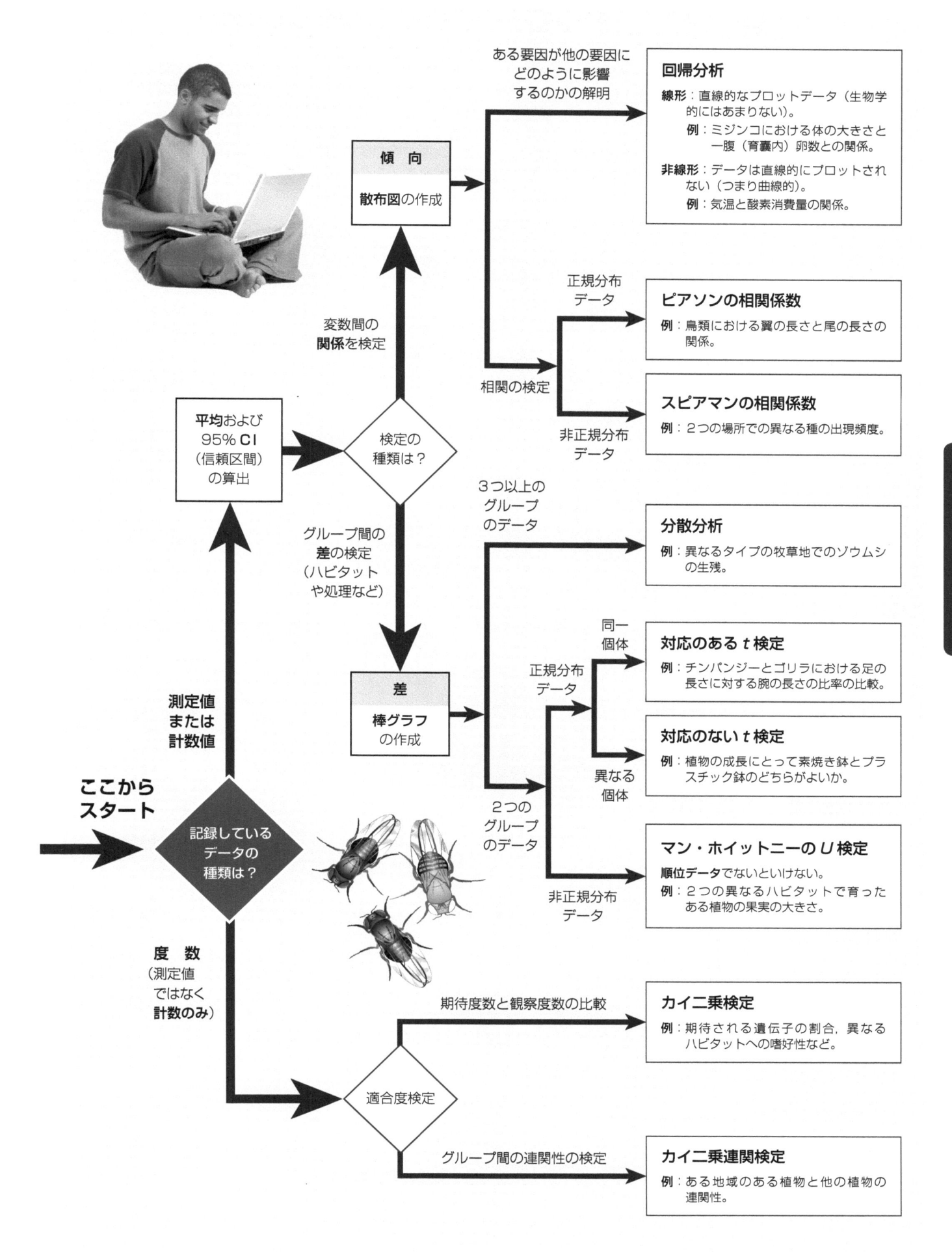

ここからスタート

記録しているデータの種類は？

測定値または計数値 → 平均および95% CI（信頼区間）の算出 → 検定の種類は？

変数間の関係を検定 → 傾向 散布図の作成

- **ある要因が他の要因にどのように影響するのかの解明** → **回帰分析**
  - 線形：直線的なプロットデータ（生物学的にはあまりない）。
    - 例：ミジンコにおける体の大きさと一腹（育嚢内）卵数との関係。
  - 非線形：データは直線的にプロットされない（つまり曲線的）。
    - 例：気温と酸素消費量の関係。

- **相関の検定**
  - 正規分布データ → **ピアソンの相関係数**
    - 例：鳥類における翼の長さと尾の長さの関係。
  - 非正規分布データ → **スピアマンの相関係数**
    - 例：2つの場所での異なる種の出現頻度。

グループ間の差の検定（ハビタットや処理など） → 差 棒グラフの作成

- 3つ以上のグループのデータ → **分散分析**
  - 例：異なるタイプの牧草地でのゾウムシの生残。

- 2つのグループのデータ
  - 正規分布データ
    - 同一個体 → **対応のある t 検定**
      - 例：チンパンジーとゴリラにおける足の長さに対する腕の長さの比率の比較。
    - 異なる個体 → **対応のない t 検定**
      - 例：植物の成長にとって素焼き鉢とプラスチック鉢のどちらがよいか。
  - 非正規分布データ → **マン・ホイットニーの U 検定**
    - 順位データでないといけない。
    - 例：2つの異なるハビタットで育ったある植物の果実の大きさ。

度数（測定値ではなく計数のみ） → 適合度検定

- 期待度数と観察度数の比較 → **カイ二乗検定**
  - 例：期待される遺伝子の割合，異なるハビタットへの嗜好性など。

- グループ間の連関性の検定 → **カイ二乗連関検定**
  - 例：ある地域のある植物と他の植物の連関性。

もう一歩先のデータ変換

データに潜む傾向や変数間の関係を容易に特定し，統計的に検定しやすくするためには，通常，生データは何らかの形で変換される必要がある。一般的に，もっとも単純で明快な統計的検定が可能となるのは，データが正規分布を示すときである。しかし，生物学の調査で得られるデータはが正規分布を示すことは少ない。この問題を克服するために，データ変換が必要となる。データ変換によって，異なる処理をした標本数の違うデータについて説明することが可能となる。データ変換は，望んだ結果を得るためにデータ自体を操作することとは異なる。変換の選択は，データの種類と，どう分析するのかに基づいて決まる。実験結果のなかには，データの示す傾向が明白で，複雑な統計分析を必要としないものもある。

逆 数

$1/x$ は x の逆数である。

酵素濃度 (μg/mL)	反応時間 (分)	逆数値
6	25	0.04
12.5	20	0.05
25	14	0.07
50	5	0.20
100	2.5	0.40
150	1.75	0.57

- 測定された変数がある工程に要した時間である場合には，時間の逆数（1/データ値）は速度となる。

問題：反応が異なる時間尺度で測定される。

例：酵素反応において色の変化に要した時間。

平方根

平方根は，それ自体を二乗すればもとの数になるものである。

調査地	ワラジムシの数	平方根
1	10	3.16
2	7	2.65
3	5	2.24
4	3	1.73
5	1	1
6	0	0
7	1	1
8	1	1

- 何らかの計数データに適用される。
- 負の数の平方根はとれない。負の数には定数を加えることで正の数とする。
- 歪んだ分布データを正規化するのを助ける。

問題：歪んだ分布のデータ。

例：トランセクト上に分布するワラジムシの数。

Log$_{10}$

対数変換はデータを正規化する効果がある。

- 対数変換は，指数関数的な増加を示すデータ（細胞の成長など）に有効である。
- 対数変換によりデータが直線状にプロットされ，数の扱いが容易になる。
- Log$_{10}$ の計算をしてみよう。たとえば 32 の場合，関数電卓を用いて，[log] ボタンを押してから [32] を押すと，

[log][32] = ＿＿＿＿＿＿。

答えは 1.51 となる。

問題：指数関数的な増加のデータ。

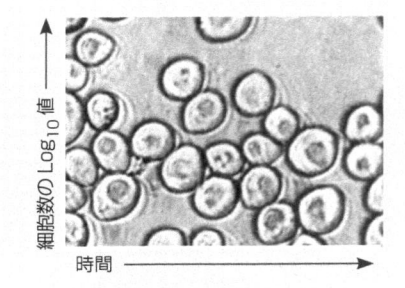

例：培養液中の酵母の細胞増殖

---

1. 研究者（調査者）が統計的分析の前に，歪んだ分布のデータや，正規分布にしたがわないデータを変換することがあるのはなぜか説明しなさい。

　_____

　_____

2. 以下のそれぞれの例において，もっとも適切なデータ変換を理由とともに答えなさい。

　(a) 異なる pH 値のもとでフラスコ内に沈殿が生じ始めるまでに要した時間の比較：

　　適切なデータ変換：_____

　　理由：_____

　(b) 50 個の寒天培地において，バクテリアのコロニー数に及ぼす培養環境の影響の分析：

　　適切なデータ変換：_____

　　理由：_____

記述統計量

生物学の研究における測定値は，複数の標本集団から得られることがほとんどである。標本の大きさ（サンプリング単位の数：サンプルサイズ，標本サイズとも呼ばれる）は，利用できる資源（場所，時間，資金など）の量により変化する。実験室内での研究の場合，標本の大きさは2か3程度である（たとえば，各処理につき2本の試験管）。野外での研究の場合には，標本の単位は調査対象の各個体であることもあり，標本の大きさは非常に大きくなることもある（たとえば，100個体）。得られたデータについては，その概要を**記述統計量**を使ってまとめておくと便利である。平均，中央値，最頻値などの記述統計量は，データのもつ傾向やパターンを明らかにするのに役立つ。データの種類や分布により，その性質を表すのにふさわしい統計量がある。たとえば，平均は歪んだ分布をもつデータにはふさわしくない（下図参照）。度数分布図は，データの分布を示すのに有効である。標準偏差と標準誤差は，データのばらつきの程度を定量化する統計量であり，真の（集団の）平均の推定値が信頼できるものであるかどうかを評価するものである。

データにおける変動

観察によって得られたデータであっても，実験によって得られたデータであっても，生物学のデータはたいていばらつきがあるものである。あるデータセットが得られたら，そのデータの中心を示す値について知っておくと便利である。この値は，変数の種類によって決まり，平均や中央値，最頻値であったりする（下の概略図を参照）。これらの記述統計量を求める目的は，データの示す重要な傾向をとりまとめ，その後の統計分析の基礎とすることである。

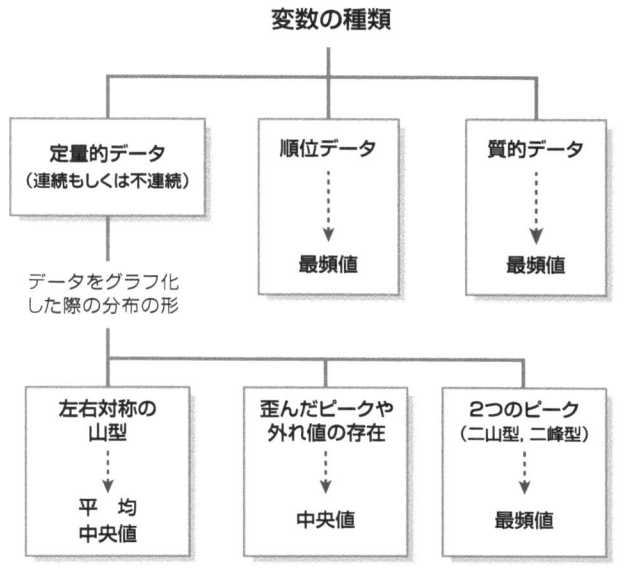

変数の種類

- 定量的データ（連続もしくは不連続）
  - データをグラフ化した際の分布の形
    - 左右対称の山型 → 平均 中央値
    - 歪んだピークや外れ値の存在 → 中央値
    - 2つのピーク（二山型，二峰型）→ 最頻値
- 順位データ → 最頻値
- 質的データ → 最頻値

分布の形により，どの統計量（平均，中央値，最頻値）が標本データの中心傾向をもっともよく表すかが決まる。

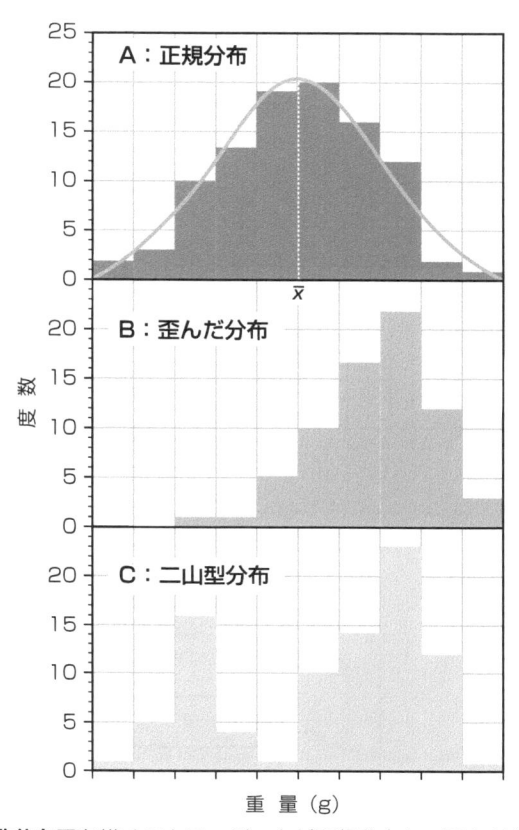

A：正規分布
B：歪んだ分布
C：二山型分布

度数分布図を描くことで，データが正規分布か，歪んだ分布か，あるいは二山型であるかを知ることができる。

$$\frac{\text{データ値の合計}}{\text{データ数}} = \frac{5221}{29} = 180 \text{ cm （平均）}$$

水泳選手の身長（昇順で）		
174	177	185
175	177	185
175	178	185
175	178	186
176	178	186
176	178	186
176	180	188
176	180	188
176	180	189
177	181	

身長(cm)	スコア(集計)	合計
174	✓	1
175	✓✓✓	3
176	✓✓✓✓✓	5 （最頻値）
177	✓✓✓	3
178	✓✓✓✓	4
179		0
180	✓✓✓	3
181	✓	1
182		0
183		0
184		0
185	✓✓✓	3
186	✓✓✓	3
187		0
188	✓✓	2
189	✓	1

中央値

事例研究：水泳選手の身長

下記のデータと左の記述統計量は，ある水泳チームに所属する29名の男子の身長について調査した結果から得られたものである。

生データ：身長（cm）

178	177	188	176	186	175
180	181	178	178	176	175
180	185	185	175	189	174
178	186	176	185	177	176
176	188	180	186	177	

1. 水泳選手の身長データの平均，中央値，最頻値が異なる理由を説明しなさい。

_____

_____

_____

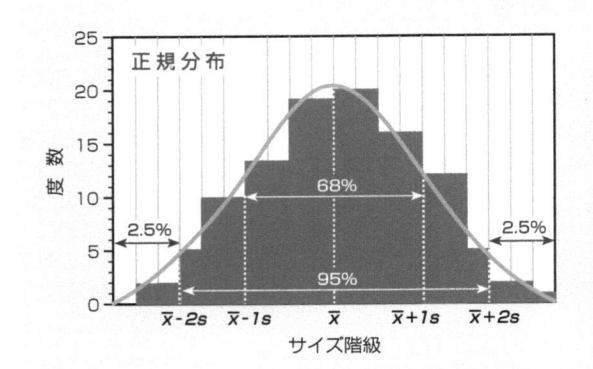

データの広がりの測定

観測値におけるデータのばらつき（広がり）を表す統計量として**標準偏差**（s）がよく用いられる。標準偏差は，通常，平均（$\bar{x}$）$\pm s$の式で表される。正規分布にしたがうデータにおいては，全データの68%が，平均$\pm s$の範囲内にあり，全データの95%が平均$\pm 2s$の範囲内にある（左図）。2つの異なるデータセットが同じ平均と範囲をもつことがあるが，その場合でもデータの分布はまったく異なることがある。下のヒストグラム（度数分布図）に描いた2つのデータセットは，68%のデータが平均$\pm s$の範囲にあり，95%のデータが平均$\pm 2s$の範囲にある。しかし，Bのグラフでは，データは平均の近くに密にかたまっている。

どちらのヒストグラムも平均からの対称的なばらつきをもつ正規分布を示している。

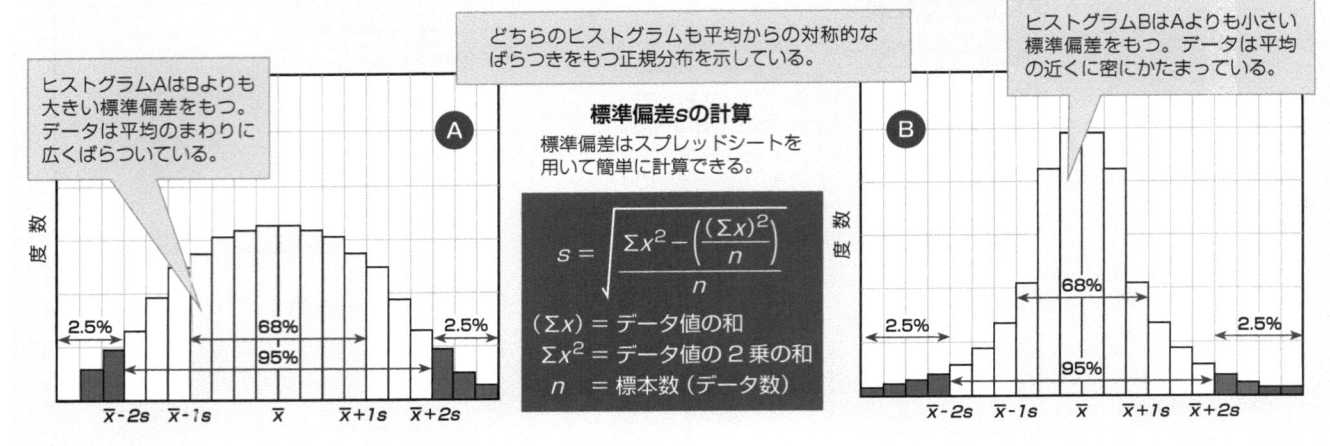

ヒストグラムAはBよりも大きい標準偏差をもつ。データは平均のまわりに広くばらついている。

ヒストグラムBはAよりも小さい標準偏差をもつ。データは平均の近くに密にかたまっている。

標準偏差sの計算
標準偏差はスプレッドシートを用いて簡単に計算できる。

$$s = \sqrt{\frac{\Sigma x^2 - \left(\frac{(\Sigma x)^2}{n}\right)}{n}}$$

(Σx) = データ値の和
Σx^2 = データ値の2乗の和
n = 標本数（データ数）

事例研究：シダの繁殖

シダ植物の葉に存在する胞子嚢群（ソーラス）数の調査から得られた生データ（下）と記述統計量（右）

シダの胞子嚢群（ソーラス）

生データ：葉1枚あたりのソーラスの数

64	60	64	62	68	66	63
69	70	63	70	70	63	62
71	69	59	70	66	61	70
67	64	63	64

$$\frac{\text{全ソーラス数}}{\text{標本数}} = \frac{1641}{25} = 66 \text{ ソーラス} \quad \text{平均}$$

葉1枚あたりのソーラス数（昇順）		葉1枚あたりのソーラス数	スコア（集計）	合計
59	66	59	✓	1
60	66	60	✓	1
61	67	61	✓	1
62	68	62	✓✓	2
62	69	63	✓✓✓✓	4
63	69	64	✓✓✓✓	4
63	70 中央値	65		0
63	70	66	✓✓	2
63	70	67	✓	1
64	70	68	✓	1
64	70	69	✓✓	2
64	71	70 最頻値	✓✓✓✓✓	5
64 中央値		71	✓	1

2. シダのソーラス数のデータの平均，中央値，最頻値が異なる理由を述べなさい。

_____

_____

_____

3. 下記の甲虫の体重のデータから，平均，中央値，最頻値を計算しなさい。

テントウムシの体重 (mg)		
10.1	8.2	7.7
8.0	8.8	7.8
6.7	7.7	8.8
9.8	8.8	8.9
6.2	8.8	8.4

標本のばらつきの解釈

平均などの中心傾向の算出は，データセットのもっとも代表的な値を特定しようとするものであるが，データセットの記述はまた，データの中心の周辺でデータがいかに大きくばらつくかを知ることを必要とするものでもある。前ページの課題でも触れたように，**標準偏差**（s）はデータの広がりや**ばらつき**の簡単な指標となる。分散（s^2）もまたばらつきの指標であるが，通常，標準偏差の方が好んで用いられる。なぜなら，標準偏差の単位はデータのもとの単位と同じだからである。ちょうど同じ平均をもつデータセットであっても，ばらつきがまったく異なることがある。これらのデータセットの比較に中心傾向だけを用いれば，その分析結果は，両者がよく似ているという不正確なものとなるだろう。ある個体群について私たちが行う仮定は，標本（サンプル）データが私たちに語りかけるものの影響を受ける。これが，偏りのない標本のサンプリング〔たとえば，**無作為抽出（ランダムサンプリング）**によるデータ収集〕と，できる限り多数の標本を得ることが大切な理由である。下記は，個体群についての私たちの仮定が標本データの情報にどのように影響されるかを例示している。

ランダムサンプリング，標本の大きさ，データのばらつき

標本の大きさ（サンプルサイズ）とサンプリング（標本抽出）の偏りは，どちらも個体群から標本をとる際に得られる情報に影響を与える。この課題では，ある標本データについての記述統計量を算出する。

データセットは，0 年目のパーチ（魚）689 匹の体長データである（左の列）。このデータの基本的な記述統計量（基本統計量）と体長のヒストグラム（度数分布図）を以下に示す。このデータをよく見た後，同じ個体群から得られた，より小さな2つのデータセットから同じ統計量を計算する以下の問題に取り組みなさい。この課題では，ランダムサンプリング，大きなサンプルサイズ，およびサンプリングの偏りが，個体群のばらつきに関する統計学的な評価にいかに影響を与えるのかを示すものである。

完全なサンプリング集団 $n = 689$（無作為）

体長 (mm)	度数
25	1
26	0
27	0
28	0
29	0
30	0
31	0
32	2
33	3
34	3
35	4
36	5
37	10
38	23
39	22
40	33
41	39
42	41
43	41
44	36
45	49
46	32
47	14
48	32
49	27
50	25
51	24
52	17
53	18
54	27
55	21
56	20
57	11
58	18
59	16
60	22
61	13
62	8
63	10
64	5
65	7
66	2
67	3
68	3
69	1
70	0
71	1

0年目のパーチの体長

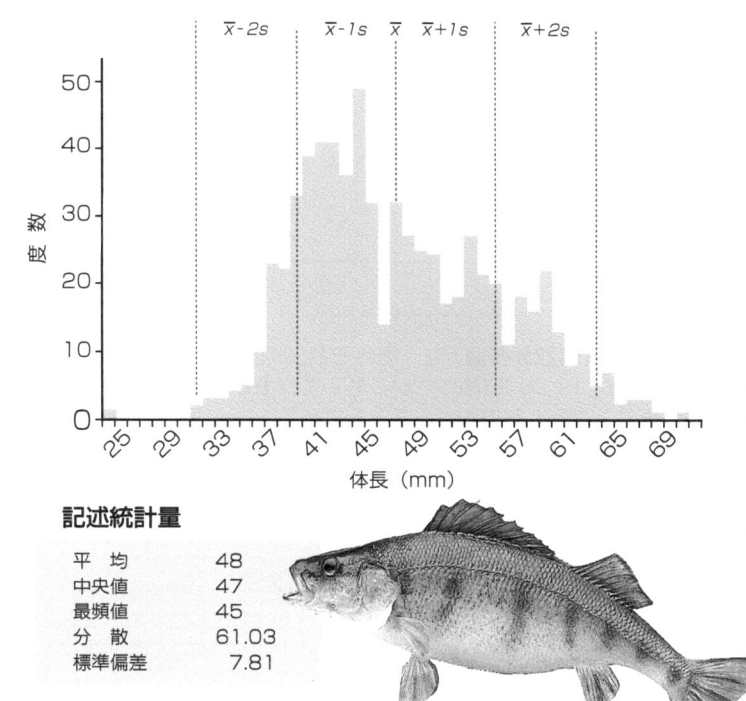

（ヒストグラム：$\bar{x}-2s$, $\bar{x}-1s$, $\bar{x}$, $\bar{x}+1s$, $\bar{x}+2s$，横軸 体長 (mm)，縦軸 度数）

記述統計量

平均	48
中央値	47
最頻値	45
分散	61.03
標準偏差	7.81

小さなサンプリング集団 $n = 30$（無作為）

体長 (mm)	度数
25	1
26	0
27	0
28	0
29	0
30	0
31	0
32	0
33	0
34	0
35	2
36	0
37	0
38	3
39	2
40	1
41	3
42	0
43	0
44	0
45	0
46	1
47	0
48	2
49	0
50	0
51	1
52	3
53	0
54	0
55	0
56	0
57	1
58	0
59	3
60	2
61	2
62	0
63	0
64	0
65	0
66	0
67	2
68	1

小さなサンプリング集団 $n = 50$（偏りあり）

体長 (mm)	度数
46	1
47	0
48	0
49	1
50	0
51	1
52	1
53	1
54	1
55	1
56	2
57	2
58	2
59	4
60	1
61	0
62	8
63	10
64	13
65	2
66	0
67	2

50 ← 捕獲網のメッシュが大き過ぎたため，調査者はより大きな魚を選択してこのデータセットを得た。

● このデータはランダムサンプリングによって得られた。

← この列には，各サイズの魚の個体数が記録してある。

30 ← 標本集団の魚の個体数

1. 完全なデータセット（$n = 689$）について，以下のデータの割合（％）を求めなさい。

    (a) 平均 ± 1 標準偏差 _____

    (b) 平均 ± 2 標準偏差 _____

    (c) この情報は，この調査地のパーチの体長分布についてどのようなことを示しているのか説明しなさい。_____

2. この分布について，同じ結論を導くであろうもう1つの理由を述べなさい。_____

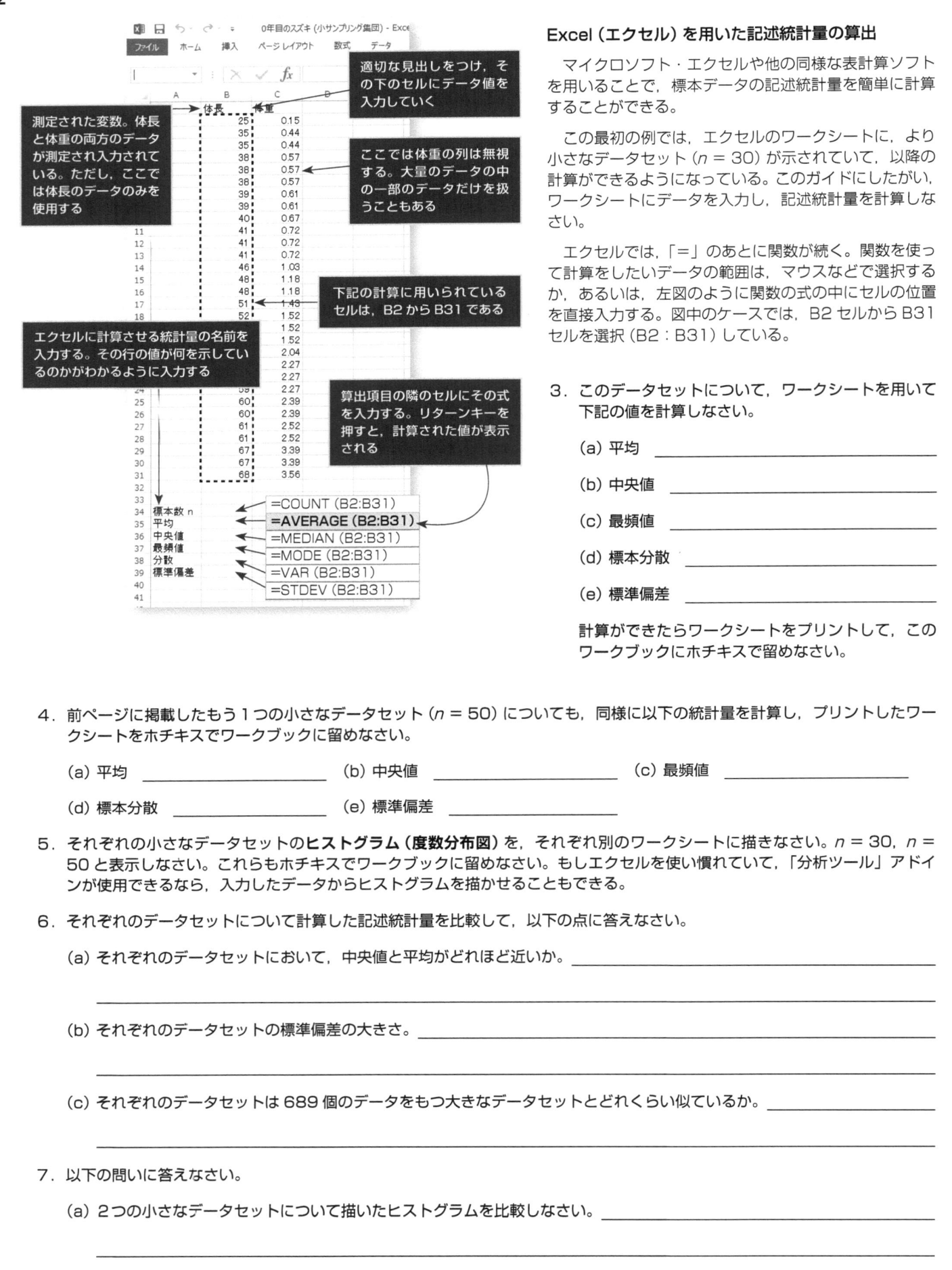

Excel（エクセル）を用いた記述統計量の算出

マイクロソフト・エクセルや他の同様な表計算ソフトを用いることで，標本データの記述統計量を簡単に計算することができる。

この最初の例では，エクセルのワークシートに，より小さなデータセット（n = 30）が示されていて，以降の計算ができるようになっている。このガイドにしたがい，ワークシートにデータを入力し，記述統計量を計算しなさい。

エクセルでは，「＝」のあとに関数が続く。関数を使って計算をしたいデータの範囲は，マウスなどで選択するか，あるいは，左図のように関数の式の中にセルの位置を直接入力する。図中のケースでは，B2セルからB31セルを選択（B2：B31）している。

3. このデータセットについて，ワークシートを用いて下記の値を計算しなさい。

   (a) 平均 _____

   (b) 中央値 _____

   (c) 最頻値 _____

   (d) 標本分散 _____

   (e) 標準偏差 _____

   計算ができたらワークシートをプリントして，このワークブックにホチキスで留めなさい。

4. 前ページに掲載したもう1つの小さなデータセット（n = 50）についても，同様に以下の統計量を計算し，プリントしたワークシートをホチキスでワークブックに留めなさい。

   (a) 平均 _____ (b) 中央値 _____ (c) 最頻値 _____

   (d) 標本分散 _____ (e) 標準偏差 _____

5. それぞれの小さなデータセットの**ヒストグラム（度数分布図）**を，それぞれ別のワークシートに描きなさい。n = 30, n = 50 と表示しなさい。これらもホチキスでワークブックに留めなさい。もしエクセルを使い慣れていて，「分析ツール」アドインが使用できるなら，入力したデータからヒストグラムを描かせることもできる。

6. それぞれのデータセットについて計算した記述統計量を比較して，以下の点に答えなさい。

   (a) それぞれのデータセットにおいて，中央値と平均がどれほど近いか。_____

   (b) それぞれのデータセットの標準偏差の大きさ。_____

   (c) それぞれのデータセットは689個のデータをもつ大きなデータセットとどれくらい似ているか。_____

7. 以下の問いに答えなさい。

   (a) 2つの小さなデータセットについて描いたヒストグラムを比較しなさい。_____

   (b) 2つのヒストグラムが非常に異なるのはなぜだと思うか書きなさい。_____

平均の信頼性

データの広がり，すなわち**ばらつき**を定量化する**標準偏差**（s）の使い方についてはすでに学習した。ばらつきを表すもう1つの統計量に**分散**（s^2）があるが，一般に標準偏差のほうがよく使われる。なぜなら，標準偏差はデータのもとの単位のまま表すことができるからである。通常，調査から得られた標本の平均値（$\bar{x}$）が，集団の真の平均値（μ）（母集団の平均値）をどれくらいよく表しているのかを知りたいと考える。この指標として，平均値の標準誤差（または単に，**標準誤差**，SE）がある。SE が誤差の指標としてよく使われるのは，他の統計学上の理由よりもむしろ，簡単に計算することができ，普通は小さな値となるからである。SE を用いることで**95%信頼区間**（95% CI*）を求めることができる。95%信頼区間の計算と用法を下記に概説する。この項の終わりまでに，以下のことができるようになるはずである。

- マイクロソフト・エクセルなどの表計算ソフトを用いて，データ入力と記述統計量の計算を行う。この手順は，どのようなデータセットについても適用できる。
- 標本データの標準誤差と95%信頼区間を計算する。これらのデータは誤差棒により適切に表すことができる。
- グラフ化されたデータの関係を読み取り，実験から得られた知見に関して仮の結論を導き出すことができる。

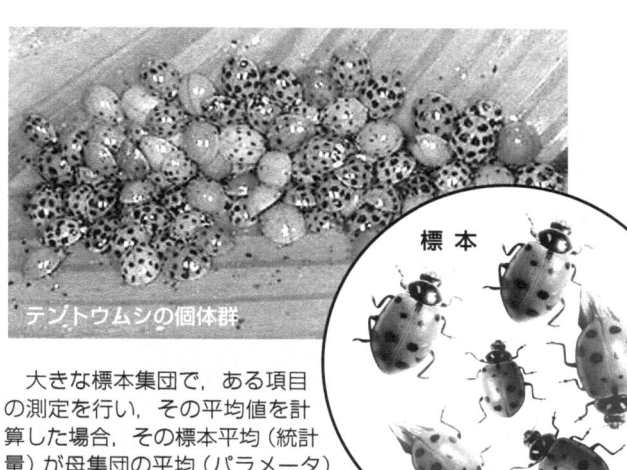

標本の平均値の信頼性

比較的大きなサイズの標本集団の測定を行った場合，それらの標本を集団全体の傾向を表すものとして扱う。したがって，標本の平均値を計算する場合，その値が集団の真の平均値（μ）（母集団の平均値）にどれくらい近いのかを知っておくと便利である。これは，単なる計算値以上に，あなたが興味をもった集団のある側面に関する推測を可能にしてくれる。このため，標本に基づき集団のパラメータを推定する統計学のことを**推計統計学**と呼ぶ。

大きな標本集団で，ある項目の測定を行い，その平均値を計算した場合，その標本平均（統計量）が母集団の平均（パラメータ）にどれくらい近いかを計算することができる。
例：6個体のテントウムシの斑点数の平均を計算した場合，集団全体の平均値の指標として，この統計量はどれくらい信頼できるだろうか？ これは**95%信頼区間**を計算することで判断できる。

標準誤差（SE）

標準誤差（SE）は簡単に計算することができ，普通は小さな値となる。以下の式で求められる。

$$SE = \frac{s}{\sqrt{n}}$$

ただし，s は標準偏差，n は標本数である。

標準誤差はグラフ上で誤差棒によって表示されることが多い。しかし，標準誤差よりも，**95%信頼区間**（下記）を表示するほうがわかりやすい。これらの計算は，すべて表計算ソフトのワークシートで簡単にできる（次ページ）。

95%信頼区間

平均値の95%信頼区間を計算するには，標準誤差が必要である。以下のようにして求められる。

$$95\% \ CI = SE \times t_{P(n-1)}$$

この計算式をみても恐れることはない。t分布表で，自由度（df）=（標本数 − 1），$P = 0.05$ のときの t 値をみて，その t 値を SE の値にかければよいだけである。

たとえば，SE が 0.6 で標本数が 10 の場合の95%信頼区間は，以下のように計算できる。

$$95\% \ CI = 0.6 \times 2.262 = \boxed{1.36}$$

$P = 0.05$ の t 分布表の一部を右に示す。標本数が大きくなると t 値が小さくなることに注意してほしい。非常に大きい標本数では t 値は 1.96 に固定される。つまり，95%信頼区間は SE の2倍よりもわずかに小さい値となる。

これらすべての統計量は，誤差棒やデータの表示も含め，マイクロソフト・エクセルで計算することができる。

$P = 0.05$ における t 分布の棄却値

自由度 df	P 0.05
1	12.71
2	4.303
3	3.182
4	2.776
5	2.571
6	2.447
7	2.365
8	2.306
9	2.262
10	2.228
20	2.086
30	2.042
40	2.021
60	2.000
120	1.980
>120	1.960

$n − 1 = 9$ のときの t 値

$P = 0.05$ の t 値の最大値

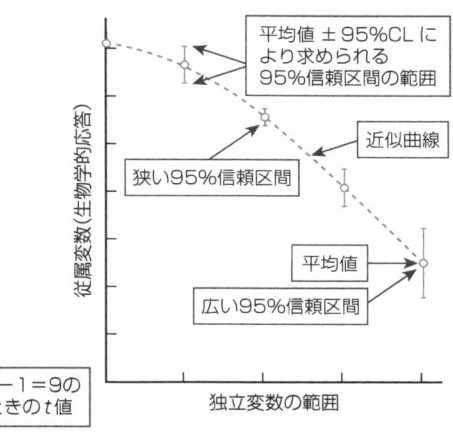

信頼区間の表示

データセットから平均値の95%信頼区間を計算したら，それをグラフ上に誤差棒として表示することができる。**95%信頼区間の範囲は平均値 ± 95% CL*** の値であることに注意すること。95%信頼できる（すなわち有意確率 $P = 0.05$）ということは，平均して，100回に95回はこの領域が集団の真の平均値を含んでいるということである。

*信頼区間 CI：Confidence Interval，信頼限界 CL：Confidence Limit。

記述統計量を用いた比較のしかた

ある実験で、新しく生まれたラットに4種類の異なる餌を与え、成長を比較した。成長量は、それぞれの餌を与えたラットの生後28日の体重を測ることで求めた。生後1カ月間の成長を最大にする餌の種類を、4つの実験群の平均値を比較することで評価した。各実験群は10個体のラットからなる。全40個体のラットは、同じ餌で育てられてきた姉妹を母親として生まれた。下記の手順にしたがって、自分自身でデータ分析してみよう。

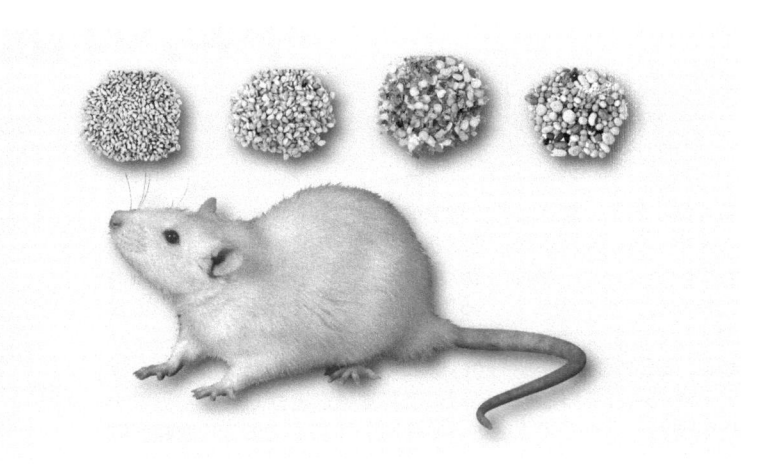

❶ 記述統計量の計算

データを入力し、記述統計量の計算を行う。

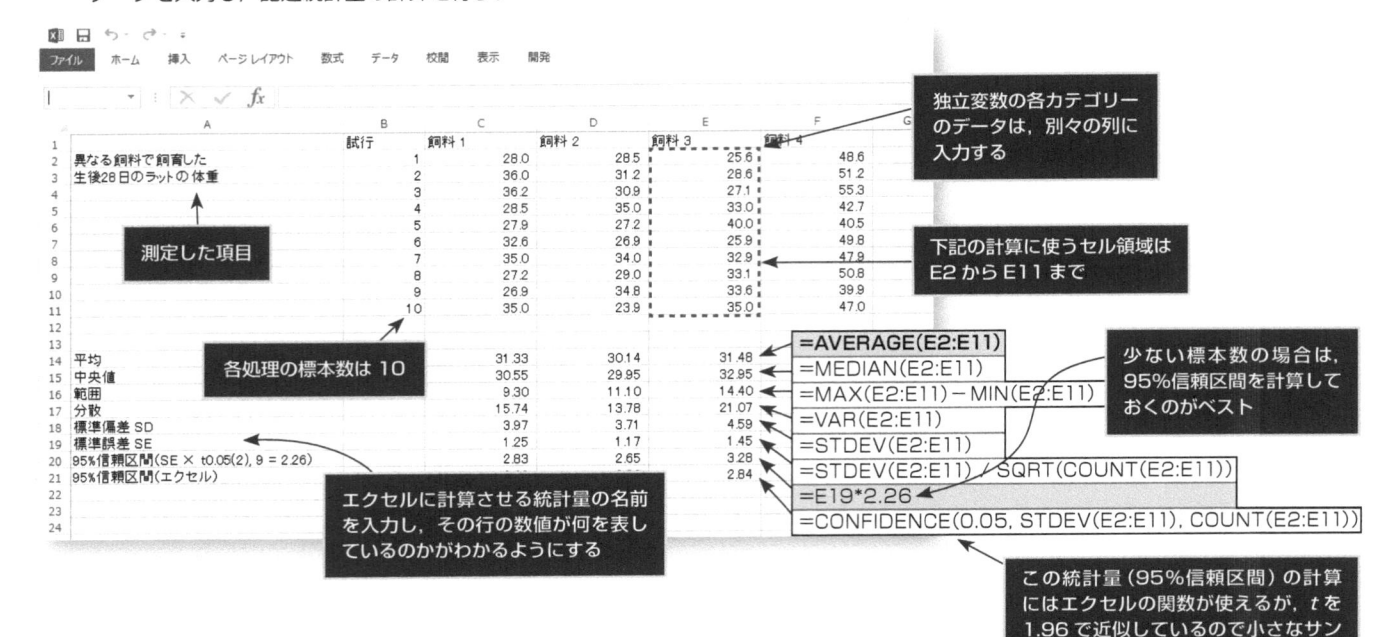

	試行	飼料1	飼料2	飼料3	飼料4
異なる飼料で飼育した生後28日のラットの体重	1	28.0	28.5	25.6	48.6
	2	36.0	31.2	28.6	51.2
	3	36.2	30.9	27.1	55.3
	4	28.5	35.0	33.0	42.7
	5	27.9	27.2	40.0	40.5
	6	32.6	26.9	25.9	49.8
	7	35.0	34.0	32.9	47.9
	8	27.2	29.0	33.1	50.8
	9	26.9	34.8	33.6	39.9
	10	35.0	23.9	35.0	47.0
平均		31.33	30.14	31.48		=AVERAGE(E2:E11)
中央値		30.55	29.95	32.95		=MEDIAN(E2:E11)
範囲		9.30	11.10	14.40		=MAX(E2:E11)−MIN(E2:E11)
分散		15.74	13.78	21.07		=VAR(E2:E11)
標準偏差 SD		3.97	3.71	4.59		=STDEV(E2:E11)
標準誤差 SE		1.25	1.17	1.45		=STDEV(E2:E11) / SQRT(COUNT(E2:E11))
95%信頼区間 [SE × t0.05(2), 9 = 2.26]		2.83	2.65	3.28		=E19*2.26
95%信頼区間 [エクセル]				2.84		=CONFIDENCE(0.05, STDEV(E2:E11), COUNT(E2:E11))

- 独立変数の各カテゴリーのデータは、別々の列に入力する
- 下記の計算に使うセル領域はE2からE11まで
- 測定した項目
- 各処理の標本数は10
- エクセルに計算させる統計量の名前を入力し、その行の数値が何を表しているのかがわかるようにする
- 少ない標本数の場合は、95%信頼区間を計算しておくのがベスト
- この統計量(95%信頼区間)の計算にはエクセルの関数が使えるが、*t* を1.96で近似しているので小さなサンプルサイズの場合は適切ではない

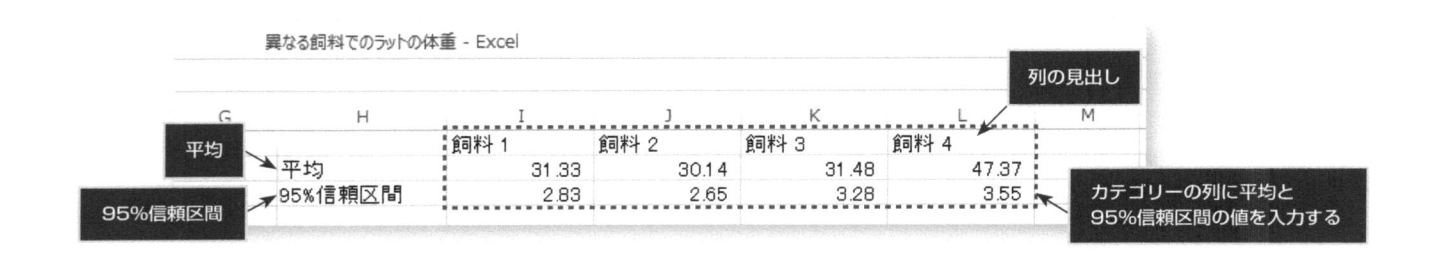

❷ グラフの作成

グラフの作成のために、エクセルで使える形式でデータを入力する必要がある(上記)。このため、各カテゴリー(列)の下の行に数値を入力する。

▶ 各列には、平均と95%信頼区間の2つのデータが入力されている。今回のケースでは、異なる餌で育てられた生後28日のラットの平均体重をプロットし、その95%信頼区間を誤差棒で表示する。

▶ 独立変数はカテゴリーデータであるため、適切なグラフの種類は棒グラフである。平均の行を選択する(列の見出しも含める)。

異なる飼料でのラットの体重 - Excel

		飼料1	飼料2	飼料3	飼料4
平均	平均	31.33	30.14	31.48	47.37
95%信頼区間	95%信頼区間	2.83	2.65	3.28	3.55

- 列の見出し
- カテゴリーの列に平均と95%信頼区間の値を入力する

▶ ステップ1

　飼料1から飼料4の体重の平均データを選択したうえで（1行目の見出しも含める），メニューバーから，「**挿入**」を選び，「**グラフ**」の「**縦棒グラフの挿入**」のタブをクリックし，「**2-D 縦棒**」→「**集合縦棒**」を選ぶ。シート上にグラフが現れる。

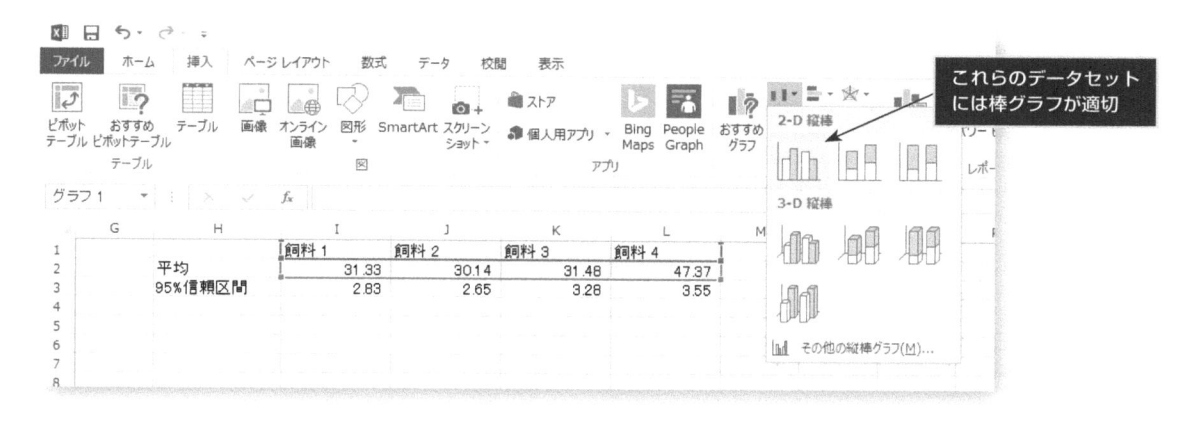

▶ ステップ2

　グラフをクリックして選択した後，メニューバーから，「**デザイン**」→「**グラフ要素を追加**」を選び，「**軸ラベル**」や「**グラフタイトル**」からグラフに必要な情報を追加・編集する。

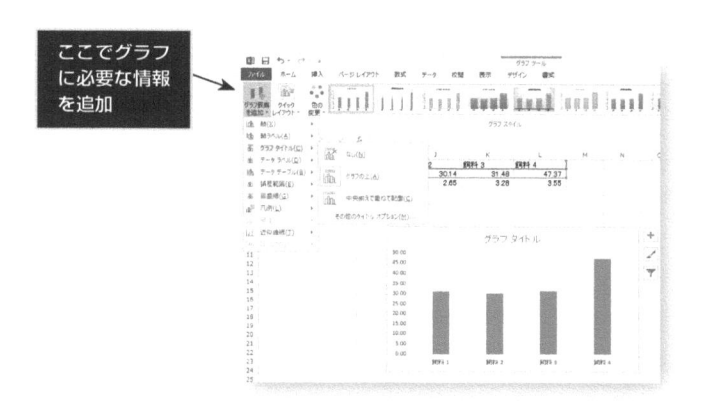

▶ ステップ3

　グラフをクリックして選択した後，メニューバーから「**デザイン**」→「**グラフ要素を追加**」を選び，「**誤差範囲**」→「**その他の誤差範囲オプション**」をクリックすると，「**誤差範囲の書式設定**」が開く。

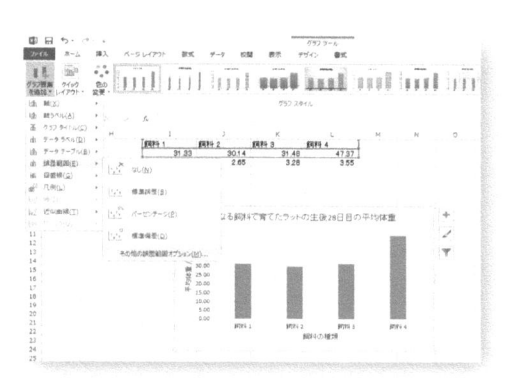

▶ ステップ4

　「**縦軸誤差範囲**」の「**方向**」で，「**両方向**」にチェックを入れる。終点のスタイルは「**キャップなし**」と「**キャップあり**」のどちらかを選ぶ（ここでは「キャップあり」を選択）。次に，「**誤差範囲**」で「**ユーザー設定**」にチェックを入れ，「**値の指定**」をクリック。「**正の誤差の値**」の欄に，飼料1から飼料4までの95%信頼区間のデータ部分を選択して入力する。同様に「**負の誤差の値**」の欄にも，飼料1から飼料4までの95%信頼区間のデータ部分を選択して入力する。

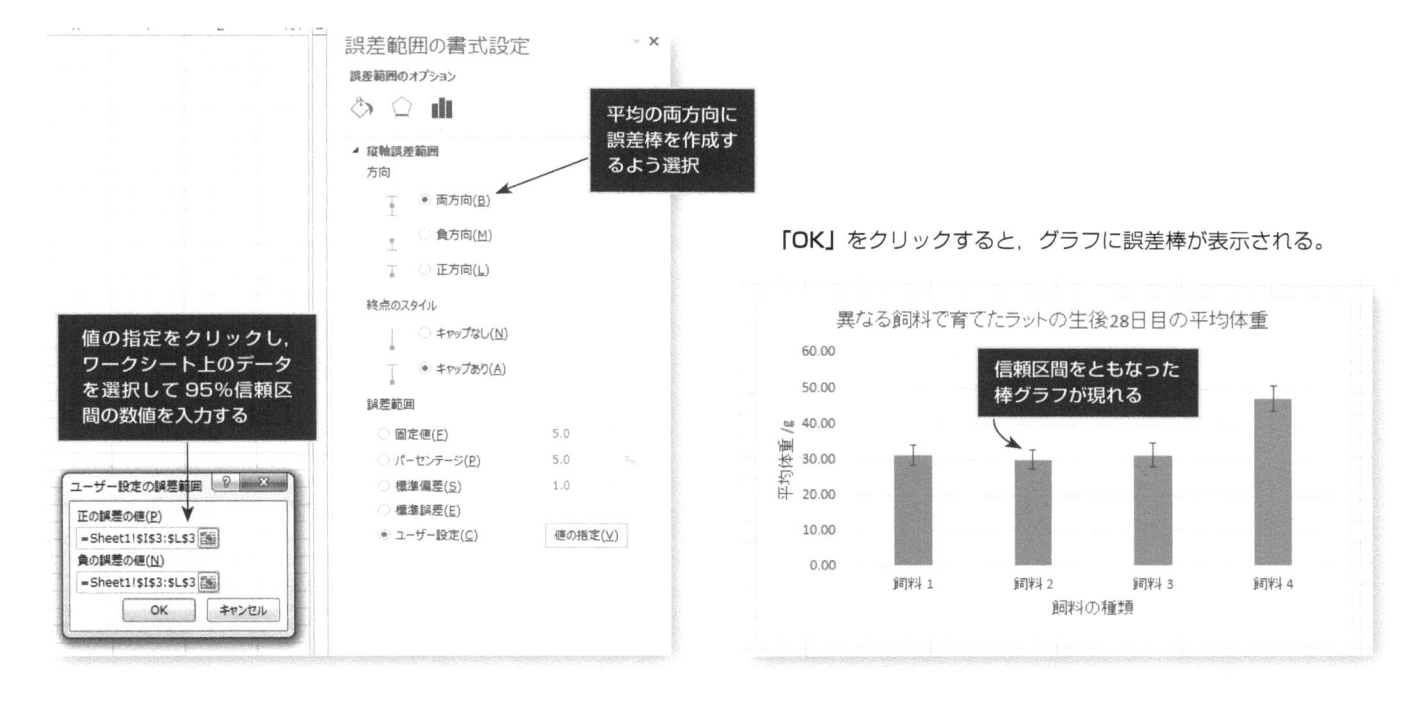

「**OK**」をクリックすると，グラフに誤差棒が表示される。

線形回帰

回帰とは，2つの変数間の関係や傾向を調べることである。連続データに関して，1つの変数の変化がもう1つの変数の変化の要因になっていると考えられる場合（つまり，回帰では因果関係が想定される）には，回帰を行うことが適している。回帰はまた予測にも活用できる。**回帰式**は，データの範囲内で，y軸の変数の未知の値を予測することができる。線形回帰は，一方の変数ともう一方の変数の間にもっとも単純な機能的関係があることを表す。データがこの分析方法に適している場合，回帰の結果は散布図上の直線として描かれる。回帰は，生データに対して行うのがもっともよい。なぜなら，回帰に平均値等を用いると，大事な情報が失われるためである。もしデータをグラフ化した際に線形でなければ，非線形回帰（次項を参照）を行うか，データが線形となるような変換を行うかを選択することとなる。

線形回帰

線形回帰は，独立変数の変化が従属変数の変化に直線的に対応するような単純な関係を表す。データは直線で近似され，回帰線の傾きと切片が得られる（コンピュータが計算してくれる）。

マイクロソフト・エクセルなどのようなコンピュータソフトを用いることで，線形回帰は簡単に行うことができる。ここでは線形回帰の手順を概説する。

ミジンコの体サイズとクラッチサイズの関係

ミジンコは世界中の水域に生息する淡水生の小さな甲殻類である。ミジンコではおもに体サイズが，一度にどのくらいの数の卵を産むか（クラッチサイズ）を決める。これは，卵が背側の殻の下にある育嚢という袋で保持されているためで，育嚢の大きさがクラッチサイズに物理的な制限をかけている。体サイズとクラッチサイズの関係は，線形回帰により表すことができる。

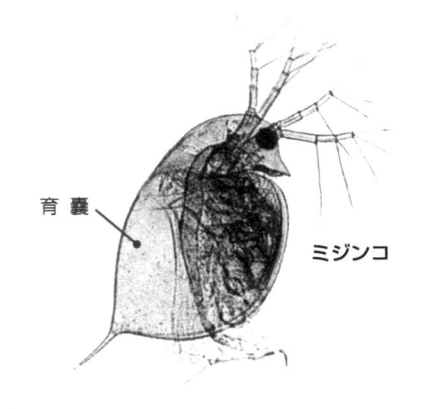

❶ データの入力

クラッチサイズ（雌1個体あたりの卵の数）を50個体につき調べた。また，各個体につき体長を0.01mmの値まで測定した。これらの値をマイクロソフト・エクセルのワークシートに直接入力する。

> 変数ごとに見出しをつけた列にデータを入力する

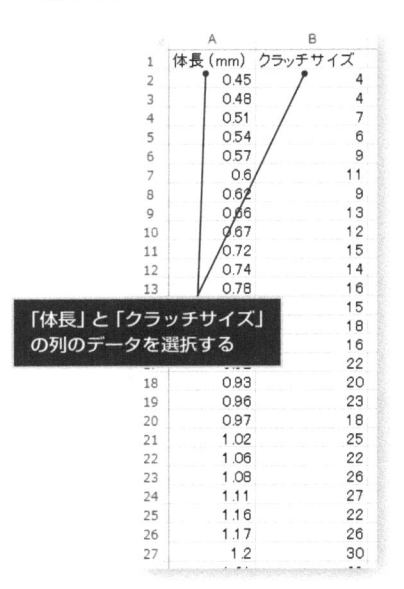

	A	B
1	体長（mm）	クラッチサイズ
2	0.45	4
3	0.48	4
4	0.51	7
5	0.54	6
6	0.57	9
7	0.6	11
8	0.62	9
9	0.66	13
10	0.67	12
11	0.72	15
12	0.74	14
13	0.78	16
14	0.81	15
15	0.83	18
16	0.87	16
17	0.92	22
18	0.93	20
19	0.96	23
20	0.97	18
21	1.02	25
22	1.06	22
23	1.08	26
24	1.11	27
25	1.16	22
26	1.17	26
27	1.2	30
28	1.21	29
29	1.27	33
30	1.3	27
31	1.33	33
32	1.38	35
33	1.39	36
34	1.42	35
35	1.45	32
36	1.48	32
37	1.5	39
38	1.52	39
39	1.56	37
40	1.6	43
41	1.61	36
42	1.66	39
43	1.68	40
44	1.71	42
45	1.72	40
46	1.77	43
47	1.79	40
48	1.85	49
49	1.89	48
50	1.9	55
51	1.94	49

育嚢　ミジンコ

❷ グラフの作成

「体長」と「クラッチサイズ」の列を選択する。それから，以下のステップを順に行い，グラフを作成する。

> 「体長」と「クラッチサイズ」の列のデータを選択する

▶ ステップ1

メニューバーから，「挿入」を選び，「グラフ」の「散布図 (X, Y) またはバブルチャートの挿入」のタブをクリックし，「散布図」を選ぶ。シート上にグラフが現れる。

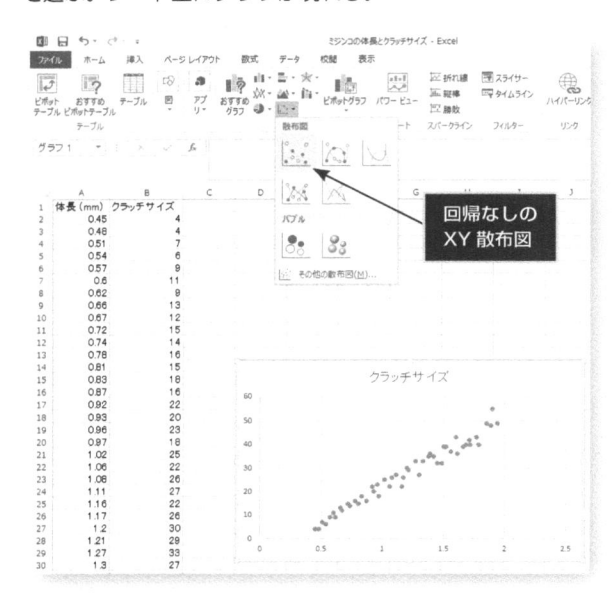

> 回帰なしのXY散布図

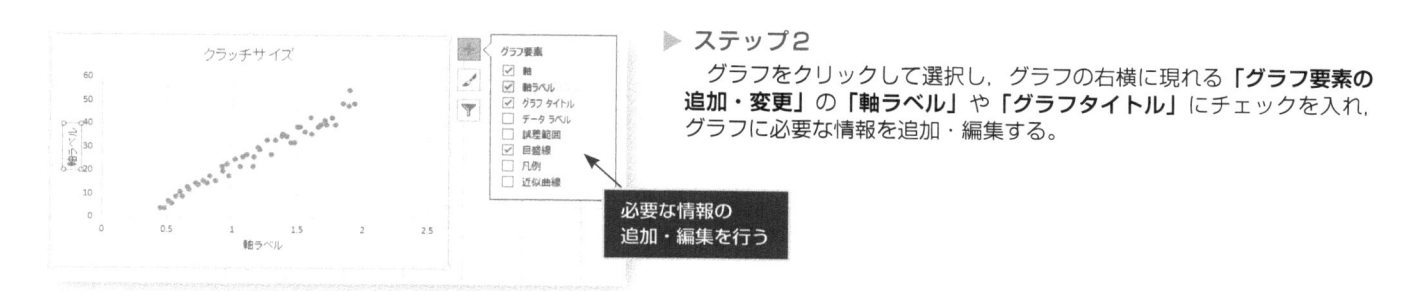

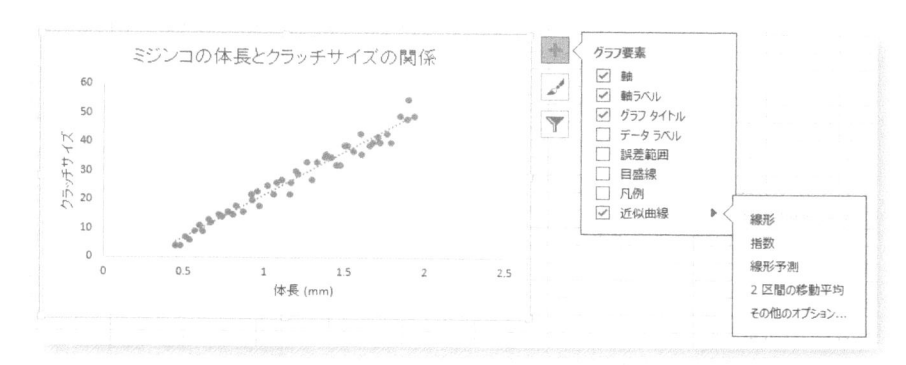

❸ 回帰線による近似

▶ ステップ１

グラフをクリックして選択し，グラフの右横に現れる**「グラフ要素の追加・変更」**の**「近似曲線」**にチェックを入れ，横の三角印をクリックして，**「線形」**を選択する。

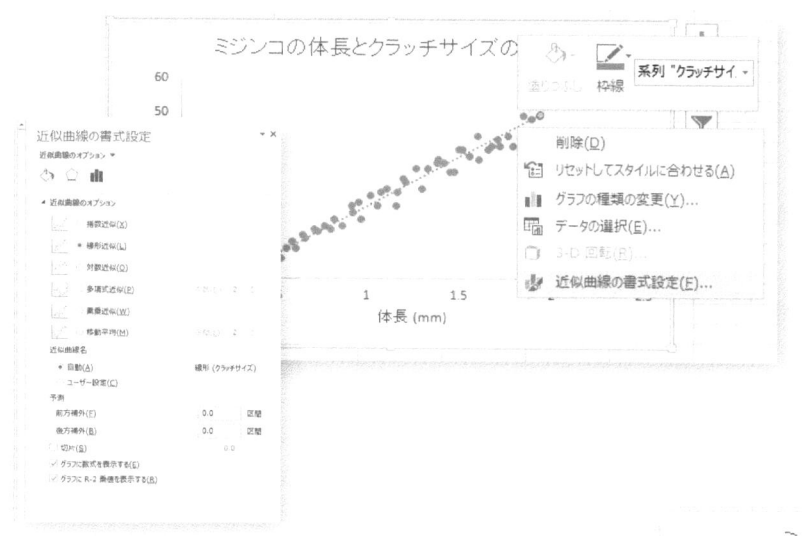

▶ ステップ２

グラフ上に現れた回帰線を右クリックし，**「近似曲線の書式設定」**をクリックする。

▶ ステップ３

「近似曲線の書式設定」の「近似曲線のオプション」内の**「グラフに数式を表示する」**と**「グラフに R-2 乗値を表示する」**にチェックを入れる。

また，同じく**「近似曲線のオプション」**の線の設定から，近似曲線の書式（実線にするか破線にするか，または，線の太さなど）を決定する。

回帰式と R^2 値＊がグラフ上に表示される。式はテキストボックスで表示されるので，クリックとドラッグでその場所を移動させることができる。

＊ R^2 は決定係数と呼ばれる。

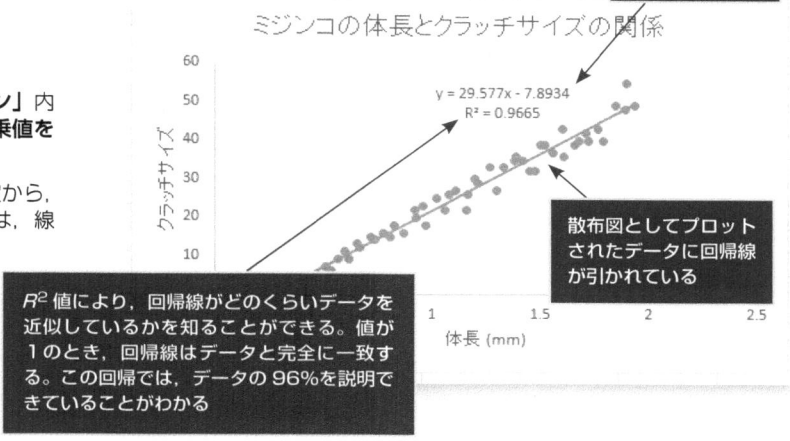

回帰式から傾きと切片がわかる

散布図としてプロットされたデータに回帰線が引かれている

R^2 値により，回帰線がどのくらいデータを近似しているかを知ることができる。値が１のとき，回帰線はデータと完全に一致する。この回帰では，データの 96％を説明できていることがわかる

1. このミジンコの体長とクラッチサイズのデータはなぜ線形回帰の分析に適しているといえるのか説明しなさい。

2．ある学生実験で，海水の希釈の程度がハマガニの累積体重増加量（浸透圧調節能力の指標）に及ぼす影響が調べられた。全部で6個体のカニが実験に用いられた。そのうち3個体は希釈率 75：25（75％海水）の海水に入れられた。残りの3個体は，希釈率 50：50（50％海水）の海水に入れられた。各6個体の累積体重増加量が 30 分間，一定間隔で測定された。その結果を下の表に示す。

時間(分)	75％海水中のカニの体重増加量(mg)			50％海水中のカニの体重増加量(mg)		
	カニの個体番号			カニの個体番号		
	1	2	3	4	5	6
3	3.80	4.00	4.00	5.60	6.20	5.80
6	8.00	8.30	7.70	11.20	11.60	11.90
9	11.50	11.00	9.50	17.00	17.60	17.20
12	14.80	15.10	15.20	23.50	23.60	24.00
15	18.90	19.50	19.70	29.00	28.20	28.60
18	23.50	22.90	23.80	33.00	32.50	32.70
21	26.50	26.90	26.70	37.50	37.60	39.00
24	31.50	32.00	31.20	43.10	43.50	43.60
27	35.00	35.50	35.50	48.00	48.10	47.50
30	40.00	40.10	41.20	53.00	52.60	52.80

(a) 前ページで説明したステップにしたがい，マイクロソフト・エクセルなどのワークシートにこれらのデータを正しく入力し，時間と，2種類の異なる希釈率の海水に入れたカニの体重増加の関係を表す散布図を描きなさい。

(b) データに近似線を引き，その回帰式と R^2 値を表示させなさい。この分析ができたら，結果をプリントし，ワークブックにホチキスで留めなさい。

(c) 時間経過と，異なる海水中のカニの体重増加の関係について，述べなさい。

(d) このデータセットに線形回帰が適しているのはなぜか説明しなさい。

(e) 回帰分析の結果を，この回帰がデータをどれくらいよく説明できているのかの観点から述べなさい。

(f) この実験設定の限界（欠点）を述べなさい。

(g) この実験計画を改善する方法を考えて述べなさい。

非線形回帰

生物が環境に生理学的にどこまで応答できるかは，生物の種類と環境変化への耐性に依存している。この生物学的応答は単純な線形の関係では表せないことが多い（データ変換を行えば線形になるかもしれないが）。生物はある特定の環境の範囲でもっとも効率よく機能するため，代謝に関する事象の多くは非線形である。このような種類のデータをグラフに描くと，非直線的な形状を示す。ミジンコが胚発生に要する時間についての非線形回帰の例を以下に示す。

❶ データの入力

下に示すように，エクセルのワークシートの各列にデータを入力する。

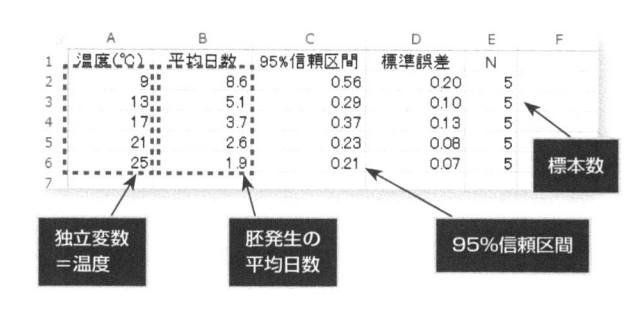

	A	B	C	D	E
1	温度（℃）	平均日数	95%信頼区間	標準誤差	N
2	9	8.6	0.56	0.20	5
3	13	5.1	0.29	0.10	5
4	17	3.7	0.37	0.13	5
5	21	2.6	0.23	0.08	5
6	25	1.9	0.21	0.07	5

独立変数＝温度　　胚発生の平均日数　　95%信頼区間　　標本数

ミジンコの胚発生時間

ミジンコにおける**胚発生時間**（EDT）とは，育嚢への産卵から幼生の放出までに要する時間をさす。実験では，9℃から25℃までの間の5つの水温を設定しEDTを測定，平均と95%信頼区間が計算された。それぞれの設定温度における標本個体数は5である。この課題では，非線形関係の分析を以下のとおり実践する。

- 水温（℃）に対する胚発生時間（日）をグラフに描く。
- 平均に誤差棒をつける。
- 非線形回帰を行い，回帰式と R^2 値を表示する。これが回帰モデルの適合性の指標となる。ここでは累乗モデルを用いたが，非線形回帰分析の場合，多項式モデルも試してみるべきである（グラフウィザードで他のモデルを選択できる）。

❷ グラフの作成

この回帰を行うには，前課題の線形回帰と同様のステップを踏む。

▶ ステップ1

メニューバーから，「**挿入**」を選び，「**グラフ**」の「**散布図（X, Y）またはバブルチャートの挿入**」のタブをクリックし，「**散布図**」を選ぶ。シート上にグラフが現れる。

▶ ステップ2

グラフをクリックして選択し，グラフの右横に現れる「**グラフ要素の追加・変更**」の「**軸ラベル**」や「**グラフタイトル**」にチェックを入れ，グラフに必要な情報を追加・編集する。

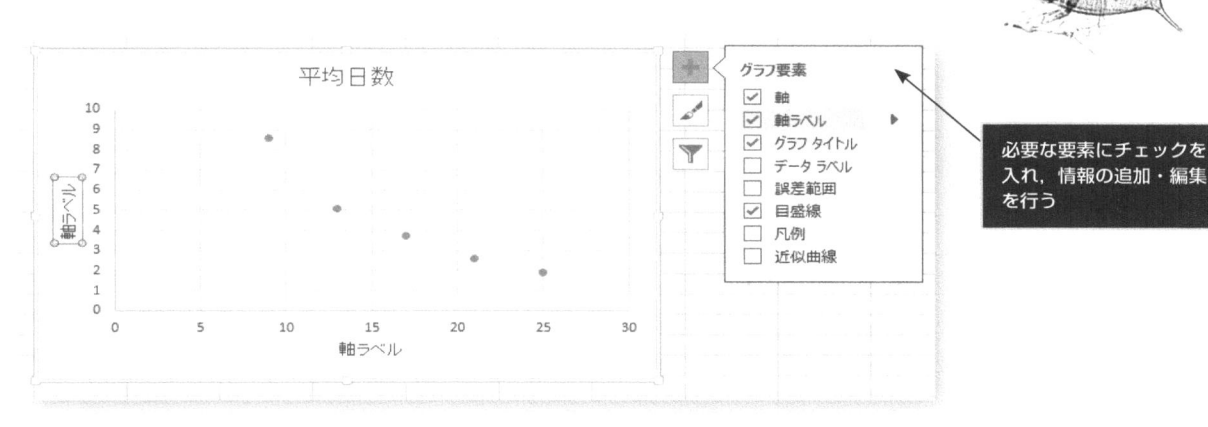

❸ 回帰式による近似

▶ ステップ1

まず，誤差棒を追加する。グラフをクリックして選択し，グラフの右横に現れる「**グラフ要素の追加・変更**」の「**誤差範囲**」にチェックを入れると，グラフ上にX方向とY方向の誤差棒（仮の）が現れる。

▶ ステップ2

Y軸方向だけを作成するので，X軸方向の誤差棒を右クリックし，「**誤差範囲**」のチェックを外す。

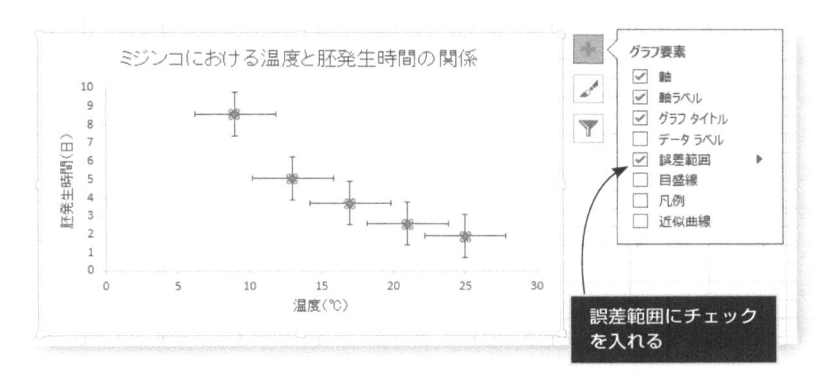

▶ ステップ3
　Y軸方向の誤差棒を右クリックし，誤差範囲のチェックボックスの右横に現れる三角印をクリックすると，「**誤差範囲の書式設定**」が現れる。誤差範囲のオプション中の，「**方向**」から「**両方向**」を選択してチェックを入れ，「**終点のスタイル**」から「**キャップなし**」または「**キャップあり**」のどちらかを選択する（この例では「キャップあり」を選択している）。

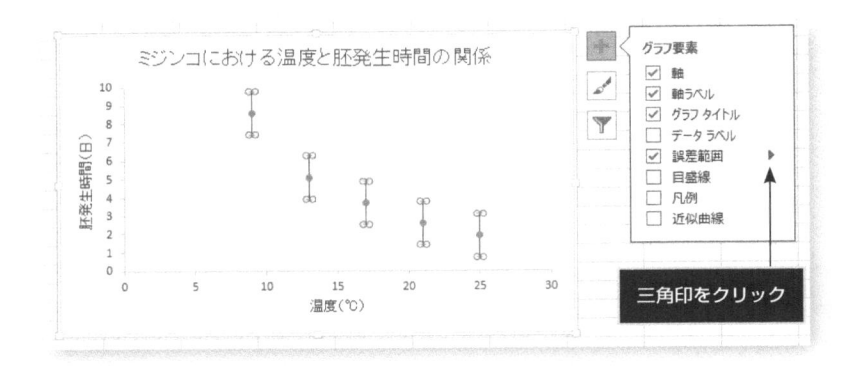

「**誤差範囲**」から「**ユーザー設定**」を選択し，右横の「**値の指定**」をクリックすると，「**ユーザー設定の誤差範囲**」ウィンドウが開く。

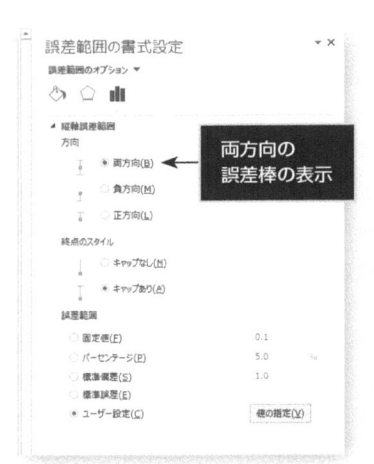

「**正の誤差の値**」の欄に，95％信頼区間のデータ部分（この例では，C2からC6のセルまで）を選択して入力する。同様に「**負の誤差の値**」の欄にも，95％信頼区間のデータ部分を選択して入力する。「**OK**」をクリックすると，誤差棒をともなったグラフが現れる。

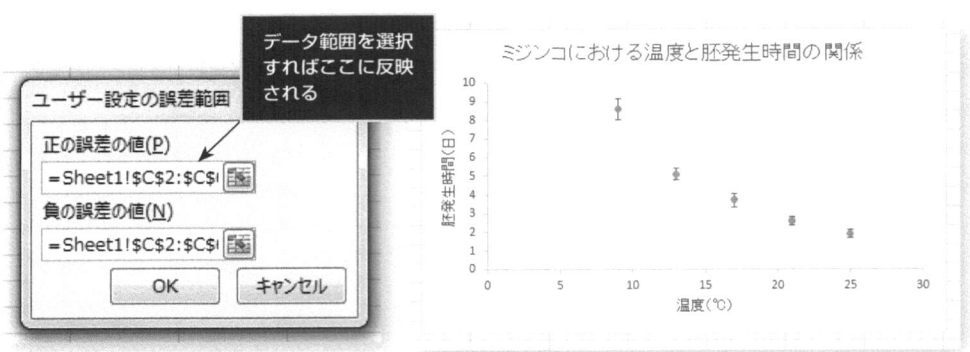

▶ ステップ4
　次に，近似曲線の追加を行う。グラフをクリックして選択し，グラフの右横に現れる「**グラフ要素の追加・変更**」の「**近似曲線**」にチェックを入れ，横の三角印をクリックして，「**その他のオプション**」を選択する。

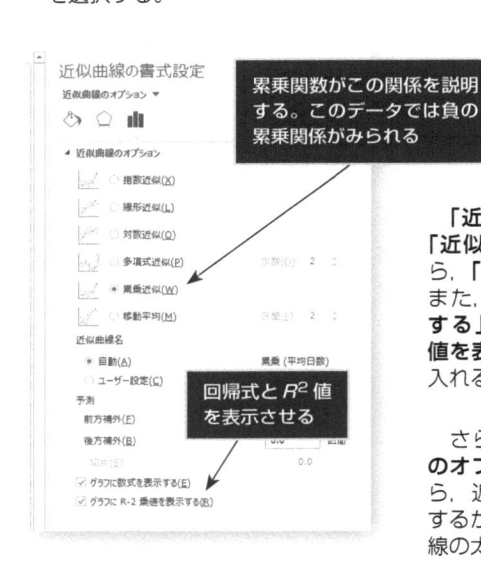

「**近似曲線の書式設定**」の「**近似曲線のオプション**」から，「**累乗近似**」を選択する。また，「**グラフに数式を表示する**」と「**グラフにR-2乗値を表示する**」にチェックを入れる。

さらに，同じく「**近似曲線のオプション**」の線の設定から，近似曲線の書式（実線にするか破線にするか，または，線の太さなど）を決定する。

このようなグラフが完成する。

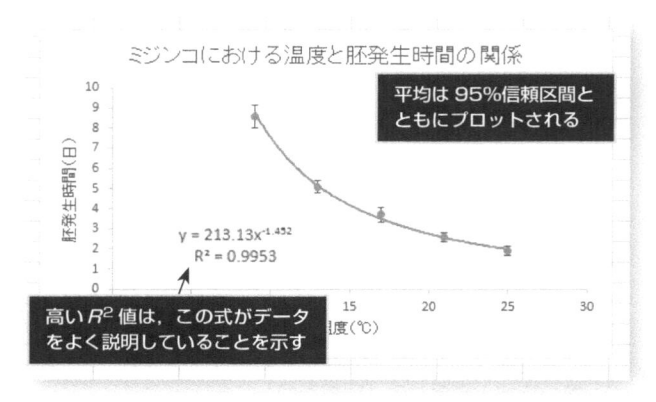

$y = 213.13x^{-1.452}$
$R^2 = 0.9953$

1．ミジンコにおける水温とEDTの関係を説明しなさい。＿＿＿＿＿＿＿＿＿＿＿＿＿＿＿＿＿＿＿＿
＿＿
＿＿

t 検定

t 検定は，2 つの標本集団の平均を比較する際によく使う検定方法である。たとえば，ある実験で処理をしたグループとしなかったグループの平均を比較する場合や，2 種類の動物集団または植物集団間の測定値の平均を比較する場合などに使用する。この検定法は強力で，2 グループ間の差が真の差（統計学的に有意な差）であるかを見分ける優れた方法である。t 検定の手順自体は簡単であるが，ある特定の条件下でしか適用できない。この検定は 2 グループ間のみの検定に適用することができ，多重比較に適用することは不適切となる（たとえば，まずグループ 1 と 2 を比較し，次にグループ 1 と 3 を比較するなど）。また，データが正規分布にしたがうこと（歪んだ分布でない），そして分布のばらつき（標準偏差）が等しいことが前提となる。そのため，データに明白な外れ値がある場合，データから除くとよいだろう。下記は，架空の実験における処理群と対照群で t 検定を行った簡単な例である（単位は示さず数値のみを記載）。t 分布表の一部（検定には十分な）も示している。下記の例を通して，検定の各ステップで何がなされるのかを理解しよう。

t 検定の手順	説　明
ステップ 1　2 グループのデータの基本統計量を求める 対照 (A)　6.6, 5.5, 6.8, 5.8, 6.1, 5.9　　$n_A=6$, $\bar{x}_A=6.12$, $s_A=0.496$ 処理 (B)　6.3, 7.2, 6.5, 7.1, 7.5, 7.3　　$n_B=6$, $\bar{x}_B=6.98$, $s_B=0.475$	n_A, n_B は各グループの標本数（同数の必要なし）。 $\bar{x}$ は平均，s は標準偏差（データのばらつき）。
ステップ 2　帰無仮説 (H_0) を設定する H_0：「処理の効果はない」。すなわち，2 つのグループのデータ間には統計的に意味のある差はない。	対立仮説は，「処理の効果はあり，2 つのグループのデータには差がある」。
ステップ 3　片側検定か両側検定かを決める t 分布表のどの部分を使うかにかかわる。生物学ではたいてい両側検定を行う。片側検定はほとんどしない。	片側検定はある特定の方向の差のみを検定，両側検定は両方向 ($+$, $-$) の差を検定する。
ステップ 4　t 値を計算する 上記のデータの場合，$t=-3.09$，自由度 (df) は $n_A + n_B - 2 = 10$。 t 値の計算には分散を使う。分散は標準偏差の 2 乗 (s^2) である。t 値は，コンピュータと簡単な統計ソフトで求めることができる。	計算した t 値が正か負かは問題ではない。もし統計ソフトをもっていなくても，t 値の計算は難しくない。このステップ 4 の t 値の計算は次の項でも扱う。
ステップ 5　t 分布表で棄却域を調べる t 統計量の棄却値（両側検定） | 自由度 | $P=0.05$ | $P=0.01$ | $P=0.001$ | |---|---|---|---| | 5 | 2.57 | 4.03 | 6.87 | | 10 | 2.23 | 3.17 | 4.59 | | 15 | 2.13 | 2.95 | 4.07 | | 20 | 2.09 | 2.85 | 3.85 | 自由度 10，$P=0.05$（5％の有意水準）のときの棄却値は，2.23。計算した t 値がこれを超えていれば帰無仮説 H_0 が棄却される。	計算した t 値の絶対値 3.09 は，自由度 10，有意水準 0.05 のときの棄却値を十分上回る。 したがって，帰無仮説 H_0 は棄却され，2 つのグループの平均値は 5％水準で有意に異なると結論づけられる。 (t 値の絶対値が 2.23 以下であれば，H_0 を棄却できない。)

1. (a) ある実験で，4 個体の植物から処理条件下の測定値が，3 個体の植物から対照条件下の測定値が得られた。また，それぞれのグループ（処理グループと対照グループ）の平均が計算された。t 値を計算したところ，2.16 だった。帰無仮説は，「対照条件下の植物と処理条件下の植物に差はない」。計算された t 値から，帰無仮説が棄却されるかどうか述べなさい（t 分布表は上記のものを使用しなさい）。

   _____

   (b) この実験が再度行われた。今度は，対照個体，処理個体ともに 6 個体とした。今回の t 値は，2.54 だった。帰無仮説が棄却されるかどうか述べなさい。

   _____

2. t 検定を行う際，極端な外れ値（異常なデータ値）はデータセットの中から除外されることが多い。それはなぜか説明しなさい。

   _____

3. 統計学的に有意であるとはどのようなことか説明しなさい（どのような統計学の検定でも）。_____

   _____

t検定の演習

下記の表は，甲虫コクヌストモドキの2つの個体群のデータである。それぞれの個体群から10の標本が得られ，各標本中のコクヌストモドキの個体数が計測された。2つの個体群の個体密度が有意に異なるのかどうかを，t検定により調べる。以下の演習は，t値を求めるものである。各ステップにしたがい，t検定を完了させなさい。この計算も，エクセルのような表計算ソフトを用いれば非常に簡単にできる（次のページを参照）。

1．各ステップについて取り組みなさい。

(a) これら2つの個体群についてt検定を行うにあたり，表中の計算を行いなさい。一部はすでに計算してある。

x (計測値)		$x - \bar{x}$ (平均からの偏差)		$(x - \bar{x})^2$ (平均からの偏差)の2乗	
個体群A	個体群B	個体群A	個体群B	個体群A	個体群B
465	310	9.3	−10.6	86.5	112.4
475	310	19.3	−10.6	372.5	112.4
415	290				
480	355				
436	350				
435	335				
445	295				
460	315				
471	316				
475	330				

$n_A = 10 \quad n_B = 10$
各データセットの標本数

各列の合計値は平方和と呼ばれる
$\Sigma(x - \bar{x})^2 \quad \Sigma(x - \bar{x})^2$

ステップ1：要約統計量
左の表を，最初の2列に示すように完成させる。各データセットの平均を計算し，n値を記す。標準偏差を計算する。

個体群A $\bar{x}_A = 455.7$ 　　個体群B $\bar{x}_B = 320.6$
$n_A = 10$ 　　　　　　　　　　$n_B = 10$
$s_A = 21.76$ 　　　　　　　　　$s_B = 21.63$

ステップ2：帰無仮説を立てる

ステップ3：片側検定か両側検定かを決める

t 値 の 計 算

ステップ4a：平方和の計算
左の表に示す計算を行う。最後の2列でそれぞれの列の和は，平方和と呼ばれる。

ステップ4b：分散の計算
それぞれのデータセットの分散（s^2）を計算する。これは，平方和を$n - 1$（各データセットの標本数−1）で割ることで求められる。今回は2つの個体群でn値は同じであるが，必ずしもそうであるとは限らない。

$$s^2_A = \frac{\Sigma(x - \bar{x})^2}{n_A - 1} \text{ (A)} \quad s^2_B = \frac{\Sigma(x - \bar{x})^2}{n_B - 1} \text{ (B)}$$

ステップ4c：平均の差　　平均の差を計算する。
$$(\bar{x}_A - \bar{x}_B)$$

ステップ4d：t値の計算
t値を次の式で計算する。
$$t = \frac{(\bar{x}_A - \bar{x}_B)}{\sqrt{\dfrac{s^2_A}{n_A} + \dfrac{s^2_B}{n_B}}}$$

ステップ4e：自由度の決定
自由度（df）は標本数により次のように求められる。
$$df = n_A + n_B - 2$$
ただし，n_Aとn_BはA，Bそれぞれの個体群における標本数である。

ステップ5a：t分布表の確認
t分布表（次ページ）により，該当する自由度と有意水準（例：$P = 0.05$）でのtの棄却値を確認する。

ステップ5b：帰無仮説についての判断
帰無仮説H_0が棄却されるかどうかの判断を行う。より低いP値（例：0.001）でもH_0が棄却されるほどt値が大きければ，対立仮説の信頼性はより大きくなる。

(b) 個体群Aの分散：$s^2_A =$

　　個体群Bの分散：$s^2_B =$

(c) 個体群の平均の差
　　$(\bar{x}_A - \bar{x}_B) =$

(d) t（計算値）$=$

(e) 自由度（df）の決定
　　df $(n_A + n_B - 2) =$

(f) $P =$
　　t（棄却値）$=$

(g) 検定結果の判断：

2. 前ページの例（甲虫の2つの個体群）の表計算ソフトによる計算を以下に示す。ここでは，数式がわかるような形でワークシートを示している。通常は，数式を入力して計算が完了すれば数値が表示され，数式は個々のセルをクリックしたときにだけ見ることができる。重要なのは，各計算を行うセルを正確に指定することである。表計算ソフトを使うときの注意点のまとめと，さまざまな有意水準における t の棄却値の表も以下に示す。簡略化のために，いくつかの有意確率の値しか掲載していないことに注意すること。該当する自由度と有意水準のもとで有意差ありと判断するためには，計算値が表の値より大きいことが必要である。

(a) 問題1のデータを用いて t 値を計算するために，自分のコンピュータ上に下記のワークシートを作成しなさい。完成したら表を保存すること。また，印刷してワークブックにホチキスで留めなさい。

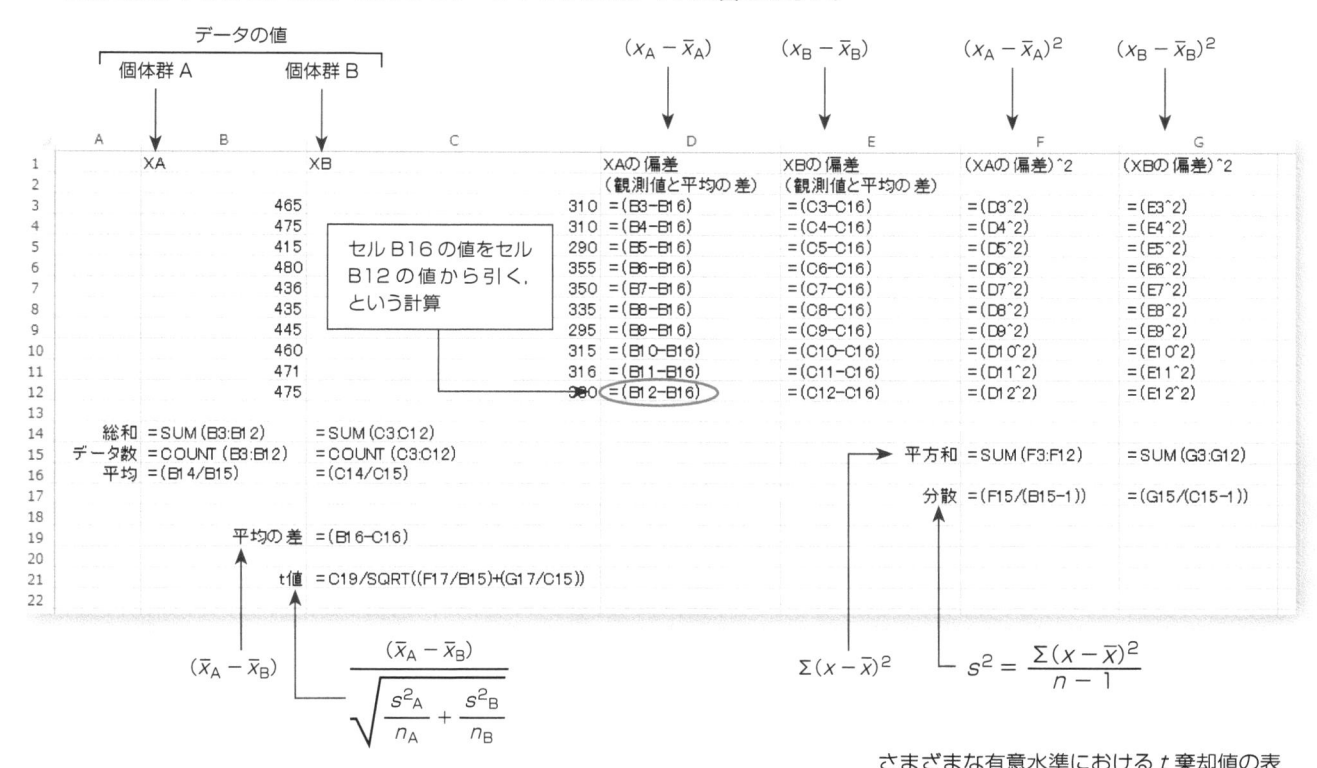

データの値：個体群A (X_A)，個体群B (X_B)

列 D: $(x_A - \bar{x}_A)$ — XAの偏差（観測値と平均の差），=(B3-B16) ～ =(B12-B16)
列 E: $(x_B - \bar{x}_B)$ — XBの偏差（観測値と平均の差），=(C3-C16) ～ =(C12-C16)
列 F: $(x_A - \bar{x}_A)^2$ — =(D3^2) ～ =(D12^2)
列 G: $(x_B - \bar{x}_B)^2$ — =(E3^2) ～ =(E12^2)

個体群 B の値： 465, 475, 415, 480, 436, 435, 445, 460, 471, 475

セル B16 の値をセル B12 の値から引く，という計算

行14 総和： =SUM(B3:B12), =SUM(C3:C12)
行15 データ数： =COUNT(B3:B12), =COUNT(C3:C12)　平方和： =SUM(F3:F12), =SUM(G3:G12)
行16 平均： =(B14/B15), =(C14/C15)
行17 分散： =(F15/(B15-1)), =(G15/(C15-1))
行19 平均の差： =(B16-C16)
行21 t値： =C19/SQRT((F17/B15)+(G17/C15))

$$(\bar{x}_A - \bar{x}_B)$$

$$\frac{(\bar{x}_A - \bar{x}_B)}{\sqrt{\dfrac{s^2_A}{n_A} + \dfrac{s^2_B}{n_B}}}$$

$$\Sigma(x - \bar{x})^2 \qquad s^2 = \frac{\Sigma(x - \bar{x})^2}{n-1}$$

用語	意味
列と行	列はシートの一番上にA，B，C…と示されており，行はシートの左端に1，2，3…と示されている。これにより特定のセルが，たとえばC3のように指定される。
=	セルに数式を入力する前に「イコール」の記号を入力する。
( )	1つの計算についてのまとまりを表すためにカッコを用いる。大きな計算の場合に注意が必要（上の表のC21を参照）。
C3:C12	セルの位置はコロンで区切られる。C3:C12は「C3からC12までのすべてのセル（C3とC12も含む）」を意味する。
SUM	指定するセルの数値を合計することを示す。=SUM(C3:C12)は，「C3からC12までのすべてのセルの数値を合計する」ことを意味する。
COUNT	数値の数をカウントすることを示す。=COUNT(C3:C12)は，「C3からC12までのすべてのセルのデータ数をかぞえる」ことを意味する。
SQRT	「指定するセルの数値の平方根を求める」ことを意味する。
^2	指数を示す。たとえばx^2は，xの値を2乗することを意味する。

さまざまな有意水準における t 棄却値の表

自由度	0.05	0.01	0.001
1	12.71	63.66	636.6
2	4.303	9.925	31.60
3	3.182	5.841	12.92
4	2.776	4.604	8.610
5	2.571	4.032	6.869
6	2.447	3.707	5.959
7	2.365	3.499	5.408
8	2.306	3.355	5.041
9	2.262	3.250	4.781
10	2.228	3.169	4.587
11	2.201	3.106	4.437
12	2.179	3.055	4.318
13	2.160	3.012	4.221
14	2.145	2.977	4.140
15	2.131	2.947	4.073
16	2.120	2.921	4.015
17	2.110	2.898	3.965
18	2.101	2.878	3.922
19	2.093	2.861	3.883
20	2.086	2.845	3.850

この表は，前ページの t 値の計算で用いられている表記のうちのいくつかを説明したものである。ここですべての表計算について説明することはできないが，これらの用語がどのように使用されるのかを理解するための助けにはなるだろう。ただしこれらの用語はマイクロソフト・エクセルに適用されるものである。表計算ソフトが異なると表記も異なる場合がある。これらは表計算ソフトの取扱説明書などに記載されている。

(b) 表計算ソフトのワークシートを別名で保存し，個体群Bに次の新しいデータを入力しなさい。B：**425, 478, 428, 465, 439, 475, 469, 445, 421, 438**。新しいデータを入力するとワークシート全体で計算が更新されることに注意しなさい。新しい t 値に基づいて再び t 検定を行い，2つの個体群に関する検定結果が今度はどのように判断できるか説明しなさい。

新しい t 値：＿＿＿＿＿＿＿＿　　帰無仮説の判定：　棄却する ／ 棄却しない

3つ以上のグループの比較

t検定は2つのグループのデータの比較に限定される。一度に3つ以上のグループを比較するには、その目的に適した検定方法を用いなければならない。そうした検定の1つに**分散分析（ANOVA）**があり（正規分布にしたがうデータのみ）、これには次の課題で取り組む。どのような分析においても、まず自分のデータをグラフにプロットすることから始めるとよい。さらに、真の母数の指標として統計量の信頼性を計算する。正規分布にしたがうデータに関しては、平均と95%信頼区間（95% CI）がこれにふさわしい。下記の例において、学生たちは5つの異なるタイプの牧場でゾウムシの幼虫の生残を記録し、データの記述統計量を計算した。この分析についての課題を終えると、表計算ソフトを用いて、自身のデータを入力し記述統計量を計算できるようになっているはずである。これらのデータのプロットの方法と詳細な分析法については次の課題で示す。

3つ以上のグループの平均の比較

クローバールートゾウムシは、牧草シロツメクサの害虫である。成虫はクローバーの葉を食べるが、幼虫はクローバーの根や根粒を食べるため、根の消失や窒素固定の減少をもたらしている。

これまでの研究により、牧草地が異なれば、害虫であるクローバールートゾウムシ（左図）による被害の度合いも異なることが示されてきた。この知見をもとに、2人の学生は、牧草の種類がクローバールートゾウムシの生残に及ぼす影響を調査することにした。5種の牧草を選び、14日後に各牧草種で生残したクローバールートゾウムシの幼虫の数（合計50個体から開始）を記録した。各牧草種につき6つの鉢で実験した（$n = 6$）。その結果と分析の最初の部分（記述統計量の計算）についてこの項で示す。

ライグラス（ドクムギ属） $n = 6$
ウシノケグサ $n = 6$
シロツメクサ $n = 6$
アカツメクサ $n = 6$
チコリー $n = 6$

独立変数の各カテゴリーのデータを別々の列に入力する

	A	B	C	D	E	F	G
1		試行	ライグラス	ウシノケグサ	シロツメクサ	アカツメクサ	チコリー
2	14日後の生残数	1	42	42	48	42	45
3		2	45	46	54	46	44
4		3	41	38	44	45	45
5		4	42	41	52	42	38
6		5	49	45	49	44	40
7		6	43	44	52	44	48
8							
9							
10	平均		43.67	42.67	49.83	43.83	43.33
11	中央値		43.00	43.00	50.50	44.00	44.50
12	範囲		8.00	8.00	10.00	4.00	10.00
13	分散		8.67	8.67	12.97	2.57	13.47
14	標準偏差(SD)		2.94	2.94	3.60	1.60	3.67
15	標準誤差(SE)		1.20	1.20	1.47	0.65	1.50
16	95%信頼区間(SE × t 0.05(2), 5 = 2.571)		3.09	3.09	3.78	1.68	3.85

測定する生物学的応答

各処理における標本数は6

G2:G7 ← この計算に用いるセルはG2からG7まで

=AVERAGE(G2:G7)
=MEDIAN(G2:G7)
=MAX(G2:G7) − MIN(G2:G7)
=VAR(G2:G7)
=STDEV(G2:G7)
=STDEV(G2:G7)/SQRT(COUNT((G2:G7))
=G15*2.571

計算する統計量の名称。その行の数値が何かわかるように

小さな標本で95%信頼区間を計算するには、SEと、標本数から求まる自由度（この事例では$df = 5$）でのt値を用いるとよい

	J	K	L	M	N
平均	ライグラス	ウシノケグサ	シロツメクサ	アカツメクサ	チコリー
	43.67	42.67	49.83	43.83	43.33
95%信頼区間	3.09	3.09	3.78	1.68	3.85

カテゴリーの下の列に、平均と95%信頼区間の値を入力する

表計算ソフトでグラフをプロットするために、それに合った形式でデータを入力する必要がある。ここでは、各カテゴリーの下の列にデータを入力する（左図）。各列には、平均と95%信頼区間の2つのデータが入力される。この事例では、牧草種ごとの平均生残個体数に、誤差棒として95%信頼区間を加えてプロットしたい。これでデータをプロットする準備ができた。

1．この実験計画における処理数を述べなさい。＿＿＿＿＿＿＿＿＿＿＿

2．この実験の独立変数を述べなさい。＿＿＿＿＿＿＿＿＿＿＿

3．この実験の従属変数を述べなさい。＿＿＿＿＿＿＿＿＿＿＿

4．このデータをプロットするためのグラフの種類を答え、その理由を説明しなさい。＿＿＿＿＿＿＿＿＿

5．各処理の平均について95%信頼区間が示唆していることは何か説明しなさい。＿＿＿＿＿＿＿＿＿

分散分析

分散分析（ANOVA）は学校で行う統計分析の範囲を超えていると思われる。しかし，マイクロソフト・エクセルを用いればそれほど難しくはなく，また，この分析は，さまざまな場面に適した検定法である。前課題で扱ったゾウムシの生残に関するデータについて以下に記す。データのプロットについても，この統計分析の解釈を助けるために記した。この課題を終えれば，エクセルを用いて誤差棒とともにデータを正しくグラフに描き，それを解釈して結果に対する仮の結論を導き，分散分析により標本データの有意差を検定して自身の結論を確かめることができるようになるはずである。

❶ グラフの作成

この実験の計画を再確認する。独立変数はカテゴリーデータであるため，適切なグラフは棒グラフである。グラフを描くために，作成した表から列の見出しも含めて平均の行を選択する（右図）。

▶ ステップ1

メニューバーから，「**挿入**」を選び，「**グラフ**」の「**縦棒グラフの挿入**」のタブをクリックし，「**2-D 縦棒**」→「**集合縦棒**」を選ぶ。シート上にグラフが現れる。

▶ ステップ2

グラフをクリックして選択し，グラフの右横に現れる「**グラフ要素の追加・変更**」の「**軸ラベル**」や「**グラフタイトル**」にチェックを入れ，グラフに必要な情報を追加・編集する。

❷ グラフの誤差棒の設定

▶ ステップ1

Y軸方向の誤差棒を右クリックし，誤差範囲のチェックボックスにチェックを入れ，その右横に現れる三角印をクリックすると，「**誤差範囲の書式設定**」が現れる。誤差範囲のオプション中の，「**方向**」から「**両方向**」を選択してチェックを入れ，「**終点のスタイル**」から「**キャップなし**」または「**キャップあり**」のどちらかを選択する（この例では「キャップあり」を選択している）。

▶ ステップ2

「**誤差範囲**」から「**ユーザー設定**」を選択し，右横の「**値の指定**」をクリックすると，「**ユーザー設定の誤差範囲**」ウィンドウが開く。

「**正の誤差の値**」の欄に，95%信頼区間のデータ部分を選択して入力する。同様に「**負の誤差の値**」の欄にも，95%信頼区間のデータ部分を選択して入力する。「**OK**」をクリックすると，誤差棒をともなったグラフが現れる。

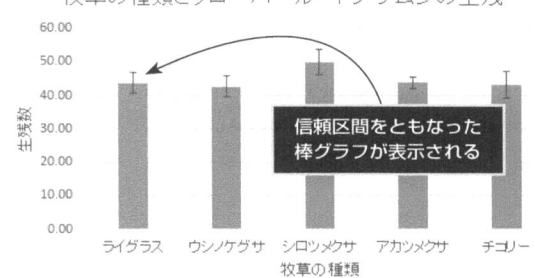

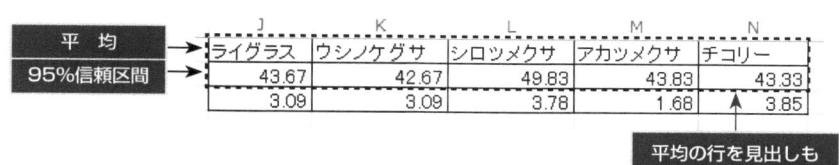

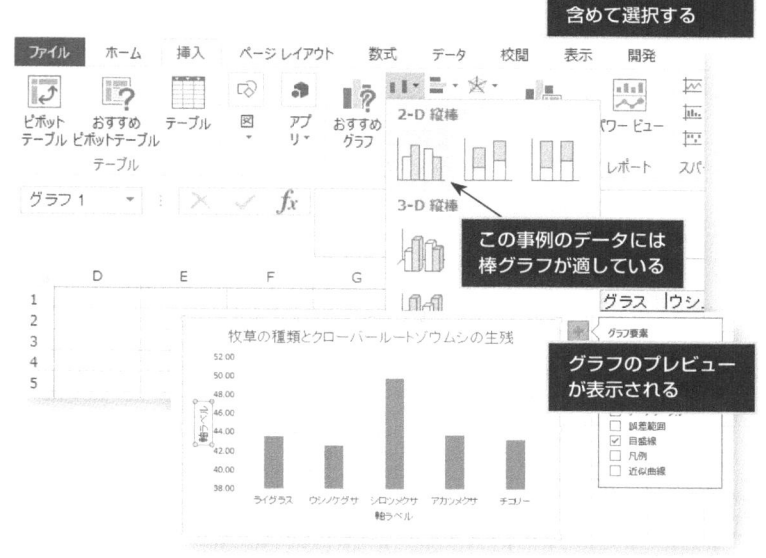

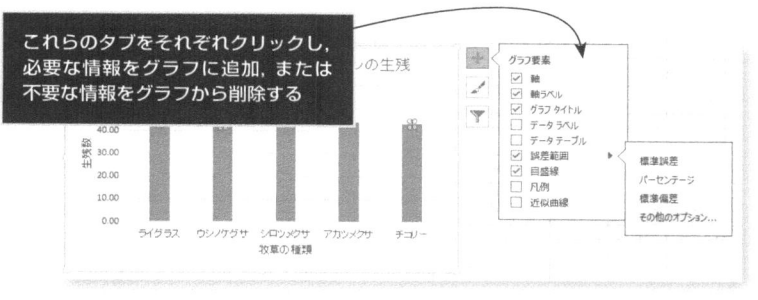

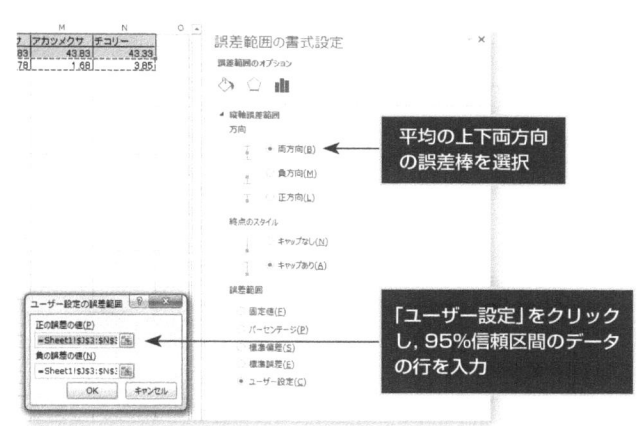

完成したグラフは，データの視覚的表現を可能にし，5つの処理間の差をどの程度信頼できるかについての即時のアイデアを可能にする。ここまで来れば，分散分析を実行する準備は整っている。

❸ 分散分析の実行

分散分析はマイクロソフト・エクセルの「データ分析ツール」の機能の1つであり、通常のエクセルのプログラムに組み込まれているが、インストールされているとは限らない。「データ」メニューを開いたときに「データ分析」オプションが表示されない場合は、以下の手順で最初にアドインを読み込む必要がある。

▶ ステップ1

「ファイル」をクリックし、「オプション」をクリック。「アドイン」をクリックし、一覧から「分析ツール」を選択して、下の「設定」をクリック。「有効なアドイン」のリスト中の「分析ツール」のチェックボックスをクリックしてチェックを入れ、「OK」をクリックする。これにより、「データ」メニューを開くと「データ分析」オプションが表示されるようになり、分析ツールの使用が可能となる。

「データ」メニューの中の「データ分析」をクリックし、「分散分析:一元配置」を選択すると、分散分析のためのダイアログボックスが表示される。ここでは、1つの変数がもう一方の変数に及ぼす影響に関心があるため、分散分析は単一の要因のものである（一元配置分散分析）。

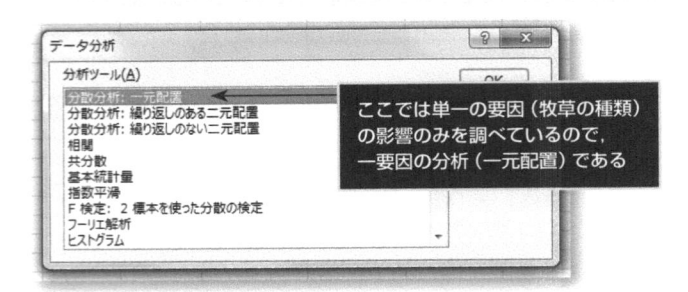

▶ ステップ2

「入力範囲」に5種類の草における生残数のデータ範囲（草の種類を入力した先頭行も含める）を選択して入力する。「先頭行をラベルとして使用」にチェックを入れる。「出力範囲」ボックス内をクリックし、ワークシート上で結果の表を出力させたい領域の左端のセルをクリックする。そして、「OK」をクリックする。

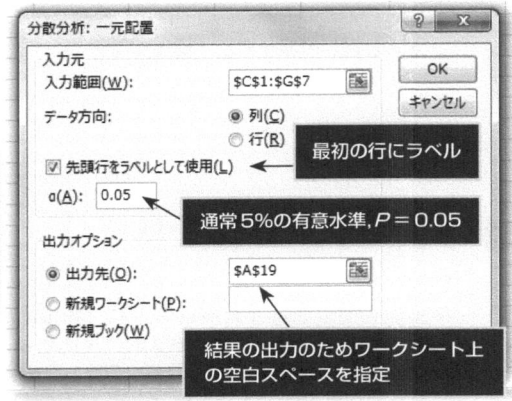

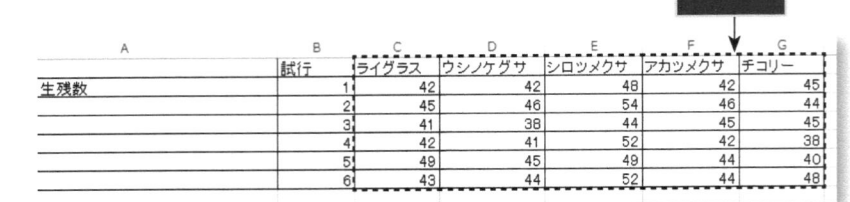

結果の出力は大きなデータの表となる（下図）。もっとも重要なセルは P 値のセルであり、通常これは、グループ間に差がないとする帰無仮説が正しいものである確率を示す。

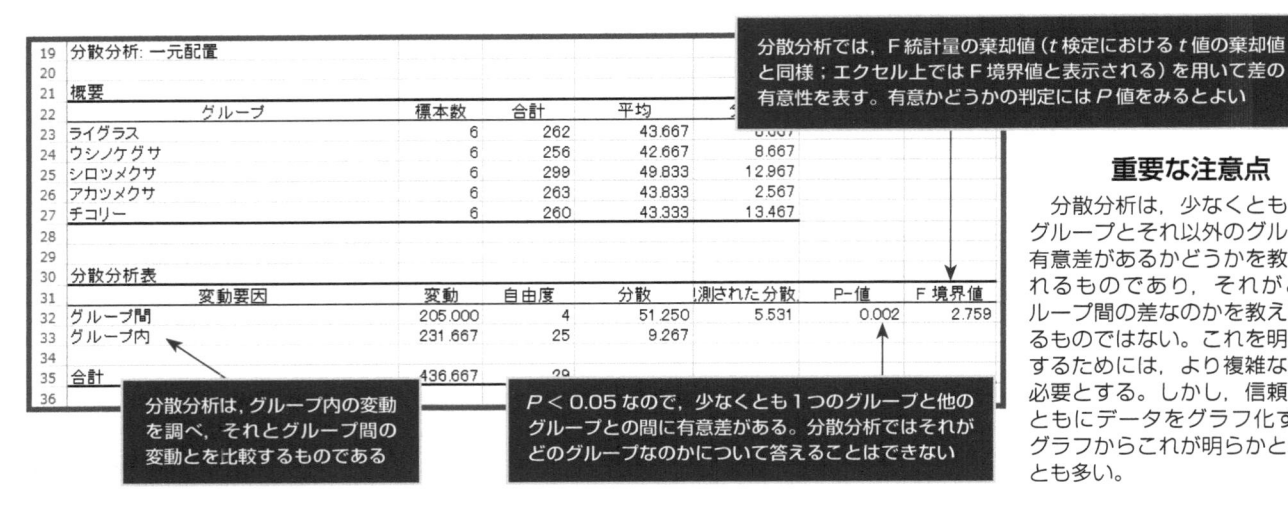

分散分析（ANOVA）について

分散分析は正規分布にしたがうデータに対しての分析であり、2つまたはそれ以上の集団の平均間に有意差があるのかどうかを調べるものである（2つの集団の平均に対する分散分析は t 検定である）。分散分析は、集団内のばらつきの大きさ（測定した変数での）を説明し、これと集団間のばらつきの大きさ（処理間の）を比較するものである。これは、特定の処理が何らかの種類の生物学的応答（たとえば、さまざまな肥料に対する植物の成長）に及ぼす影響を調べる際には理想的な検定方法である。分散分析は複数の標本集団を比較する非常に便利な検定である。なぜなら、t 検定のように、大きなサンプルサイズを必要としないからである。

重要な注意点

分散分析は、少なくとも1つのグループとそれ以外のグループに有意差があるかどうかを教えてくれるものであり、それがどのグループ間の差なのかを教えてくれるものではない。これを明らかにするためには、より複雑な分析を必要とする。しかし、信頼区間とともにデータをグラフ化すると、グラフからこれが明らかとなることも多い。

---

1. 分散分析では、どのグループの間に有意差があるのかまではわからない。この疑問に答えるためにはどのようにグラフを分析すべきか説明しなさい。

_____

_____

_____

生態学におけるカイ二乗検定

カイ二乗（χ^2）検定は，t検定と同様に，グループ間の差を検定する統計手法であるが，測定値ではなく度数（カウント数）を検定するために用いられる。簡単に実行できる検定法であるが，この検定に用いるデータは以下のような条件を満たしていなければならない。

- 生の度数データであること（測定値や，百分率のような処理をされたデータではないこと）。
- 実験結果と理論的に予測される結果との比較に用いる（たとえば，メンデル遺伝の期待値や，ハビタットについてグループ間で「嗜好性はない」あるいは「差はない」ことを示す理論値など）。
- サンプルサイズが小さい（< 20）場合は，正しい検定とはならない。

他の統計学的検定と同様に，カイ二乗検定においても，データセット間に差がないとする帰無仮説を検証する。以下の演習は，ハビタット嗜好性に関する生態学研究でカイ二乗検定を用いた例である。カイ二乗検定も表計算ソフトで簡単に計算することができる。

生態学におけるχ^2の利用

マングローブ（ヒルギダマシ）のニッチ（生態学的地位）についてのある調査で，基質の異なる場所で気根の密度が測定された。マングローブの樹木は4つの異なる地域で選定された：ほとんどが砂，一部が砂，ほとんどが泥，一部が泥。この事例では，変数である基質の種類はカテゴリーデータであることに注意すること。これら4つの地域で，コドラート（1m × 1m）が多数の個体の周囲に設置され，気根の数がかぞえられた。気根密度の観察度数（下記）と，基質間に密度の差がないとする期待度数との比較にカイ二乗を用いた。

基質の異なる地域におけるマングローブの気根の密度

ほとんどが砂	85	ほとんどが泥	130
一部が砂	102	一部が泥	123

カイ二乗を用いて，観察度数が期待度数と一致するかどうか検定した。手順は以下のとおり：

ステップ1：期待度数（E）の計算

この事例では，観察度数の合計をカテゴリー数で割ったものとなる。　　$\frac{440}{4} = 110$

ステップ2：観察度数（O）− 期待度数（E）の計算

観察度数と期待度数の差は，予測される結果からの偏差の指標として計算される。この結果の一部は負の数となるため，すべて二乗され正の値とされる。このステップは通常表にまとめる作業の一部としてなされる（右の表のグレーの色つき部分）。

ステップ3：χ^2値の計算

$$\sum \frac{(O-E)^2}{E}$$

ただし，O = 観察度数
E = 期待度数
Σ = 総和

計算したχ^2値は，表の最後の列の下に記載している。

ステップ4：自由度の計算

自由度は単純に**カテゴリー総数より1少ない数**である（これは，残りの値に影響を受けずに独立して変化できる値の数である）。この事例では，4 − 1 = 3となる。

カテゴリー	O	E	O − E	$(O-E)^2$	$\frac{(O-E)^2}{E}$
ほとんどが砂	85	110	−25	625	5.68
一部が砂	102	110	−8	64	0.58
ほとんどが泥	130	110	20	400	3.64
一部が泥	123	110	13	169	1.54

合計 = 440　　χ^2　Σ = 11.44

ステップ5a：χ^2表の利用

自由度3のχ^2表（下の表1）で，χ^2の計算値11.44は有意確率0.01と0.001の間にある（矢印を参照）。これは，11.44というχ^2値が偶然得られるのは，1%と0.1%の間であることを意味している。

ステップ5b：χ^2表の利用

0.01と0.001の間の確率は，一般的な有意水準である0.05よりも小さい。したがって帰無仮説は棄却され，観察結果は期待されるものと有意に異なる（5%水準で）と判断することができる。

表1：有意水準とχ^2の棄却値。一般に帰無仮説（H_0）を棄却する有意水準は5%とされている。もしχ^2値が$P = 0.05$のときの値よりも小さければ，H_0を棄却できず，期待度数との差は有意ではない。反対に，$P = 0.05$のときの値よりも大きければ，H_0を棄却し，対立仮説を採択することとなる。

自由度	有意確率の水準（P）									
	0.98	0.95	0.80	0.50	0.20	0.10	0.05	0.02	0.01	0.001
1	0.001	0.004	0.064	0.455	1.64	2.71	3.84	5.41	6.64	χ^2 10.83
2	0.040	0.103	0.466	1.386	3.22	4.61	5.99	7.82	9.21	13.82
3	0.185	0.352	1.005	2.366	4.64	6.25	7.82	9.84	11.35	16.27
4	0.429	0.711	1.649	3.357	5.99	7.78	9.49	11.67	13.28	18.47
5	0.752	0.145	2.343	4.351	7.29	9.24	11.07	13.39	15.09	20.52

← H_0を棄却しない　　H_0を棄却する →

生態学におけるカイ二乗検定の演習

この課題では，ハビタットの嗜好性に関する生態学研究を例に，カイ二乗（χ^2）検定について演習する。最初の例では，タマキビガイが，4種のヒバマタ目の褐藻に対して何らかの嗜好性を有するかどうかを検証する。コドラート法を用いて，各藻に付着しているタマキビガイの個体数が記録された。その調査のデータを表1に示す。2番目の例では，ワラジムシのハビタット嗜好性の調査結果が示されている（表2）。

1. (a) この調査についての帰無仮説（H_0）を述べなさい。

    _____

    _____

    (b) 対立仮説（H_A）を述べなさい。_____

    _____

    _____

表1：各藻に付着したタマキビガイの個体数

海藻 種	タマキビガイ 個体数
ヒバマタ目 種A	9
ヒバマタ目 種B	28
ヒバマタ目 種C	19
ヒバマタ目 種D	64

2. カイ二乗検定を用いて，標本間の違いが有意であるかどうか，または，それらは偶然に過ぎないのかを判断しなさい。χ^2の棄却値は，前ページの課題「生態学におけるカイ二乗検定」の表を用いなさい。

    (a) 観察度数（タマキビガイの個体数）を入力し，χ^2値を計算するための表を完成させなさい。

    (b) 次の式を用いて，χ^2値を計算しなさい。

    $$\chi^2 = \Sigma \frac{(O-E)^2}{E} \qquad \chi^2 = _____$$

    (c) 自由度を計算しなさい。_____

    (d) χ^2表を用いて，計算したχ^2値に対応するP値を答えなさい。

    _____

    (e) 帰無仮説が棄却されるかどうか述べなさい。

    H_0を棄却する ／ H_0を棄却しない（○をつける）

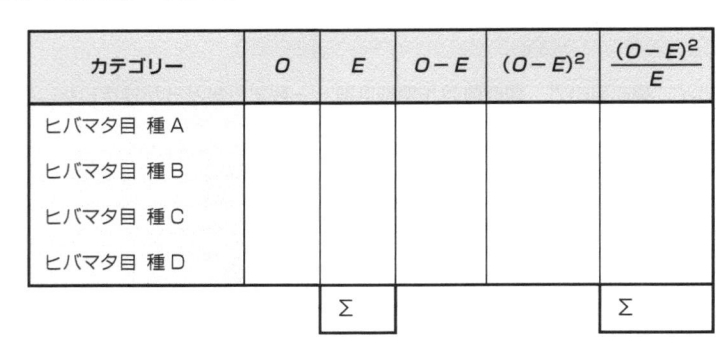

カテゴリー	O	E	$O-E$	$(O-E)^2$	$\frac{(O-E)^2}{E}$
ヒバマタ目 種A					
ヒバマタ目 種B					
ヒバマタ目 種C					
ヒバマタ目 種D					
	Σ				Σ

3. 学生たちが，ワラジムシのハビタットに対する嗜好性について調査した。特に彼らは，ワラジムシが乾燥した空気よりも湿潤な空気を好むかどうか，また，それがハビタットの選択に一定の役割を果たしているかどうかについて知りたいと考えていた。彼らはこの仮説を検証するための簡単な調査を計画した。飼育容器にワラジムシをランダムに置き，5分後，乾燥状態か湿潤状態のどちらかを選択するように仕向けた。調査は5回の試行からなり，各試行につき10個体のワラジムシを使用した。結果を表2（右）に示す。

    (a) 帰無仮説（H_0）と対立仮説（H_A）を述べなさい。

    _____

    _____

表2：ワラジムシのハビタット嗜好性

試 行	空 気	
	乾燥	湿潤
1	2	8
2	3	7
3	4	6
4	1	9
5	5	5

個別の用紙（または表計算ソフト）を用いてχ^2値を計算し，以下に答えなさい。

(b) χ^2値を計算しなさい。_____

(c) 自由度を計算し，求めたχ^2値に対応するP値を答えなさい。_____

(d) 帰無仮説が棄却されるかどうか述べなさい。　　　H_0を棄却する ／ H_0を棄却しない　（○をつける）

遺伝学におけるカイ二乗検定

カイ二乗（χ^2）検定は，2遺伝子雑種交配の結果が，メンデルの遺伝法則から期待される比率（メンデル比）となっているかを検定するのによく利用される。この目的のためにカイ二乗検定を利用する場合は，帰無仮説を立て，対立遺伝子が独立分離していること（連鎖なし）を仮定したメンデル比に基づき，表現型の異なる子の比率を予測する。メンデル比と有意に異なる結果が得られた場合，調べている対立遺伝子が連鎖していることが示唆される。検定を正確に行うには，生の計測データを使うこととサンプルサイズが大きいことが重要となる。

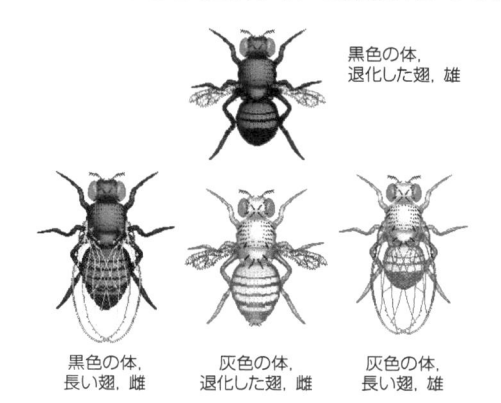

メンデル遺伝学における χ^2 の利用

ショウジョウバエの遺伝実験において，2個体を交配させた（交配の詳細はここでは省く）。この交配による子の形質のメンデル比は，次の4つの表現型に対して，1:1:1:1となる。4表現型は，灰色の体—長い翅，灰色の体—退化した翅，黒色の体—長い翅，黒色の体—退化した翅。しかし交配結果は，予測されたとおりではなかった。各表現型に対して以下のような観察値が得られた。

ショウジョウバエの交配実験における観察結果

| 灰色の体 — 長い翅 | 98 | 黒色の体 — 長い翅 | 102 |
| 灰色の体 — 退化した翅 | 88 | 黒色の体 — 退化した翅 | 112 |

カイ二乗を用いて，この結果が1:1:1:1の理論的結果と一致するといえるか検定しなさい。作業例は以下のとおり：

ステップ1：期待度数（E）の計算

この事例では，期待度数は，観察度数の合計をカテゴリー数で割って求める。 $\dfrac{400}{4} = 100$

ステップ2：観察度数（O）— 期待度数（E）の計算

観察度数と期待度数の差は，予測される結果からの偏差の指標として計算される。この結果の一部は負の数となるため，すべて二乗され正の値とされる。このステップは通常表にまとめる作業の一部としてなされる（右の表のグレーの色付き部分）。

ステップ3：χ^2 値の計算

$$\chi^2 = \Sigma \frac{(O-E)^2}{E}$$

ただし，O = 観察度数
E = 期待度数
Σ = 総和

計算した χ^2 値は，表の最後の列の下に記載している。

ステップ4：自由度の計算

自由度は単純にカテゴリー総数より1少ない数である（これは，残りの値に影響を受けずに独立して変化できる値の数である）。**この事例では，4−1＝3となる。**

カテゴリー	O	E	O−E	(O−E)²	(O−E)²/E
灰色の体 — 長い翅	98	100	−2	4	0.04
灰色の体 — 退化した翅	88	100	−12	144	1.44
黒色の体 — 長い翅	102	100	2	4	0.04
黒色の体 — 退化した翅	112	100	12	144	1.44

合計 = 400　　χ^2　$\Sigma = 2.96$

ステップ5a：χ^2 表の利用

自由度3の χ^2 表（下の表1）で，χ^2 の計算値2.96は有意確率0.5と0.2の間にある（矢印を参照）。これは，2.96という χ^2 値が偶然得られる確率は，20％と50％の間にあることを意味している。

ステップ5b：χ^2 表の利用

0.2と0.5の間の確率は，一般的な有意水準である0.05よりも大きい。帰無仮説は棄却されず，観察結果は期待されるものと有意に異なる（5％水準で）と判断することはできない。

脚注：メンデルの法則にしたがう交配実験では，1:1とは異なる比率を扱うことが多い。このような場合，期待度数の計算は，単純に観察度数の合計をカテゴリー数で割るというわけにいかない。その代わりに，期待される比率に基づいて総数が割り当てられる。たとえば，上のように総数が400で，期待比率が9:3:3:1の場合，総数を $(9+3+3+1)=16$ で割り，期待度数は以下のようになる。

$$\left(\frac{400}{16} \times 9\right) : \left(\frac{400}{16} \times 3\right) : \left(\frac{400}{16} \times 3\right) : \left(\frac{400}{16} \times 1\right) = 225 : 75 : 75 : 25$$

表1：χ^2 の棄却値。一般に帰無仮説（H_0）を棄却する水準は5％である。もし χ^2 値が $P=0.05$ のときの値よりも小さければ，H_0 を棄却できず，期待度数との差は有意ではない。反対に，$P=0.05$ のときの値よりも大きければ，H_0 を棄却し，対立仮説を採択することとなる。

自由度	有意確率の水準（P）									
	0.98	0.95	0.80	0.50	0.20	0.10	0.05	0.02	0.01	0.001
1	0.001	0.004	0.064	0.455	1.64	2.71	3.84	5.41	6.64	10.83
2	0.040	0.103	0.466	1.386	3.22	4.61	5.99	7.82	9.21	13.82
3	0.185	0.352	1.005	2.366	4.64	6.25	7.82	9.84	11.35	16.27
4	0.429	0.711	1.649	3.357	5.99	7.78	9.49	11.67	13.28	18.47
5	0.752	0.145	2.343	4.351	7.29	9.24	11.07	13.39	15.09	20.52

← H_0 を棄却しない　　　　　H_0 を棄却する →

遺伝学におけるカイ二乗検定の演習

以下の問題は，遺伝学におけるカイ二乗（χ^2）検定についての演習である。遺伝交配実験でのカイ二乗検定の利用方法については前ページの課題で解説したとおりである。

1. トマトの栽培実験において，2つのヘテロ接合体を交配させた（この交配実験の詳細はここでは省く）。この交配によって子が示す**4つの表現型**（紫色の茎—鋸歯のある葉，紫色の茎—鋸歯のない葉，緑色の茎—鋸歯のある葉，緑色の茎—鋸歯のない葉）のメンデル比はそれぞれ**9：3：3：1**である。

    しかし，観察結果は予測どおりとはならず，各表現型の子の数は次のようになった。

    トマトの交配の観察結果

紫色の茎 — 鋸歯のある葉	12	緑色の茎 — 鋸歯のある葉	8
紫色の茎 — 鋸歯のない葉	9	緑色の茎 — 鋸歯のない葉	0

    (a) この実験の帰無仮説（H_0）を述べなさい。＿＿＿＿＿＿＿＿＿＿＿＿＿＿

    (b) 対立仮説（H_A）を述べなさい。＿＿＿＿＿＿＿＿＿＿＿＿＿＿

2. カイ二乗検定を用いて，観察した表現型間の違いが有意なものかどうか調べなさい。さまざまなP値におけるχ^2の棄却値は，前ページの課題「遺伝学におけるカイ二乗検定」の表を使用しなさい。

カテゴリー	O	E	$O-E$	$(O-E)^2$	$\frac{(O-E)^2}{E}$
紫色の茎—鋸歯のある葉					
紫色の茎—鋸歯のない葉					
緑色の茎—鋸歯のある葉					
緑色の茎—鋸歯のない葉					
		Σ			Σ

    (a) 観察値（個体数）を入力し，χ^2値の計算のための表を完成させなさい。

    (b) 次の式を用いて，χ^2値を計算しなさい。

    $$\Sigma \frac{(O-E)^2}{E} \qquad \chi^2 = \underline{\qquad\qquad}$$

    (c) 自由度を計算しなさい。＿＿＿＿

    (d) χ^2表を用いて，計算したχ^2値に対応するP値を求めなさい。
    ＿＿＿＿＿＿＿＿＿＿＿＿＿＿

    (e) 検定結果を答えなさい。　H_0を棄却する　／　H_0を棄却しない　（○をつける）

3. 学生たちが，エンドウマメの栽培実験を行い，2つのヘテロ接合体を交配させた。この交配で得られる種子の**4つの表現型**（丸型—黄色，丸型—緑色，しわ—黄色，しわ—緑色を有する）のメンデル比は，それぞれ**9：3：3：1**である。

    観察結果は次のとおりとなった。

丸型 — 黄色の種子	441	しわ — 黄色の種子	143
丸型 — 緑色の種子	159	しわ — 緑色の種子	57

    別の紙を用意して，以下の問いに答えなさい。

    (a) 帰無仮説（H_0）と対立仮説（H_A）を述べなさい。

    (b) χ^2値を計算しなさい。＿＿＿＿

    (c) 自由度を計算し，計算したχ^2値に対応するP値を求めなさい。＿＿＿＿

    (d) 帰無仮説が棄却されるかどうか答えなさい。　　H_0を棄却する　／　H_0を棄却しない（○をつける）

4. 上で得られた2つのχ^2検定結果が同じかどうか答えなさい。違いがあるならその理由を考えなさい。

    ＿＿＿＿＿＿＿＿＿＿＿＿＿＿＿＿＿＿＿＿＿＿＿＿

    ＿＿＿＿＿＿＿＿＿＿＿＿＿＿＿＿＿＿＿＿＿＿＿＿

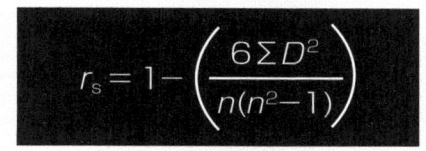

スピアマンの順位相関

スピアマンの順位相関は，2つの変数間に統計学的な相関があるかどうかを調べるのに用いられる検定である。この検定は，正規分布にしたがわないデータ（あるいは分布がわかっていないデータ）にも適用でき，変数 x および y 間の相関の程度を評価するものである。この検定を行うには，変数の変化が**単調**でなければならない。すなわち，2つの変数がともに増加あるいは減少を示しているか，一方の変数の増加に対して他方の変数が減少することが前提となる。順位相関係数が1のときは完全な相関，0のときは無相関であることを意味する。下記の例は，雄のグンカンドリが発するドラム音の頻度（y）と，喉袋の体積（x）の関係を調べたものである。

グンカンドリの喉袋の体積とドラム音の頻度についてのスピアマンの順位相関

個体番号	喉袋の体積 (cm³)	順位(R_1)	ドラム音の頻度(Hz)	順位(R_2)	順位の差(D) (R_1-R_2)	D^2
1	2550		461			
2	2440	1	473	6	-5	25
3	2740		532			
4	2730		465			
5	3010		485			
6	3370		488			
7	3080		527			
8	4910		478			
9	3740		485			
10	5090		434			
11	5090		468			
12	5380		449			
Madsen et al 2004に基づく				合計		

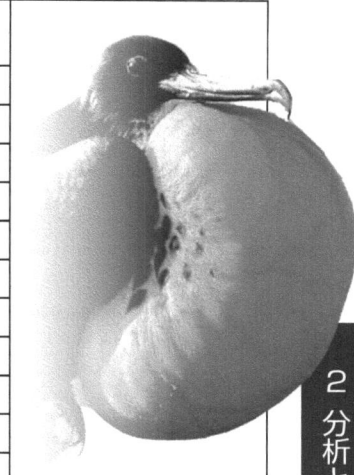

r_s 値

データ分析

ステップ1：それぞれの変数のデータに順位をつける。変数ごとに，昇順に並べたときの順位をつける。たとえば，体積に関しては最大値5380cm³が順位12となるが，これに対応するドラム音頻度449は順位2である。同様にして上の表の順位の列を埋めなさい。もし2つのデータが同じ順位になる場合は，2つのデータの順位の平均を用いなさい（例；1 + 2 = 3. 3/2 = 1.5）。

ステップ2：対となっている順位の差（D：$R_1 - R_2$）を求め，表に記入しなさい（終わったら，すべての差の合計が0となることを確認すること）。

ステップ3：差を2乗し，表に記入しなさい（これで負の値がなくなる）。

ステップ4：D^2値の総和を求め，表に記入しなさい。

ステップ5：下記の式を用いて，スピアマンの順位相関係数（r_s）を求めなさい。得られたr_s値を上の空欄に記入しなさい。

$$r_s = 1 - \left(\frac{6 \Sigma D^2}{n(n^2 - 1)} \right)$$

スピアマンの順位相関係数

ステップ6：棄却値の表をみて，求めたr_s値を，該当するペア数における値と照合しなさい。r_s値の絶対値が棄却値以上であれば，有意な相関があるとみなせる。r_s値が正であれば正の相関があり，負であれば負の相関があることを意味する。

測定値のペア数	棄却値
5	1.00
6	0.89
7	0.79
8	0.74
9	0.68
10	0.65
12	0.59
14	0.54
16	0.51
18	0.48
20	0.45

1．帰無仮説を述べなさい。＿＿＿＿＿＿＿＿＿＿＿＿＿＿＿＿＿＿＿＿＿＿＿＿＿＿＿＿＿＿＿＿＿＿＿＿＿＿＿

2．(a) このグンカンドリのデータについての棄却値を答えなさい。＿＿＿＿＿＿＿＿＿＿＿＿＿＿＿＿＿

(b) 相関は正か負か答えなさい。＿＿＿＿＿＿＿＿＿＿＿＿＿＿＿＿＿＿＿＿＿＿＿＿＿＿＿＿＿

(c) 相関は有意なものかどうか答えなさい。＿＿＿＿＿＿＿＿＿＿＿＿＿＿＿＿＿＿＿＿＿＿＿

3．スピアマンの順位相関を用いる場合，なぜデータが単調でなければならないのか説明しなさい。＿＿＿＿＿＿

レポートの構成

データの収集と分析が終わると，次はレポートの作成である。発見したことは，レポートやポスターや口頭発表などの形で発表するとよいだろう。科学的レポートの構成について，ここではポスター発表を例に解説する（ポスターは非常に簡潔であるため）。レポートを書くときは，方法や結果を先に，考察と結論をそのあとにすると書きやすい。序論は最後に書くべきセクション（構成要素）の1つである。序論以外のセクションを最初に書くことで，同じ分野の他の研究の状況と自身の研究の位置付けなどがよく理解できるだろう。

1. 表題（と著者）
研究内容を簡潔かつ明解に示す。

2. 序論
研究の背景，仮説，目的を示す。

3. 材料と方法
研究に用いた材料と方法を示す。

4. 結果
表や図を用いて，結果を示す。このセクションでは，結果をもとに議論するのではなく，結果そのものの提示に留める。

5. 考察
関連する既知の生物学的知見に照らして，発見したことを考察する。その研究での限界についても記述する。

6. 結論
発見したことが仮説を支持するか否か明解に記述する。簡潔なポスター発表では，考察と結論のセクションはまとめて示すこともある。

7. 引用文献と謝辞
すべての情報源のリスト。研究に参加した者はレポートに記載する。望ましい書き方（様式）については指導教員が助言してくれるだろう。

1. レポートのそれぞれのセクションの目的を説明しなさい。例として序論のみすでに記述してある。

   (a) 序論： 読み手に研究テーマの背景や研究の理論的根拠などを提示する。

   (b) 方法：_____

   (c) 結果：_____

   (d) 考察：_____

   (e) 引用文献と謝辞：_____

2. ポスターは，研究成果の発表において，非常に視覚的な方法である。この発表形式の長所を述べなさい。

方法の執筆

　レポートの「方法」のセクションは，十分に詳しく書き，読者が研究を再現できるようにすべきである。しかし，ごく標準的な手順についての詳細は省くべきである（たとえば，天秤をどう使うかなど）。統計分析の詳細はその理論的根拠とともに「方法」の中に記すべきである。「方法」に込み入った準備が含まれる場合（たとえば培地の準備など），それらは付録に含めるか，もととなる情報源に言及するのが適切である。下の図は，野外での研究もしくは実験室での研究において，「方法」に加えるべき情報を例示したものである。これがすべてではないが，「方法」で記述されるべき情報の種類を示している。

野外研究

調査地と調査対象の生物種
- 調査地の位置と特徴
- その調査地が選ばれた理由
- 対象とする生物種

調査道具
- pHメーターや酸素メーター
- 温度計
- 網やトラップ

データ収集
- 観察／データ収集の頻度と時期
- データ収集日
- 標本（サンプル）数とサンプリング（標本抽出）単位
- サンプリング時の気温
- 標本の保存や処理方法
- サンプリング時の気象条件
- 測定やサンプリングの方法
- データ記録の方法

実験室での研究

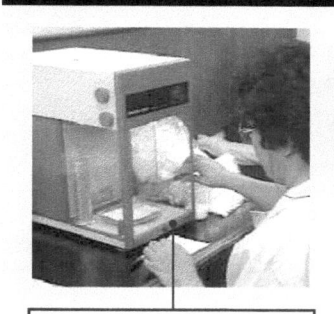

データ収集
- 処理群と対照群の詳細
- 観察の時期と期間
- 気温
- 標本数
- 実験の繰り返し数
- 測定やサンプリングの方法
- データ記録の方法

実験生物
- 種や系統
- 齢と性
- 個体数

実験道具
- pHメーター
- ウォーターバス（恒温槽）やインキュベーター（恒温器）
- 分光光度計
- 遠心分離機
- 水槽や選択室
- 顕微鏡やビデオレコーダー

特別な準備
- 実験材料を準備するための技術（着色や粉砕など）
- 指示薬，塩類溶液，緩衝液，特別な希釈溶液

---

1. なぜ研究者は以下のことを心がけるのか説明しなさい。

   (a) 標本数を増加させる：_____

   (b) 実験を繰り返し行う：_____

2. 標本を収集した日や年を記録することがなぜ重要か述べなさい。_____

3. 実験生物を可能な限り同等なもの（たとえば，同じ性）にそろえることがなぜ重要か述べなさい。

# 結果の執筆

研究によって明らかにしたことを提示する「結果」のセクションは，研究論文やレポートの中でもっとも重要な部分といえる。研究結果を明瞭に，かつデータをどのように分析したのかがわかるように示すのが適切なレポートである。ニュージーランドのマッドフィッシュのハビタットに対する嗜好性についての学術論文から，「結果」のセクションの一部抜粋の邦訳を以下に示す（Hicks,B.& Barrier,R.（1996），NZJMFR.30,135-151）。ここでは，「結果」のセクションの重要な特徴に焦点を当て，たとえ「結果」の内容が比較的長い場合でも，どのようにすれば簡潔に示すことができるのかを記してある。「結果」を執筆する際には参考にしてほしい。

結 果

1992年5月から10月の間に設置した400個のトラップで，ドフィッシュ（*Neochanna diversas*）を捕獲した。体長（TL）139mm, n = 214）であった。サンプリングを行った80か所の調マッドフィッシュが捕獲さ…ット間でマッド…（独…表4］。マッド…3…に分布していた。しかし，31の半鉱地サイトで…でしか分布は見られず，6つの湖岸サイト，4つの池，ダム，潟湖サイトではま…なかった。マッドフィッシュのいるサイトといないサイトを区別するカテゴリー変数は，夏季の水の欠乏，低〜中程度の撹乱，水面に突き出たあるいは岸から水面に陰を落とす植生の存在，半鉱化土壌もしくは泥炭地である…*…phus cotidianus*）やイナンガ（*Galaxias maculatus*）などの魚類…であった（カイ二乗独立性の検定, P < 0.05：表4）。

重要な発見を簡潔に記述する

学名が知られている場合には記載する

グラフ（図）はデータの傾向を示すものである。適切な種類のグラフを選び，十分なスペースを使って示す

図表には，通し番号を打ち，本文と簡単に照合できるようにする

表4：ニュージーランド・ワイカト地域の調査地における
マッドフィッシュの存否とハビタット変数間のカイ二乗検定結果。

ハビタット	カイ二乗統計量	自由度	有意確率
夏季の水の欠乏	31.84	1	<0.001
撹乱の程度	23.92	4	<0.001
水面に突き出た植生	17.56	1	<0.001
水面に陰を落とす植生	11.82	1	<0.001
表面の基質タイプ	16.51	2	<0.001
コモンブリーやイナンガの不在	6.17	1	0.013
樹木の根	4.00	1	0.040
土壌の種類	8.05	4	0.090

有意 / 有意ではない

表には，生データや変換したデータ，統計分析の結果を掲載する

統計量は有意であるかそうでないか（5%水準），区別して記述する

連続変数…（最大水深）の平均…といない…P < 0.05：表…シュのいるサイトではわずか2.1cmであったが，いないサイトでは22.6cmであった。冬季の水深と最大水深も，マッドフィッシュのいるサイトのほうが小さかった。平均濁度は，マッドフィッシュのいるサイトでのネフェロ分析濁度ユニット（NTU）の値は11.5，マッドフィッシュのいないサイトでのNTUは21.3であった。…濃度率，総溶解固形分，水面の溶存酸素，腐植物質濃度，pH，流速は，すべての…定, P > 0.05：表5）。一夜あたり，トラップあたりの漁獲率は，マッドフ…2〜8.4であった（平均 0.70：表5）。

結果のみを記載する。このセクションは考察するところではない

用語の略称は，初出時に記す

表および図は，カッコに入れて記す

表5：マッドフィッシュのいるサイトといないサイトの特徴

変 数	マッドフィッシュのいるサイト 平均±CI（95%信頼区間）	SD（標準偏差）	マッドフィッシュのいないサイト 平均±CI（95%信頼区間）	SD（標準偏差）	有意確率
マッドフィッシュの漁獲率（一夜あたり,トラップあたり）	0.70±1.31	0.84	0.00		
夏季の水深（cm）	2.1±1.9	2.2	22.6±7.8	24.7	<0.001
冬季の水深（cm）	28.9±4.3	5.8	40.2±7.7	24.4	0.012
濁度（NTU）	11.5±2.5	13.3	21.3±7.1	22.6	0.012

これらのデータから計算した，変数の階級ごとの漁獲率とハビ…は水深30cmより深い場所には実際にマッドフィッシュがいない…し，冬季には，マッドフィッシュは水深15〜50cmの場所を好む…小さい濁度では，撹乱の程度（DSR）が3の場所がより好まれた。DSR1とDSR2は少数のサイトしかなく（それぞれ n = 5），個別に嗜好性をみることは信頼性に欠けるため，DSR1への嗜好性はDSR2への嗜好性と同一であると推定した。

図に関する注釈は，アスタリスク（星印）を付して適当なスペースに記す

図2：冬季の漁獲率と4つのハビタットへの嗜好性との関係

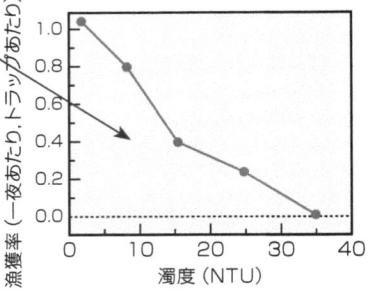

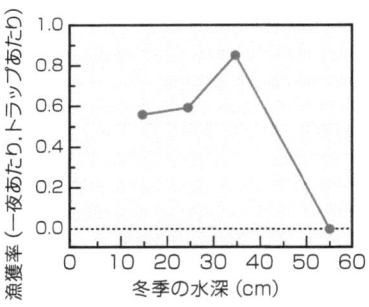

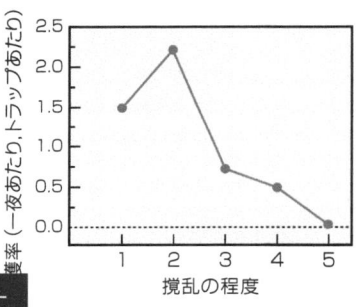

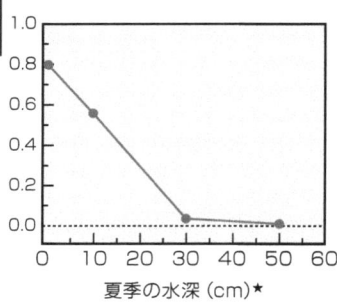

[グラフ1: 横軸 濁度（NTU） 0-40, 縦軸 漁獲率（一夜あたり,トラップあたり） 0.0-1.0]

[グラフ2: 横軸 冬季の水深（cm） 0-60, 縦軸 漁獲率（一夜あたり,トラップあたり） 0.0-1.0]

[グラフ3: 横軸 撹乱の程度 1-5, 縦軸 漁獲率（一夜あたり,トラップあたり） 0.0-2.5]

[グラフ4: 横軸 夏季の水深（cm）★ 0-60, 縦軸 漁獲率（一夜あたり,トラップあたり） 0.0-1.0]

★すべての個体は冬季のサイトで捕獲された。夏季の水深とは，それらのサイトの夏季の水深を示す（多くのサイトは干上がっている）。

1．レポート（論文）の本文中で図表を参照すべきなのはなぜか説明しなさい。＿＿＿＿＿＿＿＿

2．同じデータであっても，表で示したり図で示したりすることがあるのはなぜか説明しなさい。＿＿＿＿＿＿＿＿

考察の執筆

「考察」のセクションでは，その研究で解明しようと試みた疑問に対して，得られた結果の解釈を行う。また，その研究で明らかにした知見が，関連分野の中でどのような意味をもつのかを示すべきである。もし得られた結果が当初期待していたものと完全に一致する場合，「考察」は比較的簡単なものとなるだろう。しかし，「考察」のセクションでは，期待していない結果や矛盾する結果についても議論し，研究計画や研究方法のもつ問題点を批判的に評価することが重要である。「考察」は，「結果」で明らかにしたことを参照しながら執筆するセクションである。「考察」に新たな結果を追加してはいけない。考察は読者が自然に結論に到達できるように論理を進める。「結論」は，考察のセクションに含めて記述する場合もあるし，考察のあとに個別のセクションをつくって記述する場合もある。

考 察

ニュージーランドのワイカト地域におけるブラックマッドフィッシュのハビタットは，夏季の水深，冬季の水深，撹乱の程度（植生から示される）および濁度という，簡単に測定できる4つの要因により十分に予測し得るため，ブラックマッドフィッシュの漁獲率を大いに高めることが[できる]。[1]月から10月の間の一夜あたり，トラップあたりの漁獲率は0.2～8.4の範囲[にあり，]湿地で1993年9月から1994年10月にDean (1995)によって得られた値（一夜あたり，トラップあたり0.0～2.0個体）とよく似ていた。本研究での平均漁獲率の最高値である8.4はサイト24で得られたものである（表1，図1）。2番目に高い値（6.4）は，ハミルトンの約4km東に位置する干拓地のサイト32で得られたものである。ワイカト地域のブラックマッドフィッシュはおもに，夏季に水がなくなり，冬季に適度な水深があり，植生の撹乱が限定的（低いDSR）であり，濁度が低いような湿地のサイトで見られる（図2）。ブラックマッドフィッシュ（*Neochanna diversas*），ブラウンマッドフィッシュ（*N. apoda*）（ともにガラクシアス科）およびコモンリバーガラクシアス（*Galaxias vulgaris*）のハビタットの嗜好性はよく似ている。ブラウンマッドフィッシュは浅瀬に生息し，より深い水域との縁に生息することもあるが，通常は30～50cmより深いところには生息しない（Eldon 1978）。コモンリバーガラクシアスも浅瀬を好み，水深20cmよりも浅い川辺を占有する（Jowett and Richardson 1995）。

ブラックマッドフィッシュが見られたサイトは，ただの浅瀬や夏季に[水がなくなる場所ではなく，水位変動の大]きい場所であった。本研究の弱点は，サイトでの捕獲が一度だけという[ことである。しかし，]5つのトラップを比較的広範囲に，そこにいる魚を捕獲する機会を最大化できるように設置した。水面に突出した植生や水面に陰を落とす植生，あるいは樹木の根が身を隠すことのできる場所はブラックマッドフィッシュにとって重要である。ハビタット[の構造物の中で，]ブラックマッドフィッシュの存否を決める覆いの重要性は予測可能である。マッドフィッシュ[は底生魚]であるが，捕食者であるサンカノゴイ，カワセミなどの鳥類から身を守るために隠れ場所を必要とする。これまでに湿地に生息するサンカノゴイによるマッドフィッシュの捕食が報告されている（Ogle & Cheyne 1981）。隠れ場所はブラウンマッドフィッシュにおいても同様に重要である（Eldon 1978）。ブラックマッドフィッシュは，捕食者であるカダヤシとウナギの稚魚のいるサイトで見られ，ハビタットが季節的に乾くことが，マッドフィッシュとその捕食者の共存にとって重要であると考えられる。カダヤシはマッドフィッシュ稚魚の既知の捕食者であり（Barrier & Hicks 1994），ウナギもカンタベリーマッドフィッシュ（*N. burrowsius*）を捕食することから，ブラックマッドフィッシュも捕[食すると考えられる]（Eldon 1979b）。しかし，もしブラックマッドフィッシュが比較的競争力に乏しく捕食者に捕[食されるなら，]カダヤシやウナギの稚魚とどのように共存しているのかという疑問が残る。本研究で測定したハビタット[の要因は]今後，サイトのブラックマッドフィッシュへの適合性を分類するのに用いることができる。ブラックマッドフィッシュの適応能力は，農場や道端の排水路といった人の手が入ったハビタットでの生存を可能にする。本研究から，適したハビタットが継続して存在すること[が，捕食者の]存在よりも，ブラックマッドフィッシュにとってより重要性が高いことであると結論づけられ[る。また，ワ]イカト地域におけるマッドフィッシュに適[したハビタット]を改善することができた。

---

1. 実施した研究計画や方法の弱点を議論することがなぜ重要なのか説明しなさい。＿＿＿＿＿＿＿＿＿＿＿＿＿＿＿＿

＿＿＿

2. 考察では，自身の結果を**批判的に評価**すべきであるが，それはなぜか説明しなさい。＿＿＿＿＿＿＿＿＿＿＿＿＿＿＿

＿＿＿

＿＿＿

3. 結論を記す目的を答えなさい。＿＿＿＿＿＿＿＿＿＿＿＿＿＿＿＿＿＿＿＿＿＿＿＿＿＿＿＿＿＿＿＿＿＿＿＿＿＿

＿＿＿

文献の引用と引用文献リストの作成

　情報源からの引用を正確に記すことは，論文の執筆において非常に重要である。文献の引用は，自分が情報収集をしてきたこと，また他の研究者の研究を理解し尊重していることを示すものでもある。文献の引用に際しては，2 通りの作業を行う。1 つは本文中での**引用元**の記載（他者の研究を引用することで，結果を比較したり自分の主張を裏付けたりすること），もう 1 つは，論文の最後に**引用文献リストを表示**することである。参考にした情報のリストを**参考文献リスト**と呼ぶが，これは必ずしも論文に記載しなくてもよい。引用文献リストには，論文中で引用した文献のみをリスト化し掲載しないといけない。論文の本文中での文献の引用は，著者の姓，出版年およびページ番号（あるいはウェブサイトのアドレス）のみとし，論文に記したこととその引用文献が主張していることは適切に関連していないといけない。引用文献リストの書き方はさまざまであるが，引用元を知るために必要な情報をすべて含み，統一した体裁で書かないといけない。また，自分自身で読んだ文献のみを記載すべきである（他者が引用しているものをそのまま引用しない）。ここでは APA（アメリカ心理学会）の文献引用様式での書き方を，一例として以下に示す。

引用文献リストの作成

引用文献の記載方法にはいくつかの様式がある。どの様式で記載するかは，指導教員の指示にしたがうとよい。ここでは，**アメリカ心理学会**（American Psychological Association）の様式を例に解説する。なお，**オンラインの情報源**を引用する場合と**印刷物の情報源**を引用する場合では若干書き方が異なる。

インターネット

インターネットからの情報を引用する場合，以下の情報を記載する。
・ウェブサイトのアドレス（URL），そのサイトを作成している人または組織の名称，そのサイトに筆者がアクセスした日付。
記載の形式：URL（人または組織名，アクセス年月日）
　例：http://www.scientificamerican.com (Scientific American, 2003.12.17)

定期刊行物・学術雑誌

定期刊行物や学術雑誌（ジャーナル）の場合，以下の情報を記載する。
・著者名，出版年，論文タイトル，雑誌名，ページ等の情報。
記載の形式：筆頭著者の姓，A. A.（名はイニシャルのみ），2 番目の著者の姓，B. B.，& 3 番目の著者の姓，C. C.（xxxx 出版年をカッコ内に）. 論文タイトル，*雑誌名*，巻（号），ページ数．
　例：Bamshad, M. J., & Olson, S. E. (2003). Does Race Exist? *Scientific American*, 289(6), 50-57.

学術雑誌（印刷物）のオンライン版

現在では，オンラインジャーナルのほとんどが印刷版を複製したものであり，付加的な解析やデータが記載されることはないようであるが，将来的には変わる可能性がある。

・引用した論文が印刷版ではなく電子版のみである場合，論文タイトルのあとにカッコ付きで（電子版）と記載する。
　例：Bamshad, M. J., & Olson, S. E. (2003). Does Race Exist? (Electronic version) *Scientific American*, 289(6), 50-57.

・印刷版を電子化したものだと考えられる場合は，その論文および URL にアクセスした日付をつけて記載する。
　例：Bamshad, M. J., & Olson, S. E. (2003). Does Race Exist? (Electronic version) *Scientific American*, 289(6), 50-57. アクセス日 2003 年 12 月 17 日

書籍

書籍の場合，以下の情報を記載する。
・著者名，出版年，書籍タイトル，出版社に関する情報。
記載の形式：筆頭著者の姓，A. A.，2 番目の著者の姓，B. B., & 3 番目の著者の姓，C. C.（xxxx）. *書籍タイトル*（付加的な情報はカッコに入れて記載する）. 出版社のある都市：出版社の名前．
　例：Martin, R. A. (2004). *Missing Links Evolutionary Concepts & Transitions Through Time.* Sudbury, MA: Jones and Bartlett.

本文中での引用文献の記載

本文中に引用文献を参照する場合，以下の情報を記載する。
・著者の姓，出版年，ページ数，章番号，図，表，数式，あるいは URL。本文中の適切な箇所にカッコに入れて記載。
　例：(Bamshad & Olson, 2003, p.51) あるいは (Bamshad & Olson, 2003, http://www.scientificamerican.com) など。
　※ただし，日本では著者の姓と出版年のみを記すことが一般的である。

脚注の形式を用いることもある。脚注とは，本文中で引用した文章の末尾に番号を上付きにし，その文献情報をページ下部に記載したものである。
　例：Bamshad と Olson は ………. であると報告している。[1]

---
[1] Bamshad & Olson, 2003, p.51

引用文献リストの例

実験マニュアルなどの場合，著者が不明であれば，タイトルでアルファベット順にリスト化する。 → Advanced biology laboratory manual (2000). Cell membranes. pp. 16-18. Sunhigh College.

Cooper, G.M. (1997). *The cell: A molecular approach* (2nd ed.). Washington D.C.: ASM Press
　　　　　　　　　書籍のタイトルはイタリック（または下線を引く）　　　　出版社の所在地：出版社名

引用文献は，著者の姓によりアルファベット順にリスト化する。

Davis, P. (1996). Cellular factories. *New Scientist* 2057: Inside science supplement.
　　　　出版年　　　　　雑誌名はイタリック　　　付録にはページ番号を表記する必要がないことがある

同じ著者による複数の文献がある場合，出版年の古いものから新しいものへと並べる。

Indge, B. (2001). Diarrhea, digestion and dehydration. *Biological Sciences Review*, 14(1), 7-9.

Indge, B. (2002). Experiments. *Biological Sciences Review*, 14(3), 11-13.
　　　　出版年に続けて論文タイトルを表記

Kingsland, J. (2000). Border control. *New Scientist* 2247: Inside science supplement.

著者の姓はすべて記載する。名（ミドルネームも）はイニシャルで示す。

Laver, H. (1995). Osmosis and water retention in plants. *Biological Sciences Review*, 7(3), 14-18.
　　　　　　　　　　　　　　　　　　　　　　　　　　　　　　　　　巻（号），ページ番号

Steward, M. (1996). Water channels in the cell membrane. *Biological Sciences Review*, 9(2), 18-22.

ウェブサイトは変更されることが多いため，アクセスした日付を記載しておく。また，そのウェブサイトを管理している人や組織名も記載する。

→ http://www.cbc.umn.edu/~mwd/cell_intro.html (Dalton, M. "Introduction to cell biology" 12.02.03)

---

1. 引用文献リストと参考文献リストの違いを述べなさい。_____

2. 印刷物の論文のインターネット版は，将来的には印刷版にはない付加的な解析やデータが盛り込まれる可能性があるがそれはなぜか説明しなさい。また，引用文献リストの作成においてこの点に注意すべきなのはなぜか説明しなさい。

3. 以下の記述は，酵素とその生命工学における用法について，ある学生が作成したレポートの引用文献や情報源の記述である。これらを正しい形式の引用文献リストにしなさい。

- Neil Campbell の "Biology 6th edition" の 18 ページから 23 ページ，California にある Benjamin/Cummings という出版社から 2002 年に出版。
- Peter Moore の "Fuelled for life" というタイトルの文献，雑誌名は New Scientist（1996 年 1 月出版，2012 巻，付録 (supplement)）。
- Biological Science Review という雑誌の "Food biotechnology" という論文，25 ページ，第 8 巻（第 3 号），1996 年出版，著者は Liam and Katherine O'Hare。
- 著者 Philip Ball，論文タイトル "Living factories"，雑誌名 New Scientist，第 2015 巻，出版年 1996，28 ページから 31 ページ。
- 書籍 "The cell: a molecular approach" の 75 から 85 ページ，著者は Geoffrey Cooper，Washington D.C. にある出版社 ASM Press から 1997 年に出版。
- 論文名 "Development of a procedure for purification of a recombinant therapeutic protein"，雑誌名は "Australasian Biotechnology"，著者は I.Roberts と S.Taylor，ページは 93-99，第 6 巻の第 2 号，出版年は 1996。

引用文献リスト

用語の確認

それぞれの用語にふさわしい定義を A～Y の中から選び，アルファベットで答えなさい。

用語		定義
95％信頼区間	A	分析しているデータにみられる，データ値と関連がありそうなパターン。
分散分析（ANOVA）	B	計算により求められた標本（サンプル）の属性を表す指標（例：算術平均）。
参考文献リスト	C	帰無仮説が採択されるか棄却されるかを判断するためになされる計算。有意水準が厳しいほど，計算結果は現実の状況をよりよく表す。
カイ二乗検定	D	科学的手続きを実行する際に用いられる，一連の系統的で順序正しいステップ。
引用	E	データセットの中でもっとも多く出現するデータ値。
結論	F	データの総和をデータ数（n）で割ったもの。
データ	G	データのもつ重要な特性を明らかにするために生データを変化させる操作。
考察	H	科学的な実験や観察により，注意深く徹底的にデータ分析した後に到達する判断内容。
平均	I	平均に関する個体群のばらつきを表す統計量。
中央値	J	分析のために収集される事実。
方法	K	正規分布にしたがわない 2 つの変数間の統計学的な関連性を求めるための検定。
最頻値	L	理論的に期待される結果と観察データが適合するかどうかを判断する統計学的検定。
生データ	M	どのような処理も集約もなされていないデータ。
レポート	N	得られたデータについての収集方法，結果，考察も含め，研究内容をとりまとめたもの。
結果	O	情報収集のために用いた資料のタイトルや出版に関する情報をリスト化したもの。
標本平均	P	データ値の 95％を包含する範囲を示す統計量。
有意性（統計学的有意性）	Q	新事実やデータを示した直後に記す，著者や出版年の表記。
スピアマンの順位相関	R	ランダムサンプリング（無作為抽出）によって収集されたデータをもとにした，母集団の平均の推定値。正規分布にしたがう個体群のデータで有効。
標準偏差	S	実験結果が偶然によるものではない確率。
標準誤差	T	データを順に並べたときの中央の値。
統計量	U	特定の行動や現象によって引き起こされる事象。
統計学的検定	V	各標本について計算された平均の標準偏差。
t 検定	W	正規分布にしたがう 3 つ以上のグループの分析に用いる統計学的検定。
データの変換	X	標本の特性を表す計算値。
データの傾向	Y	2 つの標本の平均の差が有意であるかどうかを調べる検定。

3 野外研究

重要概念

- ほとんどの場合，研究対象となる集団は非常に大きいので，それらを調べるにはサンプリング（標本抽出）をする必要がある。
- 集団の構成員の個体数や分布は，無作為に抽出した標本から得られたデータに基づいて求められる。
- よく使われるサンプリング方法には，コドラート法（方形区法，方形枠法ともいう），トランセクト法，標識再捕獲法，網やわなによる捕獲などがある。
- 野外研究には，物理的環境に関する情報も重要である。

重要語句

均等度
群集
個体群
個体群サイズ
コドラート
サンプリング（標本抽出）
　間接サンプリング
　サンプリング精度
　サンプリング努力
　ランダムサンプリング
　（無作為抽出）
種の豊富さ
存在量
多様度指数
トランセクト
　ライントランセクト法
　ベルトトランセクト法
非生物的（物理的）要因
被度
標識再捕獲
標本（サンプル）
標本の大きさ
（サンプルサイズ）
　n（標本の大きさを表す略号で，斜体で書く）
分布
密度
ラジオトラッキング

目 的

□ 1. **重要語句**を参考にして以下の学習の目的を理解し，その課題を行う。

野外研究の計画　　　　　　　　　　　　　　　　　　　　　p.73～74

□ 2. 研究結果について予測を立て，検証可能な作業仮説を考えられるようになる。

□ 3. サンプリング（標本抽出）するときには，母集団の特徴をよく表した，信頼のおけるデータが得られるように配慮する必要がある。それはなぜか，また，**標本の大きさ**がどのように母集団の推定に影響するか，そして，それはなぜかを説明できるようになる。さらに，適切な標本の大きさをどのように決めるかを述べ，信頼のおける結果を得るために，そうすることが重要である理由を説明できるようになる。

サンプリング調査　　　　　　　　　　　　　　　　　　　　p.70～72, 75～92

□ 4. 個体群や群集に対して用いられる**サンプリング**という語を説明できるようになる。

□ 5. **種の豊富さ**と**均等度**を違いがよくわかるように解説できるようになる。

□ 6. サンプリング調査をするときには，調べようとする群集や個体群の特徴をよく表した正確なデータをとる必要がある。その理由を説明できるようになる。

□ 7. **多様度指数**（たとえば，シンプソンの多様度指数）が群集の多様性を評価するうえで，どのように使われるか説明できるようになる。

□ 8. 群集のサンプリングのための**コドラート**の使用法を解説し，どのようにコドラートの大きさが決められるか説明できるようになる。

□ 9. 群集のサンプリングのための**トランセクト**（ライントランセクト法およびベルトトランセクト法）の使用法を解説し，トランセクトの使用がもっともふさわしいのはどのような場合か説明できるようになる。

□ 10. 移動性の高い生物の調査に用いられる**標識再捕獲法**を解説し，その方法によって，どのように個体群サイズが推定されるかを説明できるようになる。

□ 11. **ラジオトラッキング**（無線追跡）および**間接サンプリング**の有用性について解説できるようになる。

□ 12. 野外研究で，物理的（**非生物的**）環境がどのように調べられるか説明できるようになる。

集団のサンプリング

生態学的研究ではたいていの場合，集団の構成員すべてを数えたり測定したりすることは不可能である。したがって，**サンプリング（標本抽出）**を行って集団に関する情報を得ることになる。サンプリングの際には，そこに生息する生物とその分布の特徴をよく表した，偏りのない標本を抽出する必要があり，そのために通常，**無作為抽出（ランダムサンプリング）**が行われる。無作為抽出によって，標本として抽出される可能性があるものすべてを同じ確率で選ぶことができる。群集生態学では，群集を構成する種を明らかにし，それぞれの種の存在量や他の個体群特性を調べる目的で，生物の採集や個体数調査をよく行う。その方法は，調査対象の群集と，調査によって得ようとしている情報に合ったものでなくてはならない。さらに，どんな野外研究でも，使える時間や器具，サンプリングによる生物への影響，そしてサンプリングが環境に及ぼす影響を考慮する必要がある。生物多様性や生態系の"健康度"を測る方法として，しばしば指標種や**種多様度指数**が用いられる。このような指標や尺度は，生態系の変化を監視し，種の絶滅の原因となる要因を見つけるうえで特に有用である。

生態系の多様性を測る

群集やそれを構成している個体群をサンプリングするために使う方法は，調査しようとしている生態系に適したものでなければならない。個体群の密度が低く各個体群がランダム分布または集中分布を示す群集と，個体群の密度が高く各個体群が一様分布を示す群集とでは，異なるサンプリング計画が必要になる。サンプリングにはいろいろな方法があり，それぞれに利点と欠点がある。あなたなら，どのようにして上の写真のサンゴ礁群集の特徴（たとえば，種の豊富さ，構成種の存在量や分布）を調べますか？

サンプリングの種類

ポイントサンプリング法：地図などを使って調査地点を選び，各地点で生物をサンプリングする。グリッド照合を使ったり，乱数表を碁盤目（グリッド）に当てはめたりして地図上で調査地点を選ぶことができる。移動性の高い生物のサンプリングには，わなや網などを使う。

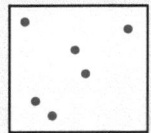

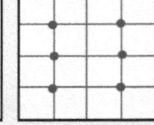

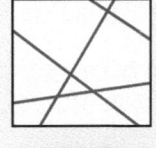

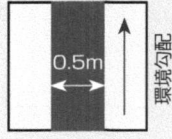

無作為　規則的（碁盤目状）

ライントランセクト（線状トランセクト）法：テープやロープを使って線を引き，その線上の生物をサンプリングする。線上のすべての生物をサンプリングする場合もあるが，多くの場合，一定間隔をおいて線上の複数地点でサンプリングを行う。左の図のように無作為に線が引かれることもあるが，環境勾配に沿うように線が引かれることもある。

ベルトトランセクト（帯状トランセクト）法：注目した環境の変化が追えるように，一定幅の帯状区域を定める。その帯の上に一定間隔でコドラート（サンプリング区画（枠））を置き，その中の動植物をサンプリングする。植物や固着性の動物は容易にサンプリングできるが，移動性の動物や隠れる習性のある動物にはわなを使うなど，それぞれの動物にふさわしい方法を用いて調べる必要がある。

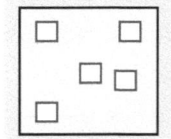

コドラート法：サンプリング単位（抽出単位）としてのコドラート（サンプリング区画（枠））を調査区域内に無作為に，あるいは碁盤目模様をなすように置いて，それらのコドラート内の生物を調査する。植物や動きの遅い動物は容易に調査できるが，動きの速い動物や隠れる習性のある動物を調べるには，わなによる捕獲など，それぞれにふさわしい方法が必要である。

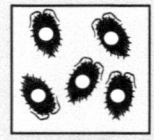

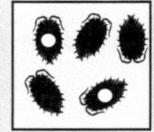

標識再捕獲法：まず，何匹かの動物を捕獲し，標識してから放す。頃合いを見て，同じ個体群から再びサンプリングを行う。この2回目の捕獲で得られた全個体中に占める標識個体の割合を記録する。

1回目の標本：すべて標識する　2回目の標本：標識個体が再捕獲されたもの

均等度と豊富さ

種の豊富さ(S)は，調査区域内に生息する種数で表され，群集の均質性に関する大まかな尺度である。それは，個々の種の相対的な存在量について何の情報ももたず，単独ではあまり大きな意味をもたない。たとえば，500本のヒナギクと3本のセイヨウタンポポが生えている区域と200本のヒナギクと300本のセイヨウタンポポが生えている区域は種の豊富さ（種数の多さ）においては同じである。

均等度は，ある地域における個々の種の個体数が全種の個体数に占める割合，すなわち相対優占度の尺度となる。すべての種の割合が同じであれば，均等度は1になる。種間のばらつきが大きいほど，均等度の値は増加する。

ある小川の無脊椎動物の標本

生物名	地点1 (個体数/m²)	地点2 (個体数/m²)	地点3 (個体数/m²)
淡水エビの1種	67	20	5
ミズダニの1種	4	15	1
カゲロウの1種	23	21	0
カワゲラの1種	12	18	2
ブユの1種	78	40	100
ユスリカの1種	21	22	43

種の豊富さや均等度に関するデータは，たとえばコドラートを用いたサンプリング調査などによって得られる。上の例では，ある小川の3つの地点でコドラートを用いて調査が行われ，各地点で見つかった種と，それぞれの種の1 m²あたりの個体数が記録された。地点1を例にとれば，種の豊富さ(S)は種数そのものなので6である。均等度は数式を用いて計算できるが，各種の個体数からもある程度は推測できる。たとえば，地点1の均等度は1より大きいことがわかる。

どのサンプリング法？

調査対象として選んだ個体群や群集に合ったサンプリングの方法を決めるときには，いくつもの要因を考慮しなければならない。よく使われるサンプリング方法の利点と欠点を以下に概説する。

ポイントサンプリング法は時間的に効率がよく，群集組成や構成種の存在量を調べるには有効である。しかしながら，数の少ない生物を見落とす可能性がある。

トランセクト法は，環境勾配に沿った群集組成の変化を明らかにするのに適しているが，申し分のないようにサンプリングしようとすると時間がかかり過ぎることがある。

コドラート法も群集の多様性や群集構造を調べるのに向いているが，主として植物や固着性の動物などに使用が限られる。調査する生物に合わせてコドラートの大きさを変える必要もある。

標識再捕獲法は，上記のようなサンプリング法では調べることが難しい，移動性の高い生物を調べるときに用いられる。しかし，申し分なく行おうとすると時間がかかり過ぎる。標識再捕獲法の代替法である**ラジオトラッキング法（電波発信機を用いて追跡する方法）**は，絶滅危惧種や有害生物の移動を研究する目的で，自然環境保全の分野で現在，広く用いられている。

海洋生態学者は，採泥調査などの前にコドラート調査を行い，調査海域の生物多様性を評価する。

ライントランセクト法は，環境勾配に沿った生物多様性の変化を調べるのに適している。

オオカバマダラの長距離移動を追うために，タグ（名札）を用いた標識調査が30年以上にわたって行われている。上の写真はかつて行われていた古い方法を示したものである。現在では，後翅の下に挿入図のようなタグをつける方法に代わってきている。古い方法に比べると新しい方法はチョウの飛行をさほど妨げないので，チョウの生存率が上がり，再捕獲率も高くなった。

1. なぜ，**サンプリング**をするのか説明しなさい。_____
_____

2. 以下の3つの調査を行うのに適していると思われるサンプリングの方法を答えなさい。

    (a) ある植物が草原の地表面を覆っている割合：_____

    (b) あるプランクトン個体群の密度と齢構造：_____

    (c) ある山における高度に沿った群集組成の変化：_____

3. 個体群や群集をサンプリングするときには，物理的環境についても調べることが多い。それはなぜか説明しなさい。
_____
_____

4. (a) 種の豊富さと均等度の違いがわかるように2つの言葉を説明しなさい。_____
_____

    (b) 種の保全を考えるときに，これら2つの尺度をともに調べなければならないのはなぜか考えなさい。_____
_____

5. (a) 前ページの小川におけるサンプリング調査の結果について，各地点の種の豊富さ（S）を答えなさい。

    地点1：_____ 地点2：_____ 地点3：_____

    (b) 各地点の均等度は，＝1，＞1，≫1のどれか，推定しなさい。

    地点1：_____ 地点2：_____ 地点3：_____

    (c) 次ページを読み，各地点および小川全体についてシンプソンの多様度指数を求めなさい。

    地点1：_____ 地点2：_____ 地点3：_____ 小川：_____

3 野外研究

多様度指数

生態系の健全さを判断する最良の方法の1つは，そこに棲む生物の多様性（生物の総数でなく）を測ることである。ある種の生物は，特定の状態にある生態系（たとえば汚染されているとか，手つかずの自然のままとか）に特有であるため，**指標生物**と呼ばれる。生物多様性の客観的な評価は，生態系の状態を正しく認識するために貴重な手掛かりとなり，特に，撹乱によって生態系の種組成が変化しているような場合に有用である。多様性は**多様度指数**を使って測られる。多様性の度合いを数値化して環境ストレスや環境悪化の指標となるものを見つけるために，いろいろな多様度指数が考案されている。多くの多様度指数は容易に計算でき，生態学的研究，特に生態系の変化や汚染のモニタリング（監視）に広く用いられている。

シンプソンの多様度指数

下記の数式によって求められるシンプソンの多様度指数は，0から1の間の値をとる。このように数値の範囲が限られているため，シンプソンの多様度指数は他の多様度指数より解釈が容易である。しかし，すべてに勝る"最良の"多様度指数はなく，状況に応じてふさわしいものが選ばれる。

シンプソンの多様度指数（D）は下記の数式によって簡単に求められる。少数の種が圧倒的な多数を占める群集よりも，さまざまな種を含む群集のほうが，多様度指数は高くなる。

$$D = 1 - (\Sigma (n/N)^2)$$

ここで，
D = 多様度指数
N = サンプリングされた生物の総個体数
　（すべての種の個体数を足し合わせたもの）
n = サンプリングされた種それぞれの個体数

この指数は0（低い多様性）から1（高い多様性）の間の値をとる。得られた数値の的確な理解のために，指数は前回の調査時に得られた値や標準的な生態系における値に照らして評価されることが多い。

ある小川の種多様性の実例

下の表は，川に棲む無脊椎動物についての調査結果を示したものである。種が正確に区別されてさえいれば，それぞれの種を同定しなくても多様度指数は計算できる。この表のデータから $D = 1 - (\Sigma (n/N)^2)$ の式によって求められるシンプソンの多様度指数を表の下に示してある。

種	n 個体数	n/N 個体数／総個体数	$(n/N)^2$ (個体数／総個体数)^2
A（マツモムシ）	12	0.300	0.090
B（カワゲラの幼虫）	7	0.175	0.031
C（ゲンゴロウ）	2	0.050	0.003
D（トビケラの幼虫）	6	0.150	0.023
E（ミズグモ）	5	0.125	0.016
F（カゲロウの幼虫）	8	0.200	0.040
	$\Sigma n = 40$		$\Sigma (n/N)^2 = 0.201$

$$D = 1 - 0.201 = 0.799$$

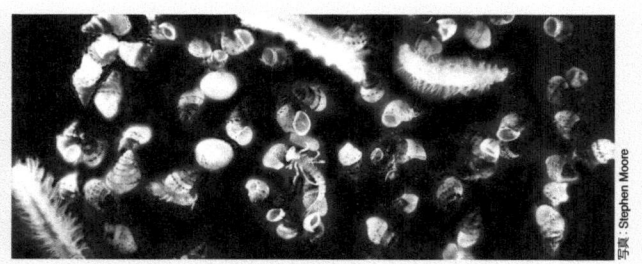

無脊椎動物の多様性が高い川の群集（左）とその多様性が低い川の群集（右）の比較

1. 生物多様性を客観的に評価するために考慮しなければならないことを2つ挙げなさい。

2. 一般に生物多様性が高いほうが生態系は安定していると考えられる理由を説明しなさい。

3. 種の多様度指数が有用な情報となるのはどんなときか1つ挙げなさい。

4. ある林床で調査が行われ，6種の無脊椎動物が見つかった。それぞれの種の個体数を数えたところ7，10，11，2，4，3であった。この群集についてシンプソンの多様度指数を求めなさい。

　（a）多様度指数＝

　（b）この群集の多様性について意見を述べなさい。

野外研究の計画を立てる

ここには，野外研究の計画を立てる際に参考になる1つの研究の実例と注意しなければならないポイントが示してある。紙面が限られているため，方法の詳細のすべては紹介できないが，ここに示した要点は，それぞれの研究目的に合わせて一部変更するだけで，多くの簡単な野外研究に応用することができる。

タマヤスデの1種
Glomeris marginata

ナラ林　針葉樹林

観察
ある学生がタマヤスデの1種（左の写真中央）は森林の落ち葉の間に非常にたくさん生息していることを本で読んで知った。しかし，自宅近くの針葉樹の多い林の落葉層でこの種を探したところ，ごく少数しか見つけることができなかった。

仮説
このタマヤスデはナラ林の落葉層というニッチに適応しており，そこにたくさん生息している。しかし，針葉樹林の落葉層には稀にしか出現しない。**帰無仮説**は，このタマヤスデはナラ林の落葉層にも針葉樹林の落葉層にも同じぐらいたくさん生息しているというものである。

ナラ林および針葉樹林の調査区域

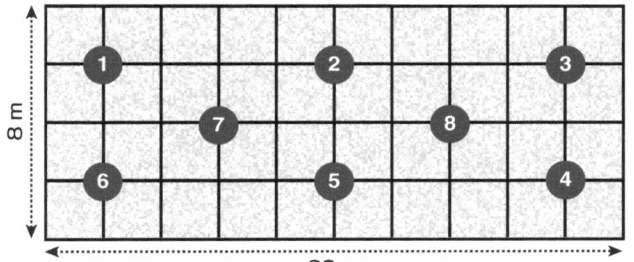

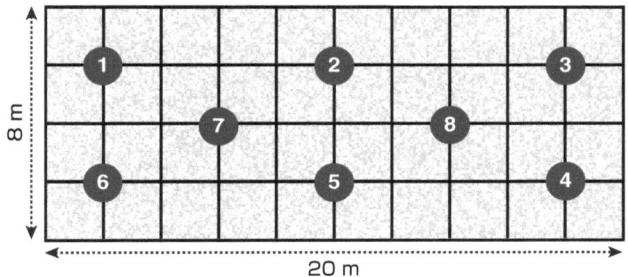

❶ 20m×8mの調査区域内に均等に分散するように設定された8つの調査地点（①-⑧）。各碁盤目は2m×2m。

サンプリング計画
このタマヤスデは針葉樹林よりもナラ林の落葉層により多く生息しているという予測を検証するために，計画が立てられた。

サンプリングのための装置と手順
地点：2種の森林のそれぞれにおいて，20m×8mの調査区域が選ばれた。次に，それぞれの調査区域は2m×2mずつの碁盤目状の区画に分けられ，図に示したように，調査区域内に均等に分散するように8つの調査地点が選ばれた。

- 調査区域には，それぞれの林で落葉層の多いところが選ばれた。
- 研究に使える時間内にサンプリングして解析することができる地点数は最大でも各8地点だと考えられた。
- サンプリングは，1日目に1つの林，翌日にもう1つの林で行われた。

タマヤスデの捕獲：それぞれの地点で，0.4m×0.4mのコドラートが林床に置かれ，コドラート内の落葉層から落ち葉が採取された。採取された落ち葉は地点ごとに別々に，漏斗にガーゼを載せただけの簡単な装置（左図の簡易ツルグレン装置）に入れられ，上から電球の明かりで2時間にわたって照らされた。その間に，落ち葉の間のタマヤスデや他の無脊椎動物は下に移動し，漏斗の下に置かれた採集瓶の中に集まった。

- 2時間後，採集瓶には地点番号のラベルがつけられ，解析のために実験室に持ち帰られた。
- 漏斗の中の落ち葉も地点番号のラベルをつけた袋に詰められ，重量測定のために実験室に持ち帰られた。
- 各地点で採集されたタマヤスデの個体数が数えられ，記録された。
- 参考までに他の無脊椎動物も主要分類群ごとに個体数が記録された。

このサンプリング計画の前提
- 選ばれた調査区域におけるタマヤスデの存在量は，それぞれの林全体の存在量を代表するものである。
- それぞれの林のタマヤスデ個体群を適正にサンプリングするには，8地点の調査で十分である。
- 0.4m×0.4mの大きさのコドラートによって，各地点のタマヤスデを適正にサンプリングするのに十分な量の落ち葉を採取できる。
- 採集瓶の中に集められたタマヤスデは，一緒に採集された他の動物のどれにも食べられることはない。
- コドラート内のすべての無脊椎動物が捕獲された。
- 使用した漏斗装置によって，光から逃げるタマヤスデが効率よく捕獲され，捕獲されたタマヤスデは逃げることができない。
- 漏斗内の落ち葉の間にいるタマヤスデが下に移動し，採集瓶の中に落ちるには2時間あれば十分である。

注：最後の2つの前提は，袋に入れて持ち帰った落ち葉にまだタマヤスデが残っているかどうかを調べることによって検証できる。

サンプリング調査のための装置：簡易ツルグレン装置

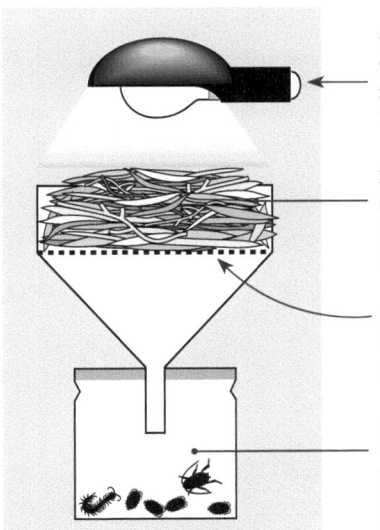

- 電池を利用した照明装置。電球からの光を嫌い，無脊椎動物は落ち葉の間を通って下に移動する。
- 大きな漏斗（直径30cm）の中に平らにガーゼが張られている。このガーゼの上に落ち葉を載せる。
- ガーゼの目を通り抜けられる大きさの無脊椎動物が漏斗の下に移動する。
- ガーゼの目を通り抜け落ちてきた無脊椎動物は，林床の上の落葉層中に置かれた採集瓶の中に閉じ込められる。

注：採集と解析について
- 8地点の結果から，タマヤスデの平均存在量が計算された。2つの林の間に存在量の違いがあるかどうかの検定にはt検定が用いられた。
- 計数および解析の後，採集された無脊椎動物はそれぞれもとの場所に返された。

3 野外研究

標本の大きさの重要性

あらゆる野外研究においてもっともよく考えて決めなければならないことは，**標本の大きさ**（サンプリングする標本の数）と**サンプリング単位**の大きさ（たとえば，コドラートの大きさ）の2つである。それらを適正に決めることによって，調べたい母集団特性値（たとえば，個体群サイズ）を正しく推定するために十分な量の，偏りのないデータを集めることができる。サンプリングする標本の数は，採集およびデータ解析のために使用できる手段と時間（**サンプリング努力**）も考慮して決められる。

1. 次のそれぞれについて野外研究における重要性を説明しなさい。

    (a) コドラート（または，それに相当するサンプリング単位）の適正な大きさ：_____

    (b) 研究の前提とした事柄をすべて認識しておくこと：_____

    (c) 環境への適切な配慮：_____

    (d) 調査で採集したり移動したりした生物をもとの場所に戻すこと：_____

    (e) 調査地点が設定された全調査区域の適正な大きさ：_____

2. あるコドラートの大きさが，調査対象生物を効率よくサンプリングするために適切かどうかを，どのようにして調べることができるか説明しなさい。

    _____

野外研究立案のためのチェックリスト

次のチェックリストには，野外研究の計画を立てる際に考慮すべきことが挙げてある。あなたの研究計画で要件を満たしていると思う事柄に✓印をつけなさい。

1. **準備作業**

    ☐ (a) 観察に基づいて仮説を立てた。

    ☐ (b) 仮説（とそこから導かれる予測）はあなたが使える機器や方法で検証できる（つまり，研究は実現可能である）。

    ☐ (c) 研究対象として選んだ生物はその研究にふさわしいもので，その生物を研究するうえで配慮すべき倫理的な事柄も考慮した。

2. **研究の前提と調査地の選定**

    ☐ (a) その研究の前提としている事柄をすべて認識している。

    ☐ (b) 計画の遂行において問題となり得る事柄（たとえば，調査時期，調査生物の生物周期，好適な生息場所を特定することの困難さなど）を認識している。

    ☐ (c) 選んだ調査地は，あなたが立てた仮説の問いに答えるために必要な特性を備えた場所である。

3. **データ収集**

    ☐ (a) 選んだサンプリング方法や測定の方法に満足している。

    ☐ (b) サンプリング単位の大きさと標本の大きさについて考慮した。そして，（もし必要であれば）それらが適正かどうか調べた。

    ☐ (c) 収集したデータをどのように解析するかを考え，立てた研究計画によって答えようとしている問いに答えられることを確認した。

物理的環境要因のモニタリング

多くの生態学的研究では，生物の存在量や分布に影響する可能性のある物理的環境要因の測定をする必要がある。最近は，持ち運びに便利な小型で軽い測定器やデータロガーの開発が進んでいる。これらの機材のおかげで，野外でのデータの収集や保存が容易になった。

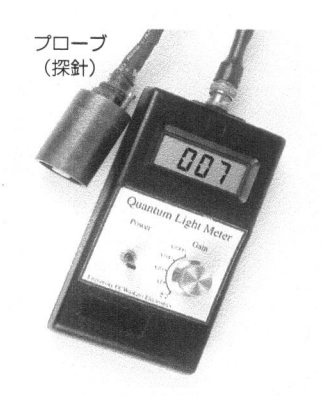

光量子計：光の強度を測るのに用いられる。光の質（波長）は測定できない。

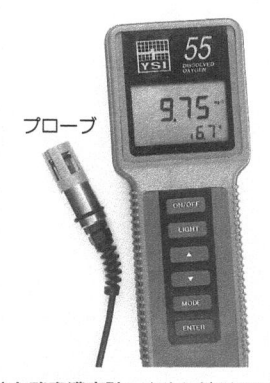

溶存酸素濃度計：水中に溶けている酸素の濃度（mg/L で表される）を測定できる。

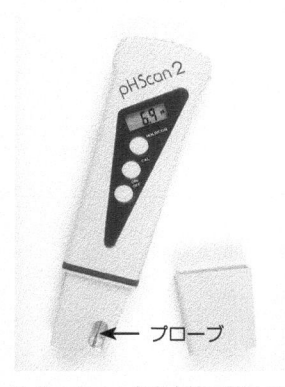

pH メーター：水や土壌の酸性度を測るのに使う。土壌の場合は，土壌を純水に入れ撹拌してから測定する（0～14 の間の値をとる）。

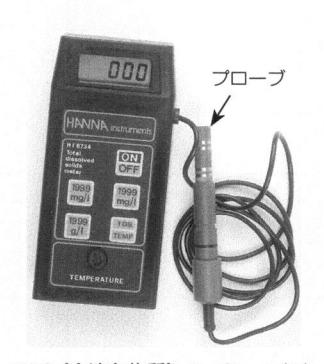

TDS（全溶存物質）メーター：水中にイオンとなって溶けている物質の量を測定できる（単位は mg/L）。

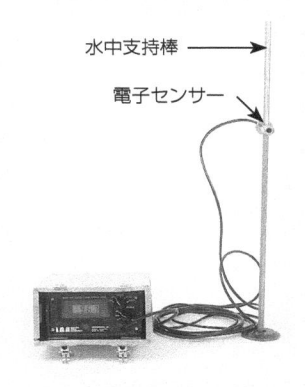

流速計：目盛をつけた水中支持棒に電子センサーを固定し，小川や河川の測りたい深さで流速を記録する。

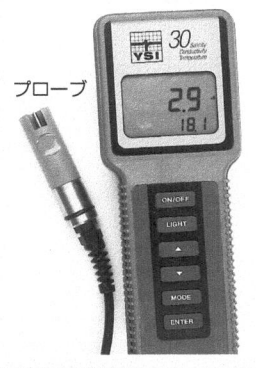

多項目水質測定器：モード切換えボタンを押して測定項目を変えることができ，塩分濃度，電気伝導度，温度などを 1 台で測定できる多機能測定器である。

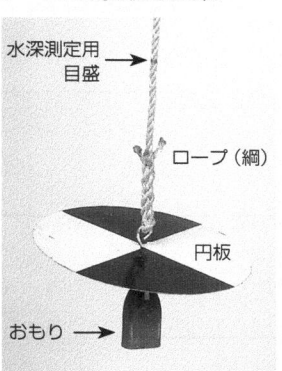

セッキ円板（透明度板）：この簡素な装置はおよその水の透明度をみるために用いられる。円板を下げていき，ちょうど見えなくなった深さを透明度として記録する。

採水器：栄養分や酸素の濃度，pH などの水質を分析するために，海洋や湖の水をナンセン採水器で採取する。

データロガーと環境センサー

データロガーは長時間にわたって測定値を記録する電子機器である。データロガーにはマイクロプロセッサ，データ記憶装置，センサーが備わっている。データロガーは生理学的な計測だけでなく，それぞれ異なるセンサーを装着して水中（写真 A と B）や空気中（写真 C と D）のさまざまな物理的環境要因の測定にも利用される。使用前にデータロガーをコンピュータに接続し，ソフトウェアによって測定の間隔などの設定をする。その後，データロガーをコンピュータからはずし，測定したい場所に設置して測定を開始する。データロガーに記録された測定値は，データロガーを再びコンピュータに接続してダウンロードして読み取り，グラフに表すことができる。下の写真に示したようなデータロガーが，研究者の調査でも学校の課題研究でもよく使われるようになった。データロガーのおかげで迅速かつ正確にデータ収集が行えるようになり，また即座にデータ解析をすることも可能になった。

水環境を監視するために，現在ではデータロガーが広く使われている。先端のセンサーを変えることによって，pH，水温，電気伝導度や溶存酸素濃度などさまざまなものを測定することができる。

複数のセンサーがついたデータロガーは持ち運びに便利で，さまざまな陸上環境で簡単に使用できる。気温や気圧，相対湿度，明るさ，二酸化炭素濃度などの測定に用いられている。

3 野外研究

1. 外海に面した岩礁海岸と内湾の河口干潟では物理的環境が大きく異なる。下の表に挙げた環境要因のそれぞれについて，（もし，それが両者の間で異なる場合は）どう異なると考えられるか簡単に述べなさい。

物理的環境要因	外海に面した岩礁海岸	河口干潟
波当たりの強さ		
光の強度と質（色）		
塩分濃度／電気伝導度		
温度の日周変化		
底質		
酸素濃度		
干潮時の干出時間		

凡例：
- タチハイゴケ
- イワダレゴケ
- ヒカゲノカズラ
- ネジレゴケ属の1種
- マユハケゴケ
- オオヤマチョウチンゴケ
- フロウソウ
- 地衣類（いろいろな種を含む）

（横軸：被度(%)、縦軸：コドラート1～5）

コドラート	1	2	3	4	5
幹の上の高さ (m)	0.4	0.8	1.2	1.6	2.0
明るさ（任意単位）	40	56	68	72	72
湿度 (%)	99	88	80	76	78
温度 (℃)	12.1	12.2	13	14.3	14.2

地衣類／コケ（蘚類の1種）

2. 上の図は，コナラ属の1種の幹の上で，植生が2mのトランセクトに沿ってどう変化したかを示したものである。同じトランセクトに沿って，明るさ，湿度，気温などの物理的環境要因の変化も調べられた。コケ類や地衣類の生態について知っていることをもとに，調査で明らかになった植生の変化を説明しなさい。

_____

_____

間接サンプリング

小さく容易に認識できる個体群であれば，直接モニタリングすることも簡単かもしれない。しかし，捕獲するのが難しい動物や広く分散している種では，個体群を直接調査できるとは限らない。そのような場合は間接的方法で個体群の存在量を推定し，生息場所や生息範囲に関する情報を得ることによって，その種の存否と生息場所の質との関連を調べることができる。間接サンプリング法は，標識再捕獲法などを使って直接サンプリングする場合に比べると正確さの点で劣るが，それにもかかわらず広く使われている。間接サンプリングでは，糞や鳴き声，足跡，植生の上に残された擦り跡やマーキングなど，調査対象種の存在を示す証拠を探し，それらを手掛かりに存在量の推定が行われる。オーストラリアでは，環境保護局（EPA）が下図のようなカエル個体数調査データシートを配布している。この調査に参加した人は，自宅周辺に生息するカエルの個体数や生息場所の状況について詳しくデータシートに記入する。この調査によって環境保護局はオーストラリア全域にわたるカエルの情報を収集することができる。他にも，通常の個体群サンプリングの代替法の例として，ニュージーランドのキーウィ保護計画などがある（次ページ参照）。

年月日と場所を正確に記録することが重要である。

観察者が聞いたカエルの鳴き声に基づいて，個体群推定がなされる。

夜行性で移動能力の高い種（たとえば，コウモリなど）の場合には，上の写真に示したコウモリ探知機などの電子機器を使用して調査を行い，個体群密度を推定することができる。それぞれの種が獲物を捕まえるときに出す鳴き声（超音波）の周波数に探知機を合わせて調査する。単位時間あたりに記録された鳴き声の数に基づいて，コウモリの密度を推定できる。

動物の足跡を調べることによって，動物が棲む生息地を特定して個体群調査を行うことができる。ただし，同一個体がつけた足跡でも様子が違うことがあるので，足跡を正しく解釈するにはかなりの熟練が必要である。足跡は，それぞれの種が利用している生息場所をつきとめたり，生息場所の好みを知る方法として特に有用である。

すべての哺乳動物は，どの種のものか容易に判断できる種特異的な糞を残す。糞は，捕獲の難しい動物や夜行性の動物，攪乱を受けやすい動物，移動能力の高い動物などからデータを集めるための貴重な手段となる。糞の分析によって，その動物の餌や行動に関する情報のみならず，個体群の密度，性比，齢構造，さらには遺伝的多様性に関する情報まで得ることができる。

1．カエルの存在を知る手掛かりとなる間接的な証拠を2つ挙げなさい。

　　(a) ＿＿＿＿＿＿＿＿＿＿＿＿＿＿＿＿＿＿＿＿　(b) ＿＿＿＿＿＿＿＿＿＿＿＿＿＿＿＿＿＿＿＿

2．(a) オーストラリア環境保護局（EPA）が，カエル個体数調査データシートから収集することができるのは，どんな情報か述べなさい。

　　＿＿

　　(b) その情報の用途を説明しなさい。＿＿＿＿＿＿＿＿＿＿＿＿＿＿＿＿＿＿＿＿＿＿＿＿＿＿＿＿＿＿＿＿＿＿＿

3 野外研究

下記の**キーウィ報告用カード**は，ニュージーランド環境保全省がキーウィ個体数調査に協力してくれる徒歩旅行者や環境保護団体のために発行しているものである。そのカードの全体を注意深く読み，下の問いに答えなさい。

3. キーウィの存在を知る手掛かりになる間接的な証拠を3つ挙げなさい。

    (a) _____

    (b) _____

    (c) _____

4. キーウィの個体群を直接計数して調べることが難しいのはなぜか説明しなさい。

5. 間違いなくキーウィに関する情報だけを報告してもらえるように，調査の立案者が特に配慮したことは何か答えなさい。

6. カードの「その他，気がついたこと」の欄で，生息地や犬などの捕食者の情報が求められているのはなぜか説明しなさい。

7. 個体群の間接的なサンプリングの方法として他に考えられるものを1つ挙げ，間接サンプリングの利点と欠点を説明しなさい。

動物個体群のサンプリング

植物と異なり多くの動物は移動能力が高く，分布や存在量を推定するための定量的サンプリング調査を実施するのがとりわけ困難である。そのため，下図のようないろいろな形状の網やわな（トラップ）から，広域移動性の大型動物などに用いられるラジオトラッキング装置のような複雑な電子機器まで，さまざまな装置や機器がサンプリングに用いられる。

ビーティングネット（叩き網）

- 木の枝を揺する，あるいは棒で叩く
- 昆虫や他の無脊椎動物が下に落ちる
- 木枠に張られた平たい帆布

小型哺乳類用トラップ

- わらを敷いた巣箱
- 巣箱への通路
- トラップの入り口（仕掛けるときは扉を開ける）
- 尿や雨水が外に排出されるように巣箱を傾けて置くための支持台

プランクトンネット

- 引き網
- 金属製の輪
- 円錐形の織布の網
- 網で捕獲したプランクトンを集めるプラスチック製の採集管
- 採集管を網に縛りつける紐
- 添え網
- 帆布の縁取り
- 水流

捕虫網

- 丈夫な帆布の網は荒っぽい扱いにも耐える
- 網を背の低い植物の間でさっと動かして昆虫を捕える
- 硬い輪で網の口を補強する

キック採集

- 網の上流側にある岩を蹴ったり，持ち上げたりして動かす
- 小型の水生無脊椎動物は岩から外れ，流れに乗って網の中に集まる
- 水流

採水器

- ストッパーを外すためのワイヤー
- 採水瓶を支えるためのワイヤー
- ゴム栓
- ストッパーを外すと，水が採水瓶の中に流入する
- ゴム栓の底面まで達するガラス管
- 瓶に水がたまる際に瓶の中の空気を逃がすためのプラスチック製の管
- 空気の詰まった瓶を沈めるためのおもり

吸虫瓶（吸虫管）

- 小動物を吸い込んで吸虫管の中に集めるためのガラス管
- 透明なビニール製の管
- ゴム製またはコルク製の栓
- ガラス管の口をガーゼで覆う
- 管瓶
- このガラスの吸い口から空気を吸って管瓶に小動物を集める

ツルグレン装置

- 電池を利用した照明装置からの光が無脊椎動物を土壌や落ち葉の中から追い出す
- 上部が大きく開いた漏斗にガーゼを平らに敷いて，その上に集めた土壌や落ち葉を載せる
- ガーゼの目を通り抜けられる大きさの無脊椎動物が漏斗の下に移動する
- ガーゼの目を通り抜けた無脊椎動物は採集瓶の中に落ちて，そこに閉じ込められる

落とし穴式トラップ

- 平たい石
- 小石や小枝などで石を支える
- 穴の中に水がたまらないように排水を促す斜面
- 地面に埋めた採集瓶（ジャムの瓶などが使える）
- 動物が逃げるのを防ぐために，下から3cmぐらいまで水や50％のエチルアルコールが採集瓶に入れられることがある

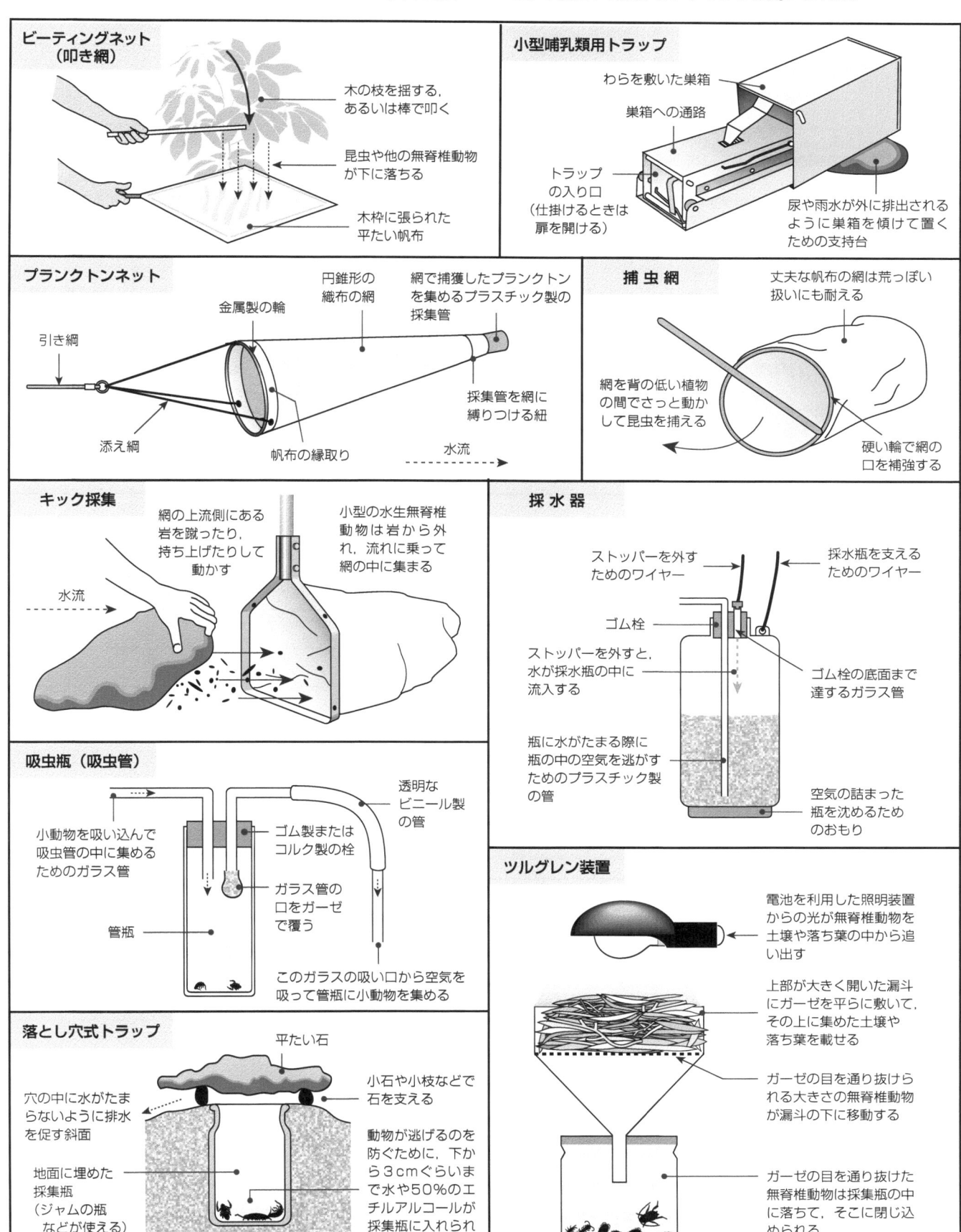

3 野外研究

電気ショック漁法によるサンプリング（スウェーデンの川で）

電気ショック漁法：費用はかかるものの、大型の淡水動物（たとえば魚類）をサンプリングするには非常に有効な方法である。電気ショッカーを背負って、電極棒と網を持って上流に向かって歩く。電極と川床の間に流れる電流に触れて気絶した動物を網ですくい、バケツに入れてショックから回復させる。種の同定、体長や体重の測定などを行い、必要なデータをとった後、採集した動物はもとの川に戻す。

プランクトン群集のサンプリングに用いられるシンドラートラップ

水中生物群集の採集：水中生物群集をサンプリングする方法には、底質の上にトラップを仕掛けて行うものから水中で網を引いて行うものなど、さまざまなものがある。たとえば、写真のような装置を使って、ある特定の水深から一定量の水を採取し、水面に持ち上げた後に取り外し可能なフィルターを通して中の水を抜くことによって、水中のプランクトンをフィルター上に集めて採集することができる。

ヤマネコを捕獲するために設置されたわな

わな（トラップ）：哺乳類個体群のサンプリングや管理には、写真のような生け捕り用のわなが使われる。わなを使ってサンプリングすることで、さまざまな動物の個体群サイズ（有益な動物も有害動物も）を推定することができる。また、絶滅危惧種の捕食者を捕獲したり、有害小動物の数を制御したりするためや、絶滅危惧種を捕獲して他の場所に再導入するときにも使われ、わなは絶滅危惧種の保護にも役立てられている。

1. 以下のサンプリング装置はそれぞれ、どんな生物のどのようなサンプリングに用いられるか、(a)の例に倣って述べなさい。

    (a) キック採集法：底生性の水生無脊椎動物の半定量的サンプリングに用いられる

    (b) ビーティングネット：＿＿＿＿＿＿＿＿＿＿＿＿＿＿＿＿＿＿＿＿＿＿＿＿＿＿＿＿＿＿＿＿＿＿＿＿＿

    (c) 小型哺乳類用トラップ：＿＿＿＿＿＿＿＿＿＿＿＿＿＿＿＿＿＿＿＿＿＿＿＿＿＿＿＿＿＿＿＿＿＿

    (d) プランクトンネット：＿＿＿＿＿＿＿＿＿＿＿＿＿＿＿＿＿＿＿＿＿＿＿＿＿＿＿＿＿＿＿＿＿＿＿

    (e) 捕虫網：＿＿

    (f) 採水器：＿＿

    (g) 吸虫瓶：＿＿

    (h) ツルグレン装置：＿＿＿＿＿＿＿＿＿＿＿＿＿＿＿＿＿＿＿＿＿＿＿＿＿＿＿＿＿＿＿＿＿＿＿＿

    (i) 落とし穴式トラップ：＿＿＿＿＿＿＿＿＿＿＿＿＿＿＿＿＿＿＿＿＿＿＿＿＿＿＿＿＿＿＿＿＿＿

2. 個体群密度推定のためのサンプリングには落とし穴式トラップは薦められない。それはなぜか述べなさい。

3. (a) プランクトンネットの網目の大きさはサンプリング効率にどのように影響するか説明しなさい。

    (b) ある池の動物プランクトンをサンプリングするとき、このことが網目の大きさの選択にどう関係するか説明しなさい。

トランセクト調査

トランセクトは生物の群集を横切るように引かれた線のことである。トランセクトを使った調査は通常，群集内における種の分布を調べるために行われる。この方法は，環境要因が調査区域内で連続的な変化を示すような場合に特に利用価値が高い。このような連続的な変化は**環境勾配**と呼ばれ，たとえば，山の下から上へ，あるいは海岸で波打ち際から陸側に向かって見られる。通常の小規模な調査では，トランセクトは2か所の標識地点の間に紐やロープを張って設定される。紐やロープには一定間隔で印がつけられていて，その印を手掛かりに各地点の生物種を記録する。また，トランセクトに沿ってコドラートが置かれ，群集の組成や密度の変化が調べられることもある。このような調査はベルトトランセクト法と呼ばれ，連続的あるいは断続的なコドラート調査である。ベルトトランセクト法によって群集組成についてより多くの情報を得ることができるが，その実施には困難をともなうこともある。トランセクト調査のなかには，水平方向の種の分布に関する情報だけでなく，垂直方向の分布（たとえば森林における樹冠）についての情報を得られるものもある。

ポイントサンプリング法
サンプリング地点
矢印の地点でサンプリングを行う

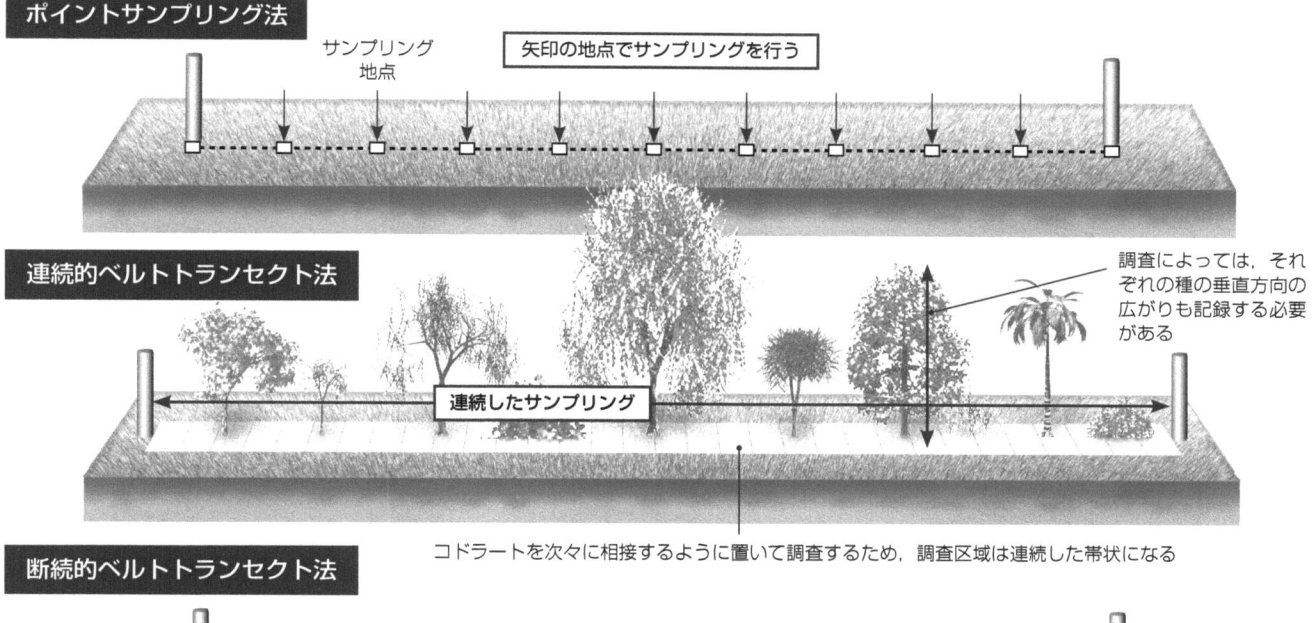

連続的ベルトトランセクト法
連続したサンプリング
調査によっては，それぞれの種の垂直方向の広がりも記録する必要がある
コドラートを次々に相接するように置いて調査するため，調査区域は連続した帯状になる

断続的ベルトトランセクト法
個々の調査地点に複数のコドラートを置いて調査する場合もある（ここでは，各地点4個ずつのコドラートが置かれている）
トランセクトを示す線

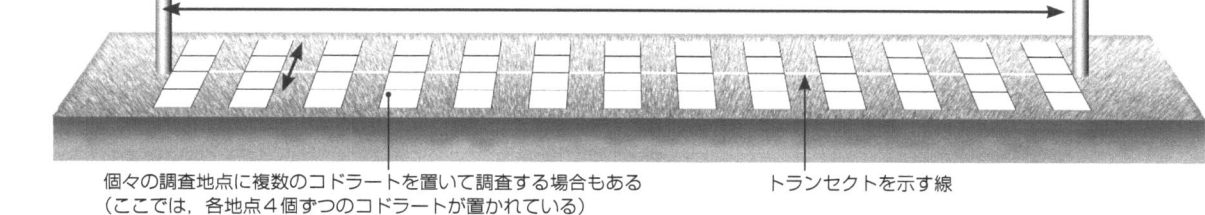

1. ベルトトランセクト法では，1本の線に沿って一定間隔でコドラートを置いてサンプリングを行う。一方，トランセクトを使ったポイントサンプリング法（ライントランセクト法）では各サンプリング地点上にいるか，そこに接している種のみが記録される。

   (a) ベルトトランセクト法の欠点を1つ述べなさい。

   (b) ライントランセクト法では，調べようとしている群集の実態からかけはなれた調査結果が得られる可能性がある。なぜか説明しなさい。

   (c) このライントランセクト法の問題を解決するために，ベルトトランセクト法ではどのような対処がなされているか説明しなさい。

   (d) 群集のサンプリングを行う際にトランセクト法が適さないと思われる状況にはどのようなものがあるか，1つ挙げなさい。

2. トランセクト上のサンプリング間隔が，調査対象の群集について正確な推定をするために十分なものであるかどうかを，どのようにして調べたらよいか考えなさい。

カイトグラフ（凧グラフ）は，ベルトトランセクト調査で得られた生物分布に関するデータ（たとえば，環境勾配に沿った個体数あるいは被度の変化）を表示するためによく用いられる。通常，複数の種のデータを同一のグラフに表す。そうすることで，種間に認められる生息場所の嗜好の違いを明瞭に示すことができる。カイトグラフはまた，分布の経時的変化（たとえば，日周期や季節周期）を表す時にも用いられる。

3. 右のデータは，ある岩礁海岸の野外学習で得られたものである。タマキビ類の普通種4種が，低潮線から10mの高さまで連続的ベルトトランセクト法によって調べられ，1 m²のコドラートそれぞれの中にいた個体数が種ごとに数えられた。

このデータをもとに，4種のタマキビすべてについて**カイトグラフ**を下の方眼紙に描きなさい。すべての種のグラフが1枚の図に収まるように，最大個体数に注意して目盛の単位を決めなさい。また，グラフに目盛をつけて各点の数値をグラフから読み取れるようにしなさい。

野帳

ある岩礁海岸におけるタマキビ類（4種の普通種）の垂直分布（各コドラートにおける種ごとの個体数）

タマキビ類の4種

低潮線からの高さ (m)	ヨーロッパタマキビ	ホッキョクタマキビ	ヒトスジタマキビ	コガネタマキビ
0~1	0	0	0	0
1~2	1	0	0	3
2~3	3	0	0	17
3~4	9	3	0	12
4~5	15	12	0	1
5~6	5	24	0	0
6~7	2	9	2	0
7~8	0	2	11	0
8~9	0	0	47	0
9~10	0	0	59	0

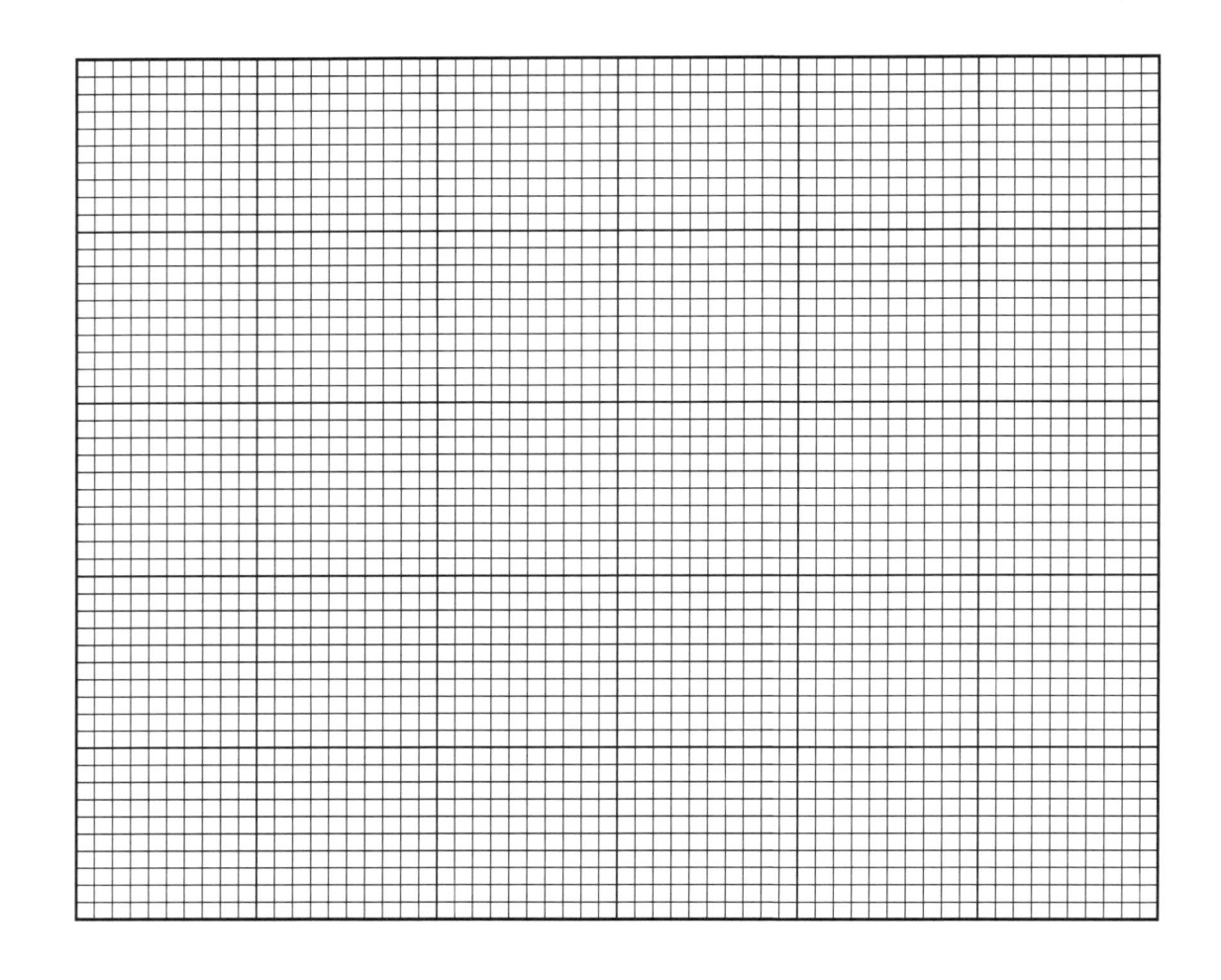

標識再捕獲法

　標識再捕獲法は，移動性の高い動物の個体群研究において，個体群サイズの推定のために用いられる。まったく，あるいはほとんど移動しない動物には利用価値はない。有効な調査を行うためには，各回のサンプリングで捕獲できる動物の数が十分多くなければならない。この方法の概略を下図に示す。

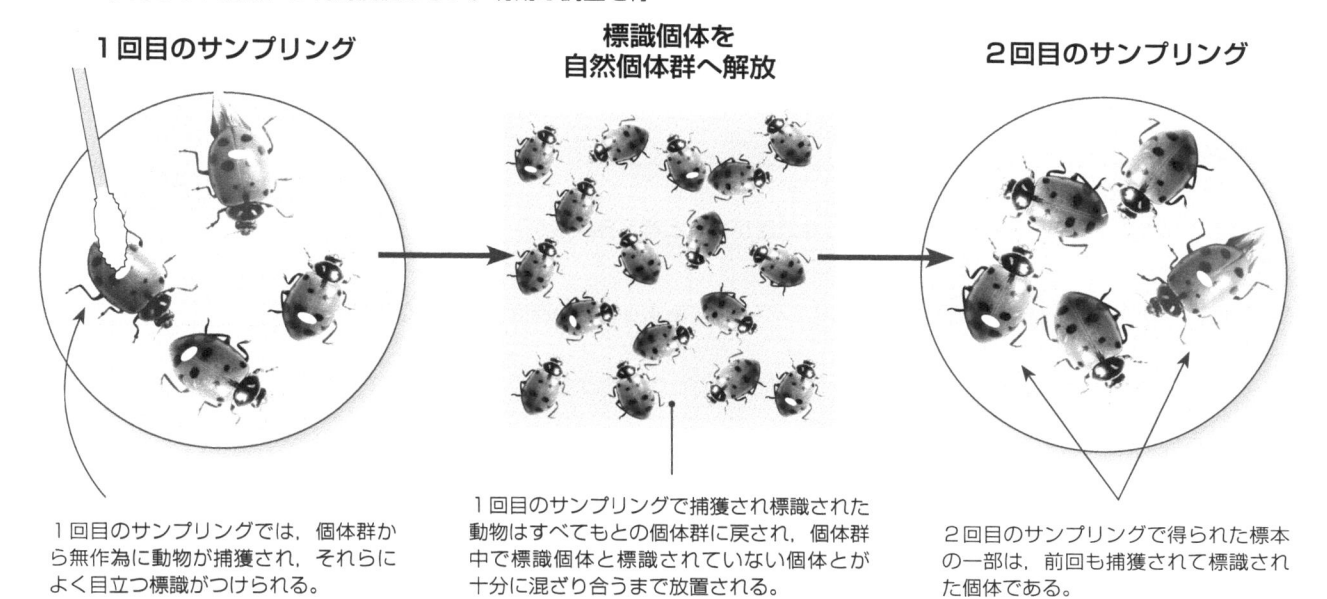

1回目のサンプリング

標識個体を自然個体群へ解放

2回目のサンプリング

1回目のサンプリングでは，個体群から無作為に動物が捕獲され，それらによく目立つ標識がつけられる。

1回目のサンプリングで捕獲され標識された動物はすべてもとの個体群に戻され，個体群中で標識個体と標識されていない個体とが十分に混ざり合うまで放置される。

2回目のサンプリングで得られた標本の一部は，前回も捕獲されて標識された個体である。

リンカーン法

$$個体群サイズ = \frac{1回目のサンプリングで捕獲された個体の数（すべて標識） \times 2回目のサンプリングで捕獲された個体の総数}{2回目のサンプリングで捕獲された標識個体（再捕獲された）の数}$$

標識再捕獲法は以下の簡単な手順で行われる：

1. 実際的な範囲でできるだけ多くの個体を捕獲し，個体群のサンプリングを行う。
2. 2回目のサンプリングの際に標識のない個体と区別するために，採集した個体に目立つ標識をつける（それぞれの個体に固有の標識をつけて個体識別をする必要はない）。
3. 標識後すべての個体をもとの生息場所に戻し，それらが個体群の残りの個体と完全に混ざり合うことができるように十分に長い間，放置する。
4. その個体群で2回目のサンプリングを行う。（このとき，捕獲する個体数を1回目と同じにする必要はないが，有効な調査にするためには十分な数の個体を捕獲しなければならない。）
5. 2回目のサンプリングで得られた標識個体の数と標識のない個体の数を数える。上の式を使って個体群サイズを推定する。

3 野外研究

1. 2～3人ずつのグループに分かれ，グループごとにマッチのたくさん入ったマッチ箱とペンを用意する。その箱の中のマッチの"個体群"を標識再捕獲法によって調査する。それぞれのマッチは1匹の動物の代わりである。

　(a) 10本のマッチを箱から取り出し，あとで箱の中の他のマッチと区別できるように，それら10本のマッチ棒の4面にペンで印をつけなさい。

　(b) 印をつけたマッチを箱に戻し，それらが他のマッチと混ざり合うように箱をよく振る。

　(c) 同じ箱から20本のマッチを標本として取り出し，印のついたマッチの数と印のついていないマッチの数を数えなさい。

　(d) 上の計算式を使って箱全体の"個体群サイズ"を計算して，下の表に記入しなさい。

　(e) 取り出したマッチを箱に戻し，もう4回，サンプリング（上のb～dの作業）を繰り返し，各回の結果を下の解答欄に記入しなさい。

推定個体群サイズ	標本1	標本2	標本3	標本4	標本5

　(f) マッチ箱の中のマッチの数を数えなさい。＿＿＿＿＿＿＿＿＿＿＿＿＿＿＿＿＿＿＿＿＿＿＿＿＿＿＿＿＿

　(g) 実際のマッチの数と上記の推定数を比べ，どのぐらいの違いがあったか記しなさい。＿＿＿＿＿＿＿＿＿＿＿＿＿＿

2. 1919年，通称ダールという名で知られる研究者が，ノルウェーのある湖に棲むマスの数を推定したいと思った。そのマスは漁業対象となっていたので，資源量を管理するために個体群の大きさを知ることが重要であった。ダールは1回目のサンプリングで109匹のマスを捕獲し，それらに標識した。数日後，彼は2回目のサンプリングを行い，177匹のマスを捕まえた。そのうちの57匹には標識がついていた。**リンカーン法**を用いて，その湖全体のマスの個体群サイズを推定しなさい。

   1回目の標本の大きさ：＿＿＿＿＿＿＿＿＿＿＿＿＿＿＿＿＿＿＿

   2回目の標本の大きさ：＿＿＿＿＿＿＿＿＿＿＿＿＿＿＿＿＿＿＿

   2回目の標本中の標識個体の数：＿＿＿＿＿＿＿＿＿＿＿＿＿＿

   推定個体群サイズ：＿＿＿＿＿＿＿＿＿＿＿＿＿＿＿＿＿＿＿＿

3. 以下のような場合，標識再捕獲法にはどのような問題があると考えられるか述べなさい。

   (a) 1回目のサンプリングから2回目のサンプリングまでにあまりに長い時間をおいてしまうと：＿＿＿＿＿＿＿＿

   ＿＿

   ＿＿

   (b) 1回目のサンプリングのあと，あまりに早く2回目のサンプリングを行うと：＿＿＿＿＿＿＿＿＿＿＿＿＿

   ＿＿

   ＿＿

4. 標識再捕獲法の前提となっている重要な事柄で，もし，それが誤りであった場合，この方法では正しい推定ができなくなってしまうと思われることを2つ述べなさい。

   (a) ＿＿

   ＿＿

   (b) ＿＿

   ＿＿

5. 標識再捕獲法はすべての動物の個体群推定に適しているわけではない。（つまり，ある種の動物ではうまくいかない。）

   (a) 標識再捕獲法が有効でないと思われる動物を1種，挙げなさい。＿＿＿＿＿＿＿＿＿＿＿＿＿＿＿＿＿＿

   (b) なぜ，その動物を挙げたかを説明しなさい。＿＿＿＿＿＿＿＿＿＿＿＿＿＿＿＿＿＿＿＿＿＿＿＿＿＿

   ＿＿

6. 標識再捕獲法のための動物の標識法を3つ述べなさい。

   (a) ＿＿

   (b) ＿＿

   (c) ＿＿

7. タイセイヨウダラは，かつては北半球の海洋にたくさん生息していたが，今では極端に少なくなった。英国とカナダの科学者たちは，1950年代からこの北大西洋のタラについて，コンピュータを使用した標識調査を行っている。そのような標識調査によって得られる情報にはどんなものがあるか述べなさい。

   ＿＿

   ＿＿

   ＿＿

   ＿＿

ラジオトラッキングを使った調査

近年，無線通信技術を利用したラジオトラッキングによって，険しい山地や水中での野外調査，移動性の高い種，隠れる習性のある種，さらに撹乱を受けやすい種を対象とした調査もかなり容易になってきた。ラジオトラッキングによって動物の行動圏について短期間に正確な情報を得ることができるので，この方法は動物の分散や分布，生息場所利用や他種との競争関係などに関する情報の収集にも役立っている。ラジオトラッキングは，特に絶滅危惧種（比較的非侵害的な方法なので）や有害動物（それらの分散や生息場所利用を監視できるので）の個体群研究に適している。得られた情報は絶滅危惧種を効果的に管理したり，より効率のよい有害動物駆除計画を立てたりするのに使うことができる。追跡がより難しい大型動物や海産動物の長距離移動を研究するには，衛星通信を利用することができる。

ラジオトラッキングは，動物の移動や生息場所利用を研究するために環境保護の分野で広く利用されている。野生動物を管理したり，人の手で育てられた動物を野生に戻した後の経過を監視したりする際に，ラジオトラッキングによって得られる情報がよりよい計画を立てるために役に立つ。

追跡用無線アンテナと受信機を使って，動物の居場所を正確に知ることができる。アンテナには指向性があり，そのため正確に動物の居場所を突き止めることができる。軽量飛行機やオフロード用の車両にアンテナを据えつければ，広域にわたって追跡をすることもできる。車などが近づけない険しい山地などでは，携帯用の手持ちアンテナが使われる。

ラジオトラッキングは，動物の分布や移動のパターンを監視するためにも利用されている。シンリンオオカミの例（上の写真）のように，ある地域で絶滅してしまった動物を他の地域から再導入した後，その経過を監視するようなときに特によく使われる。また，有害動物の分散速度や分布，重要保護区域内での生息場所利用などを明らかにし，より効果的に有害動物を駆除することにも役立っている。

回遊の追跡

2002年から2003年にかけて，南アフリカで何匹かのホオジロザメにラジオトラッキング用のタグが取りつけられた。この調査で得られたデータによって，ホオジロザメが大陸間回遊をすることが初めて明らかになった。

P12という識別番号がつけられたメスのホオジロザメは，99日間かけて南アフリカからオーストラリアまで1万1,000kmの距離を泳いで渡った（最低速度は時速5km弱）。南アフリカを出発してから9カ月後，そのサメは総移動距離2万kmを超える旅をして南アフリカに戻ってきた。

---

1. 絶滅危惧種の管理におけるラジオトラッキングの利用法を2つ述べなさい。＿＿＿＿＿＿＿＿＿＿＿＿＿＿＿＿＿＿＿＿

2. ラジオトラッキングが有害動物の監視にも利用されることがあるのはなぜか説明しなさい。＿＿＿＿＿＿＿＿＿＿＿＿＿＿＿＿

3. ラジオトラッキングによって，海産動物の移動に関するわれわれの知識がどう深まったか解説しなさい。＿＿＿＿＿＿＿＿

コドラート調査

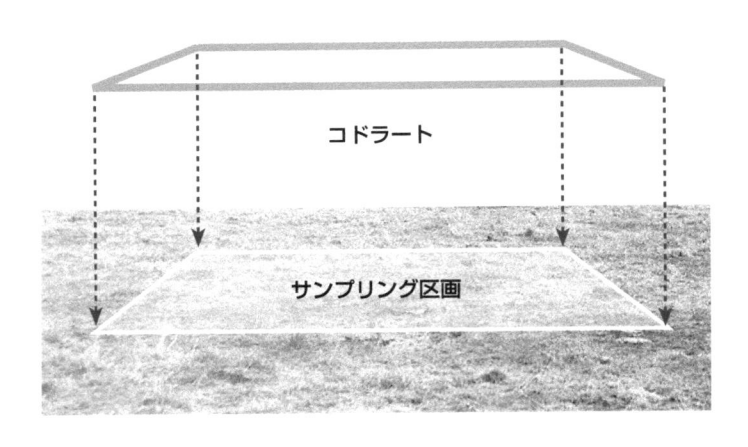

コドラート（サンプリング区画（枠））を使ったサンプリング調査では，調査対象の生息地の一部がその代表（標本）として選ばれ，そこに棲んでいる生物が直接調べられる。他のサンプリング法と同じく，個体数が多すぎて全数調査が不可能な場合に，性比や齢構造などの個体群特性を推定するために行われる。コドラート調査で推定できるものには，ほかにも個体群の**存在量（個体数）**，**密度**，**出現頻度**，**分布**などがある。環境が比較的均一な生息地では，トランセクトを使わないでコドラート調査が行われることが多い。その場合，コドラートを置く場所は乱数表を用いて無作為に選ばれる。

よく行われるコドラート調査の概要は，大きさのわかっているコドラートをいくつか調査区域に設け，それらの中に生息している個体をすべて数え（または，コドラート内に占める被度を見積り），このデータをもとに調査区域全体の個体数あるいは被度を推定するというものである。使用するコドラートの数や大きさは，調査する生物の種類に合ったものでなければならず，たとえば，対象生物が草本なのか木本なのかによっても使用するコドラートの大きさや数は異なる。

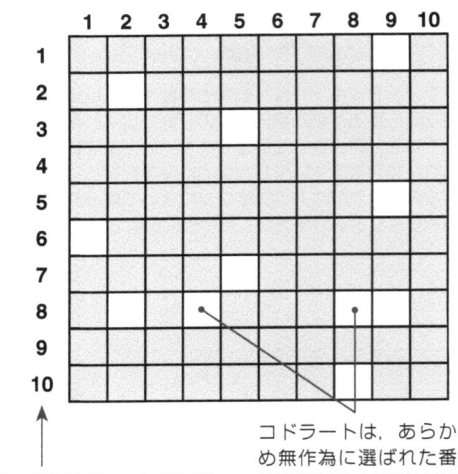

$$\text{推定平均密度} = \frac{\text{調査で見つかった全個体数}}{\text{調査に使用したコドラート数} \times \text{使用したコドラートの面積}}$$

コドラートの使用についての指針：

1. **それぞれのコドラートの面積を正確に知っていなければならない。使用するコドラートはすべて同じ形であることが望ましいが，必ずしも正方形である必要はない**（長方形や六角形などでもよい）。
2. 個体群全体の特徴をよく表したデータが得られるよう，**十分な数のコドラートを設定して調査しなければならない**。
3. **各コドラート内の個体群は正確に調べなければならない**。同定は後日行えばいいとしても，調査対象となる種は互いにしっかり区別して調べる必要がある。どのような手順で計数し，コドラートの枠にかかっている個体をどう数えるかもあらかじめ決めておかなければならない。
4. コドラートの大きさは調査する生物やそれらの生息地に適したものでなければならない。たとえば，木本類の調査には大きなコドラートを使う必要がある。
5. コドラート調査で得られるデータは**調査区域全体の実態を正しく表したもの**でなければならない。そのために，通常，**無作為抽出**（右図）によってコドラートを置く場所が決められる。

調査区域は図のように碁盤目に分けられ，各碁盤目に位置番号がつけられる。

コドラートは，あらかじめ無作為に選ばれた番号の碁盤目の上に置かれる。乱数表を使うと無作為に番号を選ぶことができる。

ムカデ個体群の調査

1967年，ロイドという研究者が，英国オクスフォードの近くにあるワイタムの森においてムカデの調査を行った。内接円の直径が30cmの正六角形のコドラートが全部で37個，右の図のように隙間なく互いに接するように置かれた。図に示したデータをもとに次の設問に答えなさい。

1. 1コドラートあたりのムカデの平均個体数を求めなさい。

   ＿＿＿＿＿＿＿＿＿＿＿＿＿＿＿＿＿＿＿＿＿＿＿＿＿＿＿＿＿＿

2. 1m² あたりのムカデの推定平均密度を計算しなさい（注：各コドラートの面積は 0.08m²）。

   ＿＿＿＿＿＿＿＿＿＿＿＿＿＿＿＿＿＿＿＿＿＿＿＿＿＿＿＿＿＿

3. 各コドラートのデータを見て，調査区域のムカデの分布についてわかることを簡単に述べなさい。

   ＿＿＿＿＿＿＿＿＿＿＿＿＿＿＿＿＿＿＿＿＿＿＿＿＿＿＿＿＿＿

4. その分布パターンの原因として考えられる要因を1つ述べなさい。

   ＿＿＿＿＿＿＿＿＿＿＿＿＿＿＿＿＿＿＿＿＿＿＿＿＿＿＿＿＿＿

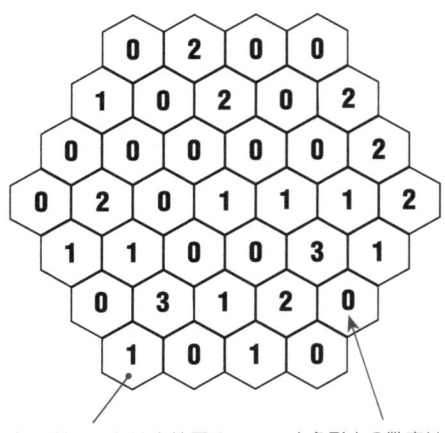

各コドラートは内接円の直径が30cmの正六角形で，その面積は0.08m²であった。

六角形中の数字は各コドラート内で採集されたムカデの個体数を示している。

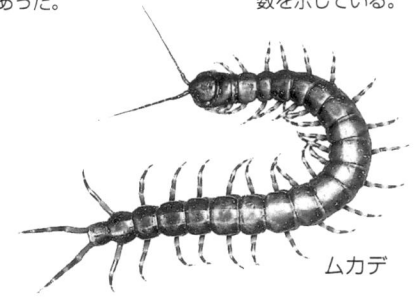

ムカデ

コドラート調査に基づいた推定

ある生育地の植物群落に関してもっとも簡単に記述する方法は，そこに生育している種をリスト化することである。この定性的な群集の評価法には，生育している種の**相対優占度**については何の情報も得られないという欠点がある。相対優占度は，下記に示す ACFOR のような，存在量を**階級的に示す目安**を用いることによって短時間で推定することができる。ある種の植物がコドラート内で占める面積の割合を示す百分率被度も，ACFOR に似た情報を提供する。これらの推定を行うには，**コドラート**を使用する必要がある。コドラートは植物生態学の分野で広く用いられている。ここでは，植物群落の調査にコドラートを使用する際に注意しなければならないことのいくつかを概説する。

使用するコドラートの大きさは？

よく使われるコドラートは正方形で，大きさは面積 $0.25m^2$（$0.5m \times 0.5m$）か $1m^2$ のものが多いが，コドラートはどんな大きさや形でもよく，極端なことをいうと点のように小さいものでもよい。植物群落の調査では，$0.25m^2$ のコドラートがよく使われる。このコドラートの大きさは，丈の低い植物の調査に向いているが，生息地の種類によってはコドラートの大きさを変える必要がある。群集全体の特徴をよく表すデータがとれるように，コドラートは十分に大きなものでなければならないが，大き過ぎて調査に時間がかかり過ぎるのもよくない。

面積 $0.25m^2$ のコドラートは，写真のような高山植物群落や，牧草地や草原のような丈の低い植物からなる群落の多くに適している。

樹木を含む群落には，より大きなコドラート（たとえば，面積 $1m^2$ のもの）が必要である。森林の調査では，$4m \times 4m$ という大きなコドラートが必要な場合もある。

岩肌や樹幹に植生する地衣類やコケ類を調べるには，$0.01m^2$（$100mm \times 100mm$）のような小型のコドラートが向いている。

調査するコドラートの数は？

調査に適したコドラートの大きさだけでなく，調査するコドラートの数（標本の大きさ）にも注意しなければならない。種数の少ない，あるいは非常に均質な生息地では，少数のコドラートで十分である。種数が多い，あるいは不均質な生息地では，コドラートの数を増やして，群集のすべての種の実態を正しく表したデータがとれるようにする必要がある。

必要なコドラート数の決め方

- これまでの調査結果について，コドラート数を x 軸に，サンプリングされた種の累積数を y 軸にとり，コドラート数の増加にともなって種数がどう変わるかをグラフに表す。
- グラフの曲線が横ばいになるところが調査に必要な最適コドラート数を示している。

この写真に示したブルーベルの密生する森のように，種多様性の低い，あるいは均質な生息地ではコドラートの数はより少なくてよい。

植生を記述する

密度（単位面積あたりの個体数）は，動物個体群においては有用な存在量の尺度である。しかし，植物の場合，どこまでが 1 個体で，どこから別の個体なのか判断に困ることがあるため，植物群落の調査では，この尺度は使いにくいことがある。そのため，植物の存在量は，しばしば被度によって評価される。被度は，ある種がコドラートの面積の**どのぐらいの割合を占めているか**を示すもので，**百分率**で表されたり，ACFOR のようにいくつかの階級によって表されたりする。

ACFOR
（存在量の階級的な目安）

A ＝ 非常に多い（30% 以上）
C ＝ 多い（20 〜 29%）
F ＝ やや多い（10 〜 19%）
O ＝ 少ない（5 〜 9%）
R ＝ 非常に少ない（1 〜 4%）

右の写真のような草原で，ある種の存在量を評価するときなどに ACFOR を用いることができる。ACFOR はかなり主観的なものだが，それぞれの種がどの階級に当てはまるかを判断するのはそう難しくはない。

---

1. 種の存在量の評価法が植物群落と動物群集の間でどう違うか，違いを 1 つ述べなさい。 _____

2. 適切なコドラートの大きさを決める際にもっとも注意しなければならないことは何か答えなさい。 _____

3. 使用するコドラート数を決める際にもっとも注意しなければならないことは何か答えなさい。 _____

4. 植物群落調査において ACFOR を利用することの主要な欠点を 2 つ述べなさい。

   (a) _____

   (b) _____

3 野外研究

岩礁海岸群集のサンプリング調査

次ページの図は，ある海岸の一部をそこに棲む生物とともに表したものである。サンゴモの1種と4種の動物が描かれている。この課題は，実際に野外で群集の調査をするときに備えて，どんな計画を立て，どのような手順で調査するかを学ぶためのものである。必須ではないが，2～4人のグループに分かれて，グループごとに学習することが望ましい。

1．サンプリング方法を決定する

この学習で調べる群集は，直接すべての個体を数えるには大き過ぎるため，コドラートを使ってサンプリングして4種の動物およびサンゴモの平均密度を推定すべきだと判断された。

2．碁盤目状に区画分けをする

定規を使って図の各辺に沿って3cm間隔で目盛をつけなさい。向かい合う目盛を**線で結ぶ**と，6×6個の正方形の区画（1区画の面積 = 0.03 × 0.03 m²）に分けることができる（全体の面積 = 0.18 × 0.18 m²）。こうして，サンプリングのためのコドラートが全部で36個できる。

3．各碁盤目に位置番号をつける

36個のコドラートのうち，その一部だけを調査する。どのコドラートを調査するか無作為に選ぶ必要がある。どこを選べば無作為といえるかを推測したり，自分自身の直感に頼って選んだりするだけでは十分ではない。無作為に選ぶ最良の方法は，コドラートに位置番号をつけ，乱数表を使って選ぶことである。図の6つの**行と列**に左上の角から順に1から6の番号をつけなさい。

4．無作為にコドラートを選ぶ

調査に必要と判断された数のコドラートを無作為に選ぶために，乱数表の乱数を使いなさい。乱数を図のコドラートの位置番号に当てはめることができる。全部で36個の区画から6個を次ページの最後にある乱数表を使って選びなさい。その乱数表のどの列の乱数を使ったかも書いておきなさい。サンプリング方法の有効性を比較検証できるように，グループの各メンバーはそれぞれ異なる列（A～Dの中から）の乱数を選びなさい。

選んだ乱数表の列：＿＿＿＿＿＿

注：選んだコドラートがはっきりわかるように，その境界線にカラーペンや蛍光マーカーなどで色をつけなさい。

5．数え方の基準を決める

それぞれの種の個体数を数え始める前に，数え方について基準を決めておく必要がある。たとえば，コドラートの中に体の一部しか入っていない個体がいるかもしれない。それをどう扱うかを決めておかなければならない。それに対して考えられる答えとしては以下のようなものがある：

(a) コドラートの内側に完全に収まっている個体のみを数える。
(b) コドラート内に，ある特定の部位（たとえば，頭部）が入っている個体のみ数える。
(c) "半分の個体"を認め，0.5個体と数える。
(d) コドラート内に体の半分以上が入っている個体を1個体と数える。

同じクラス（あるいは同じグループ）の他のメンバーと上記の案のそれぞれの**長所と短所について論議**しなさい。上記以外の独自の案をもっている人がいれば，それについても話し合いなさい。そして，他にも数え方について問題になりそうなことがないかを考えなさい。

6．サンプリング調査を行う

選んだコドラートを1つずつ注意深く調べ，コドラート内にいる各生物種の**個体数を数え**なさい。その結果を次ページの表に記録しなさい。

7．個体群密度を計算する

調査したコドラート内の個体数を種ごとに集計して，その合計に基づいてそれぞれの種の平均密度を次の数式を用いて求めなさい。

$$\text{密度} = \frac{\text{調査した全コドラート中の総数}}{\text{調査したコドラート数} \times \text{調査に使用したコドラートの面積}}$$

全部で6個のコドラートが調査され，各コドラートの面積は0.0009 m²であることに注意しなさい。密度は1 m²あたりの個体数（数/m²）で表される。

フジツボ	☐	ヒザラガイ	☐
ゴウシュウレイシ	☐	サンゴモ	☐
カサガイ	☐		

8．

(a) この例では動物は静止している。動き回る動物のサンプリング調査にはどんな問題が想定されるか述べなさい。ここに挙げた4種の動物が，もし生きていて活発に動いているとしたら，あなたならどのようにして調査するか述べなさい。

_____

_____

(b) 調査区域全体（つまり36個の区画全部）にいる4種の動物とサンゴモの個体数を直接（コドラート法を使わずに）数えなさい。その結果を上に示した数式に当てはめ，実際の個体群密度を計算しなさい。（この場合のコドラート数は36になる）。

フジツボ ☐   ゴウシュウレイシ ☐   ヒザラガイ ☐   カサガイ ☐   サンゴモ ☐

それぞれの種について，7で推定した個体群密度を実際の密度と比較しなさい。

_____

_____

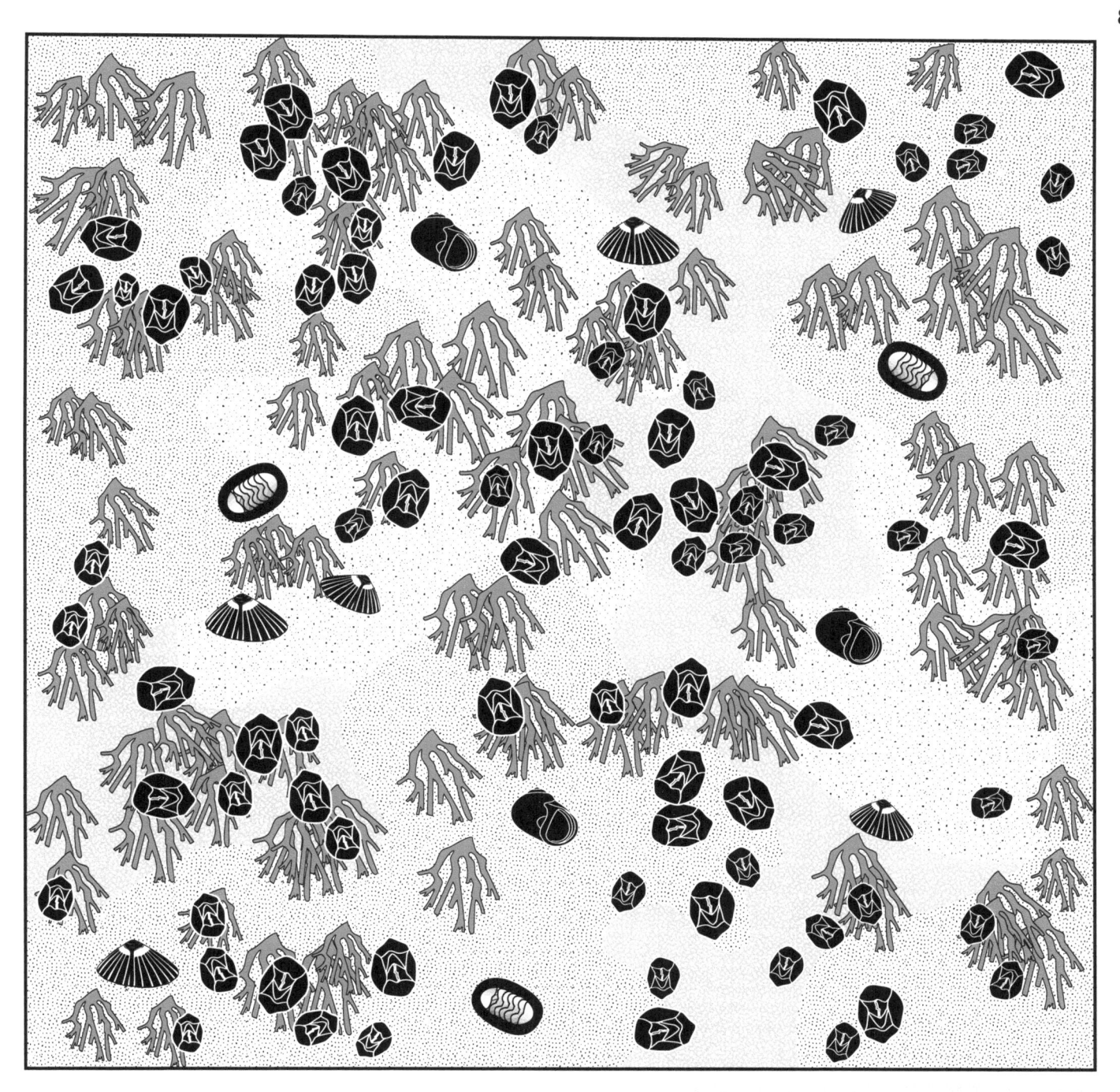

選んだコドラートの位置番号	フジツボ	ゴウシュウレイシ	ヒザラガイ	カサガイ	サンゴモ
1：					
2：					
3：					
4：					
5：					
6：					
合計					

乱 数 表

A	B	C	D
22	31	62	22
32	15	63	43
31	56	36	64
46	36	13	45
43	42	45	35
56	14	31	14

上の表は，ある統計学の本の乱数表を改変したものである。上図の調査区域を区分けしてできた36の碁盤目から調査するコドラートを無作為に選ぶために使いなさい。まず，表のA〜Dの列の1つを選び，その列の2桁の数字をコドラートの位置番号に当てはめる。最初の数字は図の行の番号，2番目の数字は列の番号を示すものとしてコドラートを選ぶ。下の例のようにして6つの数の1つずつについて，それぞれ最初の数字と2番目の数字と同じ番号の行と列が交わってできる碁盤目を探す。それらが選ぶべきコドラートとなる。

例 │52│ 5番目の行と2番目の列が交わるところをさす

岩礁海岸の調査

多くの生物学的調査では、野外の自然群集からデータを集めることになる。その際、データを収集した場所（たとえば、内湾の砂浜）の物理的環境についても調べておけば、他の場所のデータといろいろな比較をすることができる。野外研究で調べられるのは、ある場所に生息する植物や動物の個体数や面積1 m² あたりの個体数（密度）、個々の生物のニッチ（生態的地位）に関する特性などである。下に示した調査は、外海に面した岩礁海岸と内湾の岩礁海岸に見られる動物を比較したものである。

調査地A：外海に面した岩礁海岸。しばしば強い波に洗われ、風も強い。比較的急峻で、岩表面は滑らか。転石が少ない。

海岸線

卓越風の向きとうねりの向き

1 km

調査地B：内湾の岩礁海岸。波が穏やかで、風も弱い。海岸の傾斜は緩く、岩表面は凸凹していて、大きな転石があちこちにある。

研究の目的
外海に面した岩礁海岸と内湾の岩礁海岸の間の潮間帯動物の存在量の違いを調べる。

研究の背景
岩礁海岸群集の組成は、海岸の物理的環境に大きく左右される。岩に張りついて生活している動物は、強い波当たりや流れにさらされている間、岩の上にしっかりしがみついて耐えなければならない。しかし、絶え間なく押し寄せる波や流れは高濃度の栄養塩や酸素を運んでくる。したがって、波当たりの弱い内湾の群集はさほど強い物理的ストレスにさらされずにすむ反面、栄養塩や酸素の乏しさに耐えなければならない可能性がある。

潮間帯動物の存在量の違いを調べるために、地理的には近いが、物理的環境が大きく異なる2つの場所、風や激しい波当たりにさらされた岩礁海岸と強い波がほとんど当たらない岩礁海岸を選んだ。そして、それぞれの場所の潮間帯に沿って一定間隔で1 m² のコドラートを置いて調査を行った。調査では各コドラート内の動物の個体数を種ごとに数え、その結果を記録した。

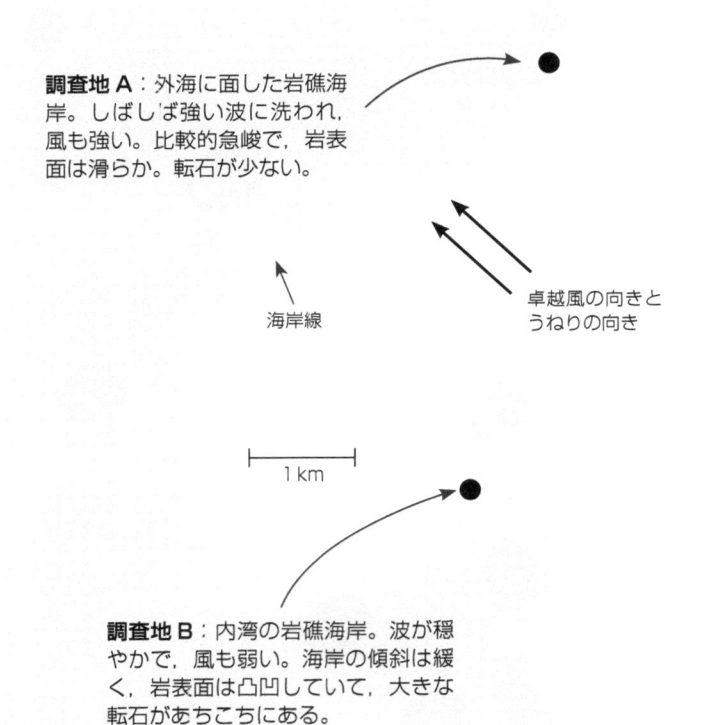

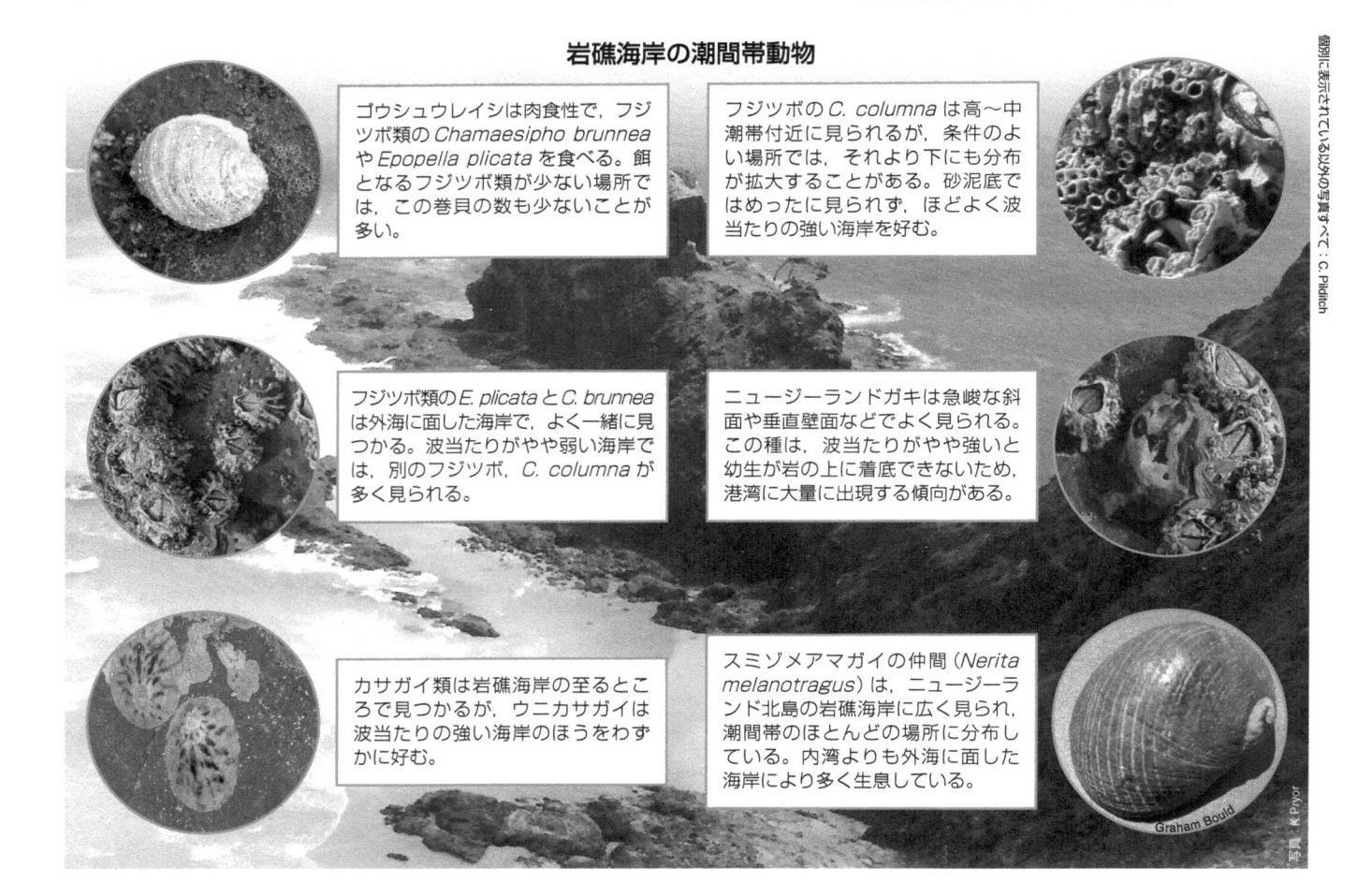

岩礁海岸の潮間帯動物

ゴウシュウレイシは肉食性で、フジツボ類の *Chamaesipho brunnea* や *Epopella plicata* を食べる。餌となるフジツボ類が少ない場所では、この巻貝の数も少ないことが多い。

フジツボの *C. columna* は高〜中潮帯付近に見られるが、条件のよい場所では、それより下にも分布が拡大することがある。砂泥底ではめったに見られず、ほどよく波当たりの強い海岸を好む。

フジツボ類の *E. plicata* と *C. brunnea* は外海に面した海岸で、よく一緒に見つかる。波当たりがやや弱い海岸では、別のフジツボ、*C. columna* が多く見られる。

ニュージーランドガキは急峻な斜面や垂直壁面などでよく見られる。この種は、波当たりがやや強いと幼生が岩の上に着底できないため、港湾に大量に出現する傾向がある。

カサガイ類は岩礁海岸の至るところで見つかるが、ウニカサガイは波当たりの強い海岸のほうをわずかに好む。

スミゾメアマガイの仲間（*Nerita melanotragus*）は、ニュージーランド北島の岩礁海岸に広く見られ、潮間帯のほとんどの場所に分布している。内湾よりも外海に面した海岸により多く生息している。

1．下記の仮説のうち，この野外研究のための仮説としてふさわしいと思われるものに下線を引きなさい。

  (a) 波当たりの違いによって岩礁海岸群集にいろいろな違いが生じる。

  (b) 海岸の地形が岩礁海岸群集に影響する。

  (c) 外海に面した岩礁海岸と内湾の岩礁海岸では潮間帯の動物群集が異なる。

  (d) 水温が岩礁海岸群集に影響を及ぼす。

2．調査では各コドラート内の動物の個体数を数え，ノートにデータを記録した。そのデータを以下に示す。それぞれの種の個体数の合計とコドラートあたりの平均個体数を求め，表にして下の余白に示しなさい。

野帳
コドラートあたりの個体数（コドラートの面積は 1 m²）

調査地 A

	1	2	3	4	5	6	7	8
フジツボ類 Chamaesipho brunnea	39	38	37	21	40	56	36	41
ゴウシュウレイシ	6	7	4	3	7	8	9	2
フジツボ類 C. columna	6	8	14	10	9	12	8	11
フジツボ類 Epopella plicata	50	52	46	45	56	15	68	54
ウニカサガイ	9	7	8	10	6	7	6	10
ニュージーランドカサガイ	5	6	4	8	6	7	5	6
スミゾメアマガイの仲間 Nerita melanotragus	7	7	6	8	4	6	8	9

調査地 B

	1	2	3	4	5	6	7	8
フジツボ類 C. brunnea	7	6	7	5	8	5	7	7
ゴウシュウレイシ	2	3	1	3	2	2	1	1
フジツボ類 C. columna	56	57	58	55	60	47	58	36
フジツボ類 E. plicata	11	11	13	10	14	9	9	8
ニュージーランドガキ	7	8	8	6	2	4	8	6
ウニカサガイ	7	8	5	6	5	7	9	3
ニュージーランドカサガイ	13	14	11	10	14	12	9	13
スミゾメアマガイの仲間 N. melanotragus	6	5	3	1	4	5	2	3

3. 下の方眼紙を使って，各調査地についてそれぞれの動物の 1 m² あたりの平均個体数を棒グラフにして表しなさい。座標軸に適当な目盛をつけ，それぞれの軸の説明，凡例とグラフの表題もつけなさい。

4. (a) なぜ，2種のフジツボ，*Chamaesipho brunnea* と *Epopella plicata* は，調査地 B より調査地 A でより多く見つかったか説明しなさい。

_____

_____

(b) なぜ，ゴウシュウレイシは調査地 A でより多く見られるか説明しなさい。

_____

_____

5. 調査地 A にまったくいなかったのは，どの種か？ _____

6. ある学生が，この野外研究について以下のような考察を書いた。それを読んで，間違いや抜け落ちていることがあれば修正し，明確で簡潔な文章に書き直しなさい。また，よりよい考察にするためにほかに書いたほうがいいと思うことがあれば，それも書きなさい。

> それぞれ 1 か所の外海に面した岩礁海岸と内湾の岩礁海岸の間の群集の違いを調べた。調査地 A は 2 番目の場所より波当たりが強く，大きな波が押し寄せ，強い風が吹いていた。調査は，岩表面で生活している動物について行った。調査にはコドラートを用いて，その中にいる動物の個体数を数えた。その結果，外海に面した海岸では，フジツボの 2 種，*Chamaesipho brunnea* と *Epopella plicata* がもっとも数の多い動物であることがわかった。内湾の海岸では，これら 2 種の個体数は減少し，別のフジツボ，*C. columna* がより多く見られた。ニュージーランドガキは調査地 B でしか見つからなかった。その他の動物の存在量は，ゴウシュウレイシが調査地 A により多く生息していたことを除けば，2 つの海岸の間でほんの少ししか違っていなかった。

_____

_____

_____

キーワード：フラッシュカードゲーム

下のカードのそれぞれには，この章の学習についてのキーワードすなわち重要語句が1つずつ印刷されている。そして，裏面には語句の定義が書かれている。目指すは，机の上のカードをできるだけ多く勝ち取ることである。ゲームの進め方は：
1) カードを切り抜いて，定義の書かれた面を下にして机の上に置く。2人1組になって，1セットのカードを用意する。
2) 2人が交替でカードを選ぶ。カードを手に取る前に，まず選んだカードのキーワードの定義として最適と思うものを相手に伝える。
3) 次にカードの裏面に書かれている定義を見て，自分が述べた定義が合っているかを調べる。もし，相手もあなたも合っていると認めたら，そのカードを自分のものとすることができる。あなたの言ったことがカードに書かれている定義と違っていたら，カードを机の上に戻す。
4) あなたの番が終わったら，今度は相手がカードを1枚選べる。

非生物的要因（物理的要因）	個体群サイズ	存在量
コドラート	分布	間接サンプリング
標識再捕獲法	被度	サンプリング努力
ラジオトラッキング	ベルトトランセクト法	n
無作為抽出	種の豊富さ	サンプリング精度
トランセクト	均等度	標本の大きさ

3 野外研究

ゲームを終えてもカードは捨てないで，フラッシュカードとして利用してください！

ある生物種が，ある生態系内にどのくらい多いかを表す量で，総個体数や被度によって示される。	特定の生息地あるいは区域に生息する，ある生物種の総個体数。	生態系を構成する要素のうち，生物を除く，化学的あるいは物理的環境に関するもの。
動物を直接見たり捕まえたりすることなく，たとえば糞や鳴き声，足跡などの間接的に存在を示すものを頼りに，個体群サイズなどを推定するサンプリング方法。	ある区域の個体群における各個体の空間的配置や広がり。	研究においてサンプリング調査のために設定される，決まった大きさの区画，またはその区画を示すために用いられる枠。
サンプリング計画に見込まれる労力の相対的な大きさで，通常，サンプリングの回数やサンプリングに要する時間などによって表される。	ある生物種（多くは植物だが，固着性動物の場合もある）が，ある調査区域内に占める面積の割合を表す尺度で，百分率や階級などで表される。	個体群サイズの推定法の1つで，移動性の高い動物に対して用いられる。
標本の大きさを意味する略号で，調査のために抽出した標本の数を示すときに用いられる。（たとえば標本の数が4であれば，$n = 4$）	調査区域を横断するように線を引き，その線に沿って行う連続的あるいは断続的なコドラート調査。	電波発信機を使って，個体の居場所を追跡する方法。
抽出した標本に基づいて求められた推定値が実際の母集団特性値にどれだけ近いかを表す尺度。	ある区域に生息する生物の種数。	標本として抽出される可能性のあるものすべてを確実に同じ確率で選ぶための標本抽出法。
サンプリングの回数やサンプリング単位の数，あるいはサンプリングした生物の数など。	群集において個々の構成種の相対優占度がどれぐらい似通っているかを表す尺度。	群集組成の空間的変化などを明らかにしたいときに，一定間隔で生物をサンプリング調査するために群集を横切るように設定される線。

4　生物の分類

重要概念

▶ 生物を分類することで，地球上の生物多様性の高さを認識し数値化することができる。

▶ 生物は，共有派生形質※1に基づいていくつかの分類階級に分類される。

　※1　共通の祖先に由来する生物群が共有する形質のうち，その生物群（共通祖先を含む）で独自に進化した新しい形質。

▶ 生物は，二名法による種名（属名と種小名からなる）を用いて同定される。

▶ 知らない生物を同定するには，二分式分類検索キー※2が有用である。

　※2　生物の特徴を示す検索キーに基づき2つの選択肢から1つを選び，それを繰り返すことで分類群を特定できるように考案されたもの。

重要語句

学名
慣用名
共有派生形質
形態
系統発生
識別形質
二分式分類検索キー
二名法
分類階級
　ドメイン
　界
　門
　綱
　目
　科
　属
　種
分類群
古細菌ドメイン
真正細菌ドメイン
真核生物ドメイン
真核生物上界
原核生物上界
古細菌界
真正細菌界
菌界
原生生物界
植物界
動物界

目的

☐ 1. **重要語句**を参考にして以下の学習の目的を理解し，その課題を行う。

生物の分類　　　　　　　　　　　　　　　　　　　　　　　　　　　　　p.96 〜 120

☐ 2. **生物分類**の原理と重要性を理解し，**生物分類学**の理論と実践方法を学習する。

☐ 3. 五界説の5つの界それぞれの**識別形質**（ある特定の分類群を他の分類群と区別する根拠となる際立った特徴）を述べられるようになる。

☐ 4. 五界説のほかにも，最近になって明らかにされた系統関係に基づいて提案された次のような分類体系があることを学習する。

　　　• 原核生物を**古細菌**と**真正細菌**に分け，それぞれを別の界として認識し，真核生物の4つの界と合わせて計6つの界を認める六界説

　　　• 古細菌ドメイン（六界説の古細菌界に相当），真正細菌ドメイン（六界説の真正細菌界に相当），真核生物ドメインの3つの大分類群を区別する3ドメイン説

☐ 5. **共有派生形質**に基づいて，生物はどのように，いくつかの異なる分類階級に分類されているか説明できるようになる。

☐ 6. 少なくとも7つの主要な分類階級（**界，門，綱，目，科，属，種**）を正しく識別し，分類階級を，生物の集まりである分類群と区別できるようになる。たとえば，属は1つの分類階級であり，ショウジョウバエ属（*Drosophila*）は1つの分類群です。

☐ 7. 生物を分類するために**二名法**がどのように使われているか，また，生物を記載する際に慣用名を使用すると，どんな問題が生じるか説明できるようになる。

☐ 8. 生物分類と**系統発生**の関係を説明できるようになる。新しい生物分類体系は系統発生を反映したものになるように工夫されていることをよく理解する。

☐ 9. 同一種内に見られる形態の違い（たとえば，幼体期と成体期の間の差異や雌雄の間の違いなど）の例をいくつか挙げて，それらを解説する。

☐ 10. 生物の同定に**二分式分類検索キー**がどのように使われるか説明できるようになる。簡単な検索キーを使って，よく知られた生物のいくつかを識別して分類する。

新しい生物系統樹

より効率のよい DNA の塩基配列決定技術が開発され，多くの細菌のゲノムが解読されるようになった。1996 年，ある国際共同研究による DNA の塩基配列の解読によって，生物にはそれまで考えられていた 2 つの進化系統ではなく，3 つの大きな系統があることが確認された。この研究によって識別された 3 つの系統は，**真正細菌ドメイン**，**真核生物ドメイン**，**古細菌ドメイン**（以前は古細菌界として認識されていた）である。この新しい分類体系には，古細菌類と真正細菌類の間にはいくつもの非常に大きな違いがあるという事実が反映されている。3 つのドメインは，おそらく遠い昔に共通の祖先から分かれたと考えられる。

5界（または6界）からなる生物の世界（右図）

右の図は，多くの生物学の教科書でよく紹介されている五界説の **5つの界** を示したものである。五界説では細胞の種類を大きく 2 つ，原核細胞と真核細胞に区別する。カール・ウッズは，16S リボソーム RNA の塩基配列の比較に基づいて原核生物を真正細菌界と古細菌界に分類することを提案した。この六界説もまた教科書によく取り上げられている。六界説では，五界説の原核生物界が原核生物上界に格上げされ，この上界に，すべての細菌（シアノバクテリア（ラン藻類）を含む）が含まれる。そして，その他の生物，すなわち原生生物，菌類，植物，動物は真核生物上界としてまとめられる。

生物の世界の新しい見方（下図）

1996 年，ある珍しい細菌，メタノカルドコッカス・ジャナスキー（*Methanocaldococcus jannaschii*）の全 DNA 塩基配列が解読された。このメタン生成古細菌は，真核生物のみならず多くの細菌類にも致死的な 85℃ という高温環境に生息している **極限生物** である。DNA 塩基配列を他のさまざまな生物と比較したところ，この古細菌の遺伝子は他の細菌類，真核生物，あるいはその双方と 44% の類似度しかもっていなかった。その結果，生物には 3 つの大きな進化系統があることが確認された。

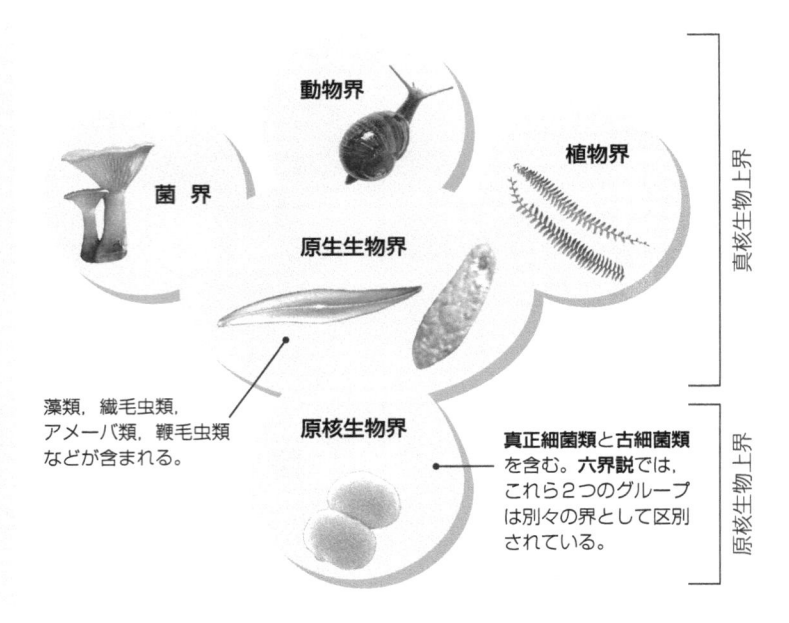

真正細菌ドメイン

明瞭な核や細胞内小器官を欠く。一般に，古細菌よりも穏やかな環境を好む。よく知られる病原菌，多くの無害な細菌や有益な細菌が含まれる。クロロフィル *a* とフィコシアニンをもち，光合成を行うシアノバクテリア（ラン藻類）もこの分類群に含まれる。

古細菌ドメイン

多くの点で真正細菌類によく似ているが，細胞壁の構造や代謝特性が著しく異なる。原始地球の環境に似た極限環境に棲み，硫黄，メタン，ハロゲン族元素（塩素やフッ素）を利用するものがいる。多くの種が極限温度，極限的な高塩分濃度，あるいは強酸や強アルカリに耐えることができる。

真核生物ドメイン

核および細胞内小器官をもつ複雑な細胞構造。伝統的な分類体系で識別されていた界のうちの 4 つまでが，この分類群に含まれる。ただし，原生生物界についてはアメーバ類，繊毛虫類，鞭毛虫類などがそれぞれ別のグループとして分かれることに注意しなさい。

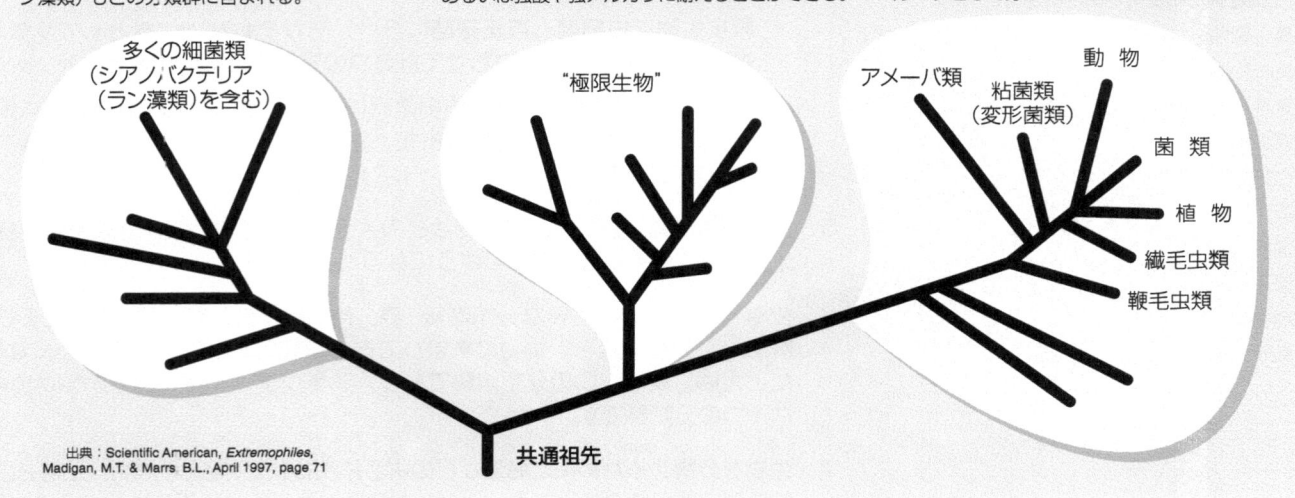

出典：Scientific American, *Extremophiles*, Madigan, M.T. & Marrs B.L., April 1997, page 71

1. 3 ドメイン分類体系が五界説と大きく異なる点を 1 つ述べなさい。

2. 3 ドメイン分類体系と六界説はどのように似ているか述べなさい。

3. 伝統的な分類体系を改訂し，3 ドメイン体系をよりよいものとする理論的根拠を説明しなさい。

系統発生と生物分類

生物分類の目的は，進化の歴史（**系統発生**）を正確に表すことができるように生物の種を体系的に整理することにある。生物が界や門などの高次の分類階級から科や属といった低次の分類階級へと細分されるこの体系は，生物が共通祖先からどんどん細かく分かれてきた過程を示している。伝統的な分類体系では，ある種をある属に，さらに，より高次の分類群へとまとめていく根拠として，形態の類似性に重きが置かれている。対照的に，**分岐分類学**では，生物は**共有派生形質**に基づいて分類され，収斂進化の結果ではなく共通祖先に由来した特徴，すなわち相同形質のみが重視される。科学技術が進歩したおかげで生化学的手法によって種間の類縁性を示せるようになり，生物分類学は大きく発展した。伝統的な分類体系と分岐分類学的体系は必ずしも矛盾するものではないが，中には爬虫類，恐竜，鳥類，そして霊長類などのように分岐分類学によって再分類された分類群もある。一般には今後も，厳密に進化の歴史を反映するというよりも外部形態の類似性や違いに頼った分類が続けられるであろう。この意味で，一般的な分類手法は，多様な生物を分類して整理するための簡便な方法に対するニーズと，系統発生を反映した理想的な分類体系との妥協案といえる。

簡単な分岐図の作図

下の表にまとめた特徴を比較することで，**分岐図**の枝の位置を決定することができる。外群（対象とする生物とは系統的に離れていることがわかっている生物）が比較の基準として用いられる。

	分類群					
比較する形質	（外群）無顎類	硬骨魚類	両生類	トカゲ類	鳥類	哺乳類
脊柱	✓	✓	✓	✓	✓	✓
顎	✗	✓	✓	✓	✓	✓
体を支える4本の肢	✗	✗	✓	✓	✓	✓
胚を包む羊膜	✗	✗	✗	✓	✓	✓
2対の側頭窓を備えた頭蓋骨	✗	✗	✗	✓	✓	✗
羽毛	✗	✗	✗	✗	✓	✗
体毛	✗	✗	✗	✗	✗	✓

上の表には，解析対象の分類群がもつ形質が列挙されている。ここに挙げた形質のうち，外群（無顎類）も共通にもっている形質はただ1つ（脊柱）だけである。外群は他の分類群を比較するための基準となり，分岐図において最初に分岐する。

比較する分類群の数が増加すると，可能性のある分岐図の数が指数関数的に増加する。もっとも蓋然性の高い類縁関係を決定するために，**最節約法**が用いられる。最節約法では，進化的出来事（新形質の派生や形質の変化）の数がもっとも少ない分岐図がもっとも正しい進化的関係を表していると仮定する。

可能性のある3つの分岐図が右に示してある。一番上の分岐図では6回の出来事が，他の2つの分岐図では7回の出来事が起きている。最節約法を適用すると，一番上のものを正しい分岐図として採用することになる。

進化的出来事の中には同じ出来事が何回も起きたとわかっているものもあり，最節約法が間違った結論を導いてしまうこともある。たとえば，4つの小室からなる心臓は鳥類と哺乳類で別々に進化したことがわかっている。化石の研究やDNA解析がこのような問題を解決する助けとなる。

可能性のある分岐図

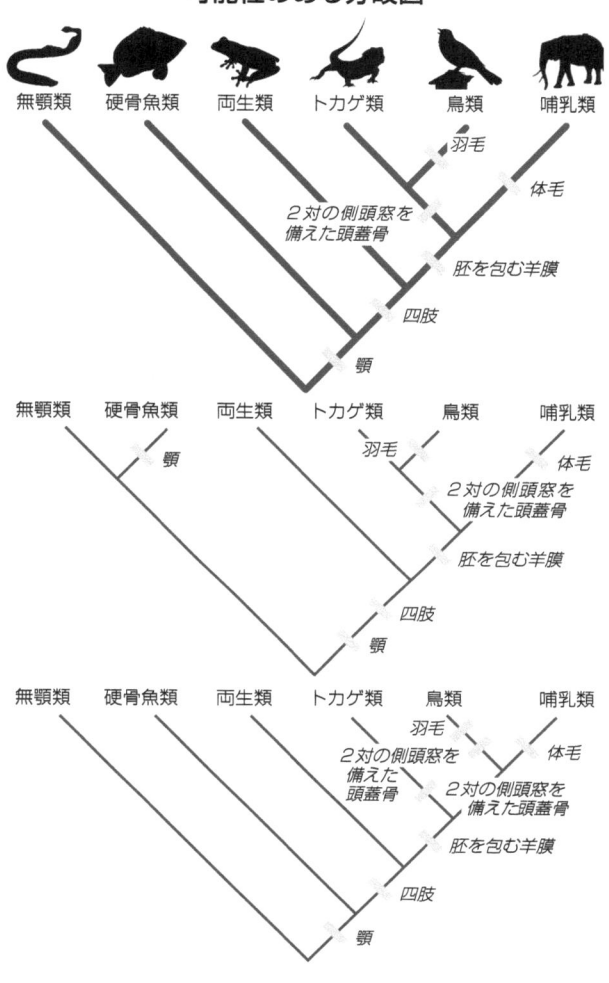

DNAデータの利用

DNA解析によって，形態に基づいて推測された系統関係が確認されたり，否定されて修正されたりしてきた。形態の差異と同様に，DNA塩基配列も表にして解析することができる。クジラの祖先が何かはダーウィン以来，論争の的だった。クジラと他の哺乳類の間には著しい形態の違いがあり，正しい系統樹を推定することが困難である。しかし，最近発見された踝の骨の化石とDNA研究によって，クジラは哺乳類の中でもカバ類にもっとも近縁であることが示された。分子時計と考え合わせると，DNAデータによって系統樹の分岐年代も推定することができる。

右図には，ある遺伝子の141〜200番目のヌクレオチド鎖の一部の塩基配列と分岐図を描くために使われた，複数の分類群に共通の塩基のいくつか（白抜きの部分）が示されている。かつてクジラはブタにもっとも近縁であると考えられていたが，図のDNA解析に基づいて推定された最節約的な分岐図は，その考えを支持しない。

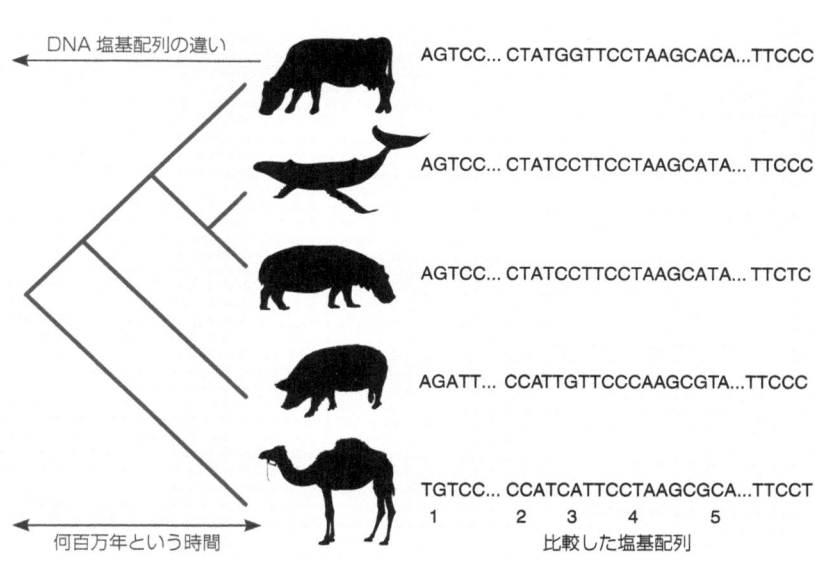

AGTCC... CTATGGTTCCTAAGCACA... TTCCC
AGTCC... CTATCCTTCCTAAGCATA... TTCCC
AGTCC... CTATCCTTCCTAAGCATA... TTCTC
AGATT... CCATTGTTCCCAAGCGTA... TTCCC
TGTCC... CCATCATTCCTAAGCGCA... TTCCT

1 2 3 4 5
比較した塩基配列

4 生物の分類

伝統的な分類学の見解

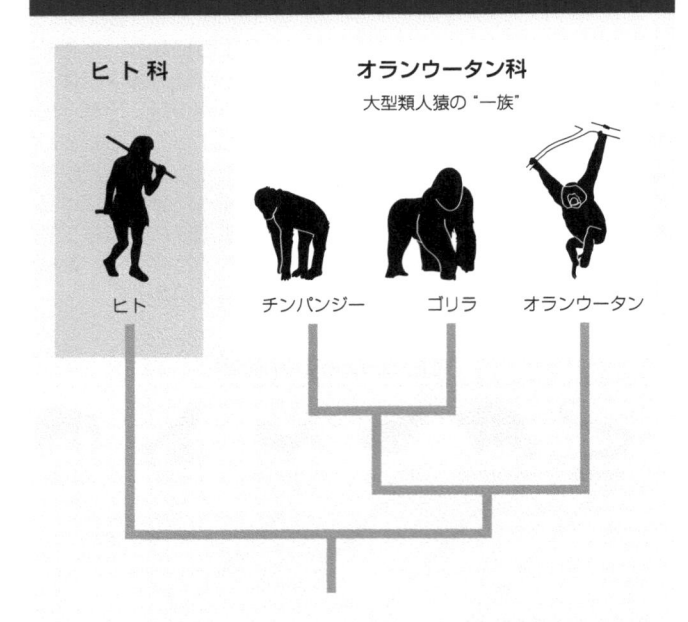

ヒト科 / **オランウータン科**（大型類人猿の"一族"）

ヒト / チンパンジー / ゴリラ / オランウータン

解剖学的形質（たとえば，骨格と四肢の長さ，歯や筋肉組織など）の全体的な類似性に基づいて，類人猿はオランウータン科（ショウジョウ科ともいう）に，オランウータン科の直接の祖先およびヒトは別の科，ヒト科に分類されていた。この分類ではオランウータン科は単系統（単一の進化的系統）にならない。なぜなら，もう1つの種（つまり，ヒト）の祖先でもある，この科の祖先が含まれていないためである。この伝統的分類体系は，遺伝子の類似性を考慮して導かれた新しい体系と食い違っている。

分岐分類学的見解

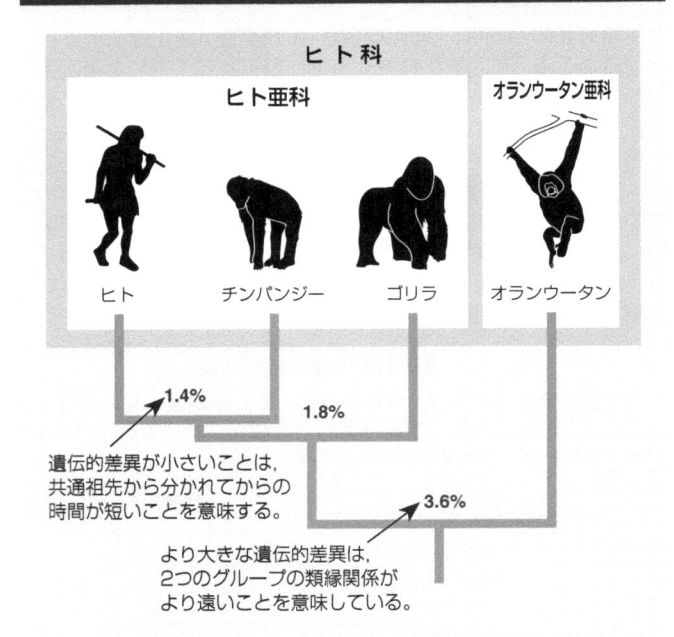

ヒト科
- **ヒト亜科**: ヒト / チンパンジー / ゴリラ
- **オランウータン亜科**: オランウータン

1.4% / 1.8% / 3.6%

遺伝的差異が小さいことは，共通祖先から分かれてからの時間が短いことを意味する。

より大きな遺伝的差異は，2つのグループの類縁関係がより遠いことを意味している。

遺伝的差異の大きさ（上図の百分率で示された数値）に基づいて，チンパンジーとゴリラはオランウータンにではなく，ヒトにより近縁であること，さらに，チンパンジーはゴリラよりも，ヒトにより近縁であることが示された。この分類体系のもとでは，大型類人猿という"一族"は存在しない。ヒト科はオランウータン亜科とヒト亜科（ヒト，チンパンジー，ゴリラを含む）からなり，共通祖先から派生したすべての種を含むので単系統群となる。

---

1. 以下の (a) と (b) それぞれに基づいた分類体系の利点を概説しなさい。

    (a) 形態学的特徴: _____

    (b) 生化学的な証拠によって推定される，分岐年代でみた近縁性: _____

2. 共有形質と共有派生形質の違いを説明しなさい。 _____

3. 最節約法がどのように分岐分類学に応用されているか説明しなさい。 _____

4. 生化学的な証拠が生物分類学にどのように貢献しているか述べなさい。 _____

5. クジラの系統を解析した分岐図（前ページ）のDNAデータにおいて，ある突然変異が進化の歴史で2回起きたことを示す塩基は1～5のどれか答えなさい。
_____

6. 上の2つの図に基づいて，チンパンジーが含まれる科の名称を以下のそれぞれの分類体系について答えなさい：

    (a) 伝統的な分類体系: _____   (b) 分岐分類学による分類体系: _____

系統学的種概念

　生物学的種概念はよくできてはいるが，たとえば，細菌類のような無性生殖集団や絶滅してしまった生物など，それを適用するのが難しい場合が少なからずある。そのような場合には，系統学的種概念のほうがより有用である。系統学的種概念には交配可能性という判断基準がないので，有性生殖を行う生物にも無性生殖を行う生物にも，そして絶滅した生物にも適用できる。系統学的種概念では，共通の祖先に由来することに基づいて同種と判断される。共通の祖先に由来するかどうかは，**共有派生形質**をもっているかどうかによって判断することができる。共有派生形質には形態学的なもの（特に高次分類階級では）も生化学的なもの（たとえば，DNAの塩基配列の類似性）もある。系統学的種概念では種を，全構成員がある派生的な形質状態を共有している最小のグループと定義する。この概念を用いれば現存する生物も絶滅した生物もともに比較できるので，古生物学で広く用いられている。系統学的種概念を適用することによって解決できる問題もあるが，一方で新しい問題が生じる。たとえば，遺伝子流動によって類縁関係をもちながら形態は異なる種にはうまく適用できない。同様に，遺伝的には異なるものの形態はまったく同じ隠蔽種群を別種として区別することができるので，現存する種の数をむやみに増やす可能性がある。そうなってしまうと，系統関係を確立するうえでもあまり有益ではなくなってしまう。

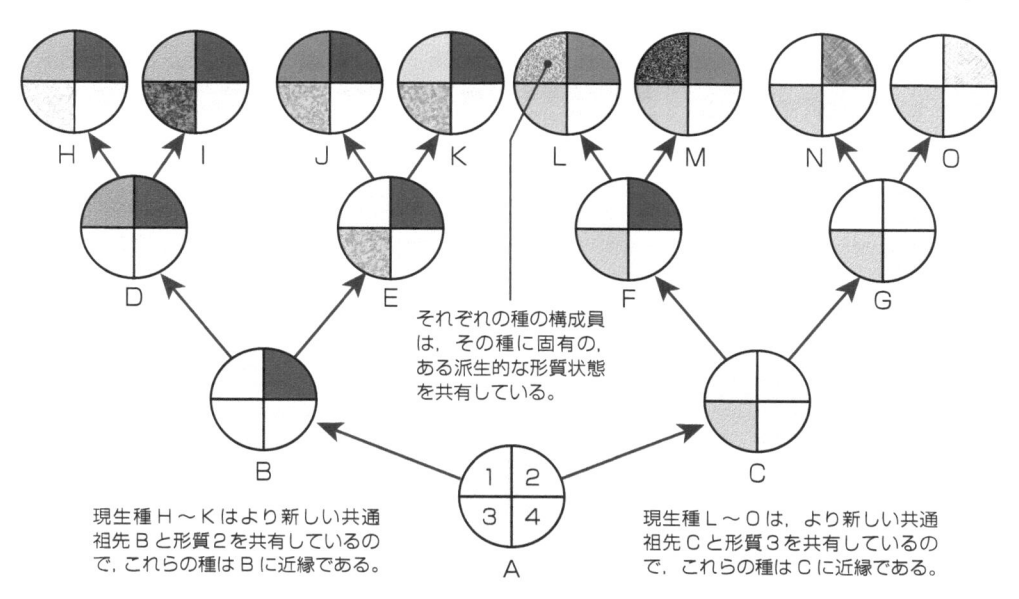

現生種H〜Kはより新しい共通祖先Bと形質2を共有しているので，これらの種はBに近縁である。

それぞれの種の構成員は，その種に固有の，ある派生的な形質状態を共有している。

現生種L〜Oは，より新しい共通祖先Cと形質3を共有しているので，これらの種はCに近縁である。

　この単純化した系統樹は，15種（現生種8種と，その祖先種7種）における4つの形質の進化をたどったものである。一番上の8種の現生種（種H〜O）はすべて，縁の遠い共通祖先Aに由来する形質4を共有している。この原始的な形質によって現生種8種は1つのグループにまとめることができるが，それらの種が分岐してきた過程はより派生的な形質によって推定されたものである。共有派生形質に基づく分類法では，種を固有の形質の組み合わせによって識別できる最小のグループと定義する。もし多数の形質を解析に用いれば，この分類法では非常に多くの種が識別されることになり，その中には意味のあるものも意味のないものも含まれることが容易に理解できる。系統学的種概念のもとでは亜種は存在しない。それは系統学的種の1つとして識別されるか，分類学的にまったく認識されないかのどちらかである。

スズメ（*Passer montanus*）は形態のよく似たイエスズメより最大10％ほど体が小さいが，2種は自由に交配する。

イエスズメ（*P. domesticus*）は広範囲に分布し，分類学的地位の不明な多くの中間的な"亜種"を含んでいる。

マガモ（*Anas platyrhynchos*）は，他のいろいろな"種"のカモと自由に交配する能力をもつことで悪名高い。

　スズメ属には，鳴き声や羽毛，大きさなどをもとに区別できる多くの種が含まれる。スズメ類の背中の外側にある1本の痕跡的な初列風切羽と舌の中に入り込んでいる骨は祖先形質である。この類では，形態学的に別種と考えられる集団間で自由に交配し，生殖能力のある子を生じる場合が多く見られる。同様の状況は，マガモが含まれるマガモ属にも見られる。多くの鳥類の記載分類には生物学的種概念よりも系統学的種概念のほうが有用である。

1．(a) 系統学的種概念によって種が分類されるときの基準を解説しなさい。＿＿＿＿＿＿＿＿＿＿＿＿＿＿＿＿＿＿
　　　＿＿

(b) 系統学的種概念にはどんな問題があるか，1つ述べなさい。＿＿＿＿＿＿＿＿＿＿＿＿＿＿＿＿＿＿＿＿
　　＿＿

(c) 生物学的種概念よりも系統学的種概念を用いるほうがより適切であると考えられる状況を述べなさい。＿＿＿＿＿＿
　　＿＿

2．一群の近縁な系統学的種の系統発生を解明するために，遺伝子技術をどのように利用することができるか，考えを述べなさい。
　＿＿
　＿＿

4 生物の分類

さまざまな分類群の特徴

生物を識別するためには，それらを分類して名前をつけること（**生物分類学と呼ばれる**）が必要である。生物を分類し体系づけるには，それぞれの生物グループに固有な特徴を見つける必要がある。現在では，3ドメイン（5界や6界ではなく）による新しい分類体系のほうが，生物の多様性をより正確に表す体系だと考えられている。しかしながら，私たちにもっともなじみ深い生物群の特徴を述べるためであれば，五界説や六界説の体系でも問題ない。以下に，主要な**分類群**の特徴を図と短い解説によって示す。ほとんどの動物は**左右相称**（1平面によって互いに鏡像関係をなすように半分ずつに分けられる体をもつ）であることに注意しなさい。**放射相称**（いろいろな平面で等しく二分される体をもつ）は，刺胞動物と有櫛動物の特徴である。

原核生物上界（細菌類）

- 前核生物としても知られる。モネラ類という語はもう使われなくなった。
- 2つの系統に大別される：原始的な**古細菌類**と，より発達した**真正細菌類**。
- すべての種が原核細胞構造をもつ：真核細胞のもつ核や染色体を欠き，より小さなリボソーム（70S）をもつ。
- 接合，ウイルスによる形質導入などの方法によって，種の壁を越えて遺伝物質を拡散する性質がある。
- 無性的に，二分裂によって急速に増殖することができる。
- 真核生物に比べ多様な代謝系を進化させてきた。
- 成長すると分裂するか，集合してさまざまな形状のコロニーを形成する。コロニーの形状はしばしば種特異的。
- 形状および生化学的差異に基づいて分類される。

種数：1万種以上。他の生物群に比べて遺伝子交換が激しく，繁殖が無性的に行われるために種レベルまで分類するのはかなり難しい。

真正細菌

- 細胞壁の組成，ヌクレオチドの構造やリボソームの形の違いによって古細菌と区別される。
- ほとんどの細菌を含む多様性の高いグループ。
- **グラム染色**によって2つのグループに大別される。グラム染色は，細胞壁に存在するペプチドグリカンを利用した染色法である。グラム陰性菌では細胞壁のペプチドグリカン層が薄く，染色剤が簡単に洗い流されるが，グラム陽性菌のペプチドグリカン層は厚いため，染色剤が保持されて濃い紫色に染まる。

グラム陽性菌

グラム陽性菌の細胞壁では，いくつものペプチドグリカン層が重なり，厚い層を形成する。この層にグラム染色剤が保持され濃紫色に染まる。

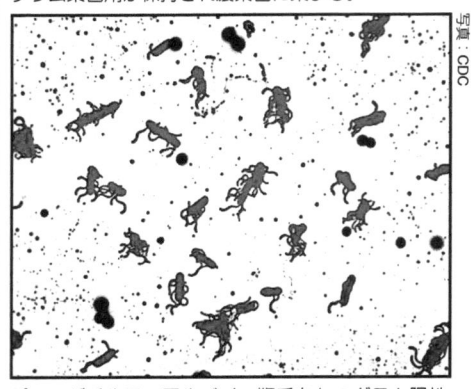

写真：CDC

パエニバチルス・アルベイ：鞭毛をもつグラム陽性菌。濃く染まっている様子をよく見ること。

グラム陰性菌

グラム陰性菌の細胞壁にはペプチドグリカンが少量しか含まれていないので，グラム染色剤に染まらない。

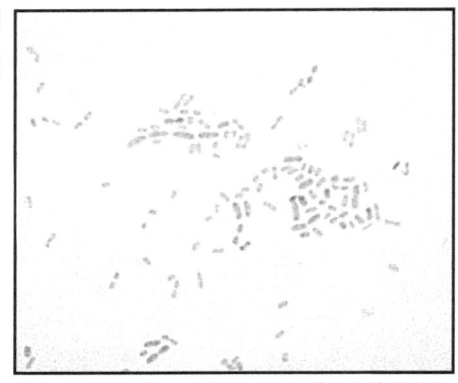

アルカリゲネス・オドランス：グラム陰性菌の1種。細胞が白っぽいことに注意すること。

真核生物上界

- 従属栄養。
- キチンからなる硬い細胞壁。
- 単細胞のものから，多細胞で大型のものまでさまざま。
- 多くは腐生生物（すなわち，生物の死体や腐敗物から栄養を摂取）。
- 陸生で固着性。

例：キノコ類，酵母類，トリュフ類，アミガサタケ類，カビ類，地衣類

種数：8万種以上

菌界

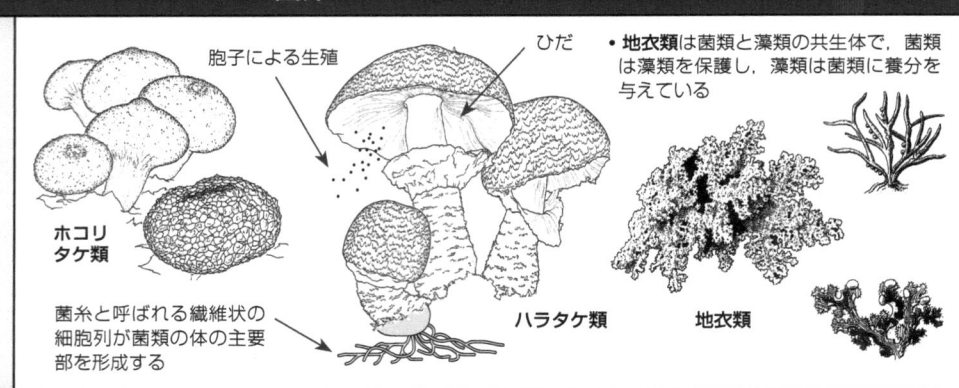

- 胞子による生殖
- ひだ
- **地衣類**は菌類と藻類の共生体で，菌類は藻類を保護し，藻類は菌類に養分を与えている

ホコリタケ類

菌糸と呼ばれる繊維状の細胞列が菌類の体の主要部を形成する

ハラタケ類　**地衣類**

原生生物界

- 他の界のどれにも含めることのできない，さまざまな生物群からなる。
- 単細胞，または簡単なつくりの多細胞。
- 水中や湿った環境に広く分布する。

藻類の例：緑藻類，紅藻類，褐藻類，渦鞭毛藻類，珪藻類

原生動物の例：アメーバ類，有孔虫類，放散虫類，繊毛虫類

種数：55,000種以上

藻類　植物の性質をもつ原生生物
- 独立栄養（光合成）
- クロロフィルの種類によって特徴づけられる

藻類によって細胞壁の成分はさまざまで，珪藻のようにシリカを含むものもある

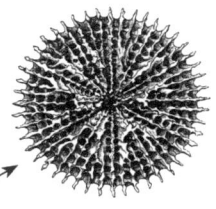

珪藻類

原生動物　動物の性質をもつ原生生物
- 従属栄養で，食物を摂取する
- ほとんどは顕微鏡レベルの大きさ（5〜250μm）

仮足と呼ばれる突起によって動く

細胞壁を欠く

アメーバ類

植物界

- 多細胞生物（大多数はクロロフィルをもち，光合成をする）。
- セルロースからなる細胞壁をもち，養分をデンプンとして蓄える。
- 組織の形態に基づいて，維管束をもたない**コケ植物**と維管束をもつ**維管束植物**に大別される。

維管束のない植物

- 維管束をもたず，輸送組織を欠く（木部も師部もない）。
- 体が小さく，湿った陸生環境に生息域が限られている。
- "真の"根や茎，葉をもたない。

コケ植物門：蘚類（スギゴケやタマゴケなど），苔類（ゼニゴケやジャゴケなど），ツノゴケ類

種数：18,600 種以上

コケ植物門

- 有性生殖のための構造
- 平たい葉状体（葉のような構造）
- 胞子体：胞子で繁殖する
- 植物体は仮根によって地面に固定されている

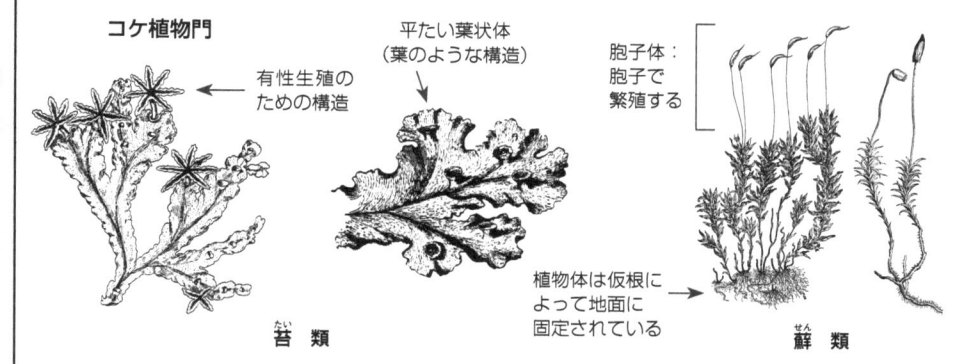

苔類 / 蘚類

維管束植物

- 維管束をもつ：輸送組織を備える。
- 気孔や根，茎，葉を備える。

種子をつくらない植物

- 種子でなく，胞子によって繁殖する。
- 明瞭に区別できる胞子体と配偶体の間で世代交代を行う。

胞子をつくる維管束植物には次のようなものがある。

シダ植物門：シダ類
トクサ植物門：トクサ類
ヒカゲノカズラ植物門：ヒカゲノカズラ類

種数：13,000 種以上

ヒカゲノカズラ植物門
葉
ヒカゲノカズラ類

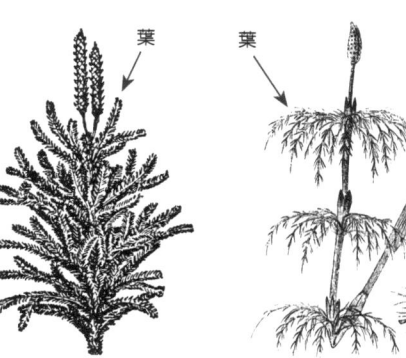

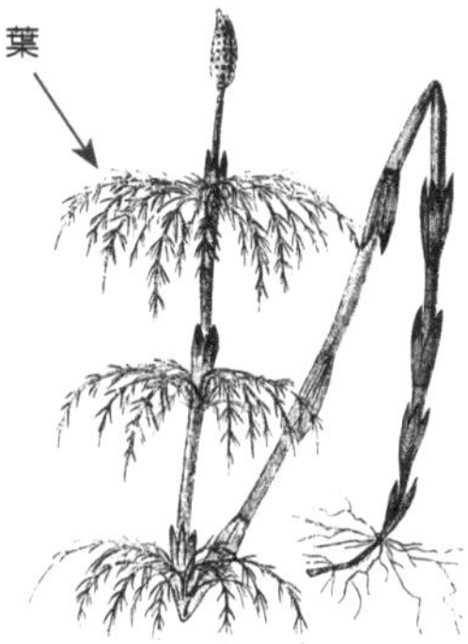

トクサ植物門
葉
トクサ類

シダ植物門
- 葉の裏につくられる胞子によって繁殖する
- 分岐した大きな葉
- 根茎
- 不定根

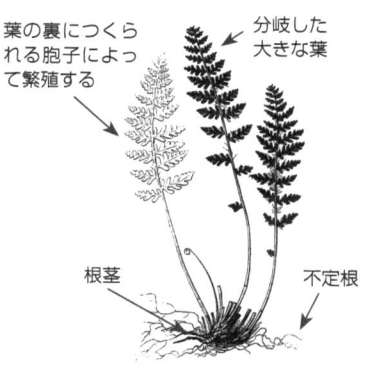

シダ類

種子植物

胚を収める種子をつくる。裸子植物と被子植物に分けられる。

裸子植物

- 種子を包む，外部から隔離された空間がない。
- 裸出する球果に種子がつくられる。

ソテツ植物門：ソテツ類
イチョウ植物門：イチョウ
球果植物門：針葉樹

種数：730 種以上

ソテツ植物門
- ヤシの葉状の葉
- 球果

ソテツ類

イチョウ植物門
- 平たい葉

イチョウ

球果植物門
- 針状の葉
- オスの球果
- 木質の茎
- メスの球果

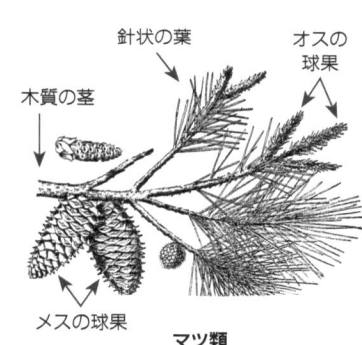

マツ類

被子植物

被子植物門のみからなる。

- 花と呼ばれる，生殖のために分化した構造の中に種子がつくられる。
- メスの生殖器官である子房が発達して果実になる。
- 通常，風や動物によって受粉する。

種数：26 万種以上
被子植物門は次の2つの綱に分けられる。
単子葉植物綱
双子葉植物綱

被子植物：**単子葉植物綱**

- 花の各部位の数は3の倍数
- 葉には平行に走る葉脈がある
- 子葉（養分貯蔵器官）を1枚しかもたない
- 通常，二次成長（肥大成長）をせず，草本性

ユリ類

例：穀草類，ユリ類，スイセン類，ヤシ類

被子植物：**双子葉植物綱**

- 葉には分枝した葉脈がある
- 花の各部位の数は，4または5の倍数
- 二次成長が可能で，草本性のものも木本性のものもある
- 種子（ドングリ）の中には2枚の子葉がある

コナラ類

例：多くの一年生植物，高木，低木

動物界

- 80万を超える種が記載されている。
- 多細胞の従属栄養生物。
- 動物細胞は細胞壁を欠く。
- 体の対称性，体腔の種類，いろいろな外部形態および内部形態の特徴に基づいて約35の門に分類される。

輪形動物門

- 多様な小型動物で，固着性，群体性，浮遊性など，さまざまな生活様式のものがいる。
- ほとんどは淡水産で，海産種は少数。
- 多くは周期性単為生殖によって繁殖する。
- 食物摂取や移動のために使われる頭部の繊毛冠や，顎板のような咀嚼器を備えた大きな筋肉質の咽頭（咀嚼嚢），粘着性の趾を備えた足部をもつのが特徴。

種数：1,500種以上

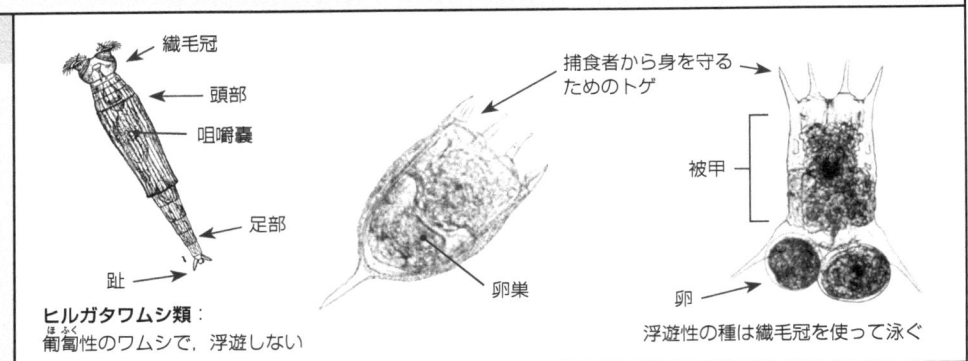

ラベル：繊毛冠，頭部，咀嚼嚢，足部，趾

ヒルガタワムシ類：匍匐性のワムシで，浮遊しない

ラベル：捕食者から身を守るためのトゲ，被甲，卵巣，卵

浮遊性の種は繊毛冠を使って泳ぐ

海綿動物門

- 器官を欠く。
- すべて水生（ほとんどは海産）。
- 出芽による無性生殖。
- 神経系を欠く。

例：イソカイメン類
種数：8,000種以上

- 体壁には多数の細孔が開いていて，そこから水が体内に入る
- 水はより大きな孔（出水孔）から出る
- 再生（失った部分の修復）が可能
- 体の支持と保護のための骨片（体内にある針状構造）をもつ

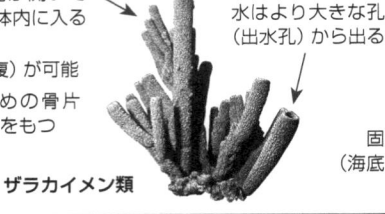

ザラカイメン類

固着性（海底に付着）

イソカイメン類

刺胞動物門

- 2つの基本形がある。
  クラゲ：多くは傘形の体をもち，その拍動によって遊泳する。
  ポリプ：円柱状で，固着性のもの，滑るように移動できるもの，触手を足のように使って宙返りするものなどがいる。
- ポリプの時期とクラゲの時期が交互に現れる生活環をもつものがいる。
- すべて水生（大多数は海産）。

例：クラゲ類，イソギンチャク類，ヒドラ類，サンゴ類
種数：11,000種以上

ラベル：空気で満たされた浮きをもつクラゲもいる，刺胞をもつ，唯一の開口部は口としても肛門としても働く，ポリプは群体を形成することもある，ポリプは海底に固着する，傘の収縮によって水中を進む

クラゲ類（カツオノエボシ），群体性のポリプ（ヒドロ虫類），イソギンチャク類，ノウサンゴ類，自由遊泳性のクラゲ（ヒドロ虫類）

扁形動物門

- 体節のない体。
- 平たく押しつぶされたような体形。
- 口はあるが，肛門はない。
- 多くが寄生性。

例：条虫類，プラナリア類，吸虫類
種数：2万種以上

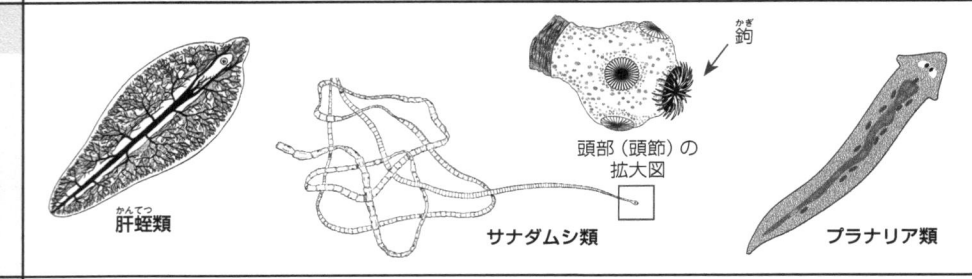

肝蛭類，サナダムシ類（頭部（頭節）の拡大図，鉤），プラナリア類

線形動物門

- 多くはとても小さく，円筒状で体節がない。
- 動植物の寄生虫を多く含む。

例：鉤虫類，毛様線虫類，肺線虫類，糸状虫類
種数：8万～100万種

ラベル：筋肉質の咽頭，卵巣，肛門，口，腸

一般的な線虫の体の構造

回虫類（寄生性）

環形動物門

- 円柱状の体で，体節があり，剛毛を備える。
- 水力学的骨格や疣足（付属肢）を使って動く。

例：ミミズ類，ヒル類，多毛類（ハオリムシ類を含む）
種数：15,000種以上

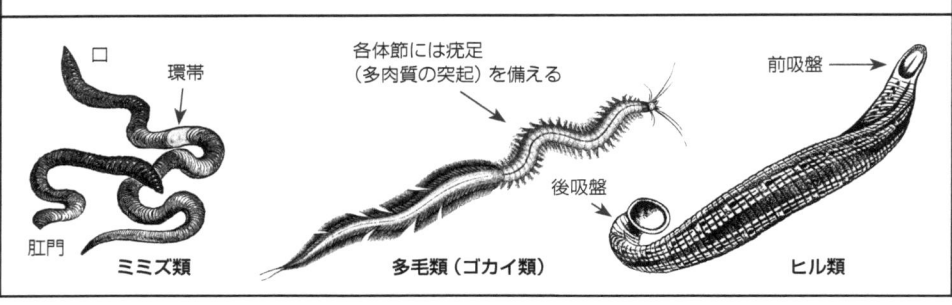

ラベル：口，環帯，肛門，各体節には疣足（多肉質の突起）を備える，前吸盤，後吸盤

ミミズ類，多毛類（ゴカイ類），ヒル類

動物界

軟体動物門
- 体はやわらかく、体節がない。
- 体は頭部、筋肉質の足、内臓塊（さまざまな器官を含む）からなる。
- 大多数は歯舌（やすりのような舌）をもつ。
- 水生種も陸生種もいる。
- 水生種はエラをもつ。
- 例：巻貝類、イガイ類、イカ類
- 種数：11万種以上

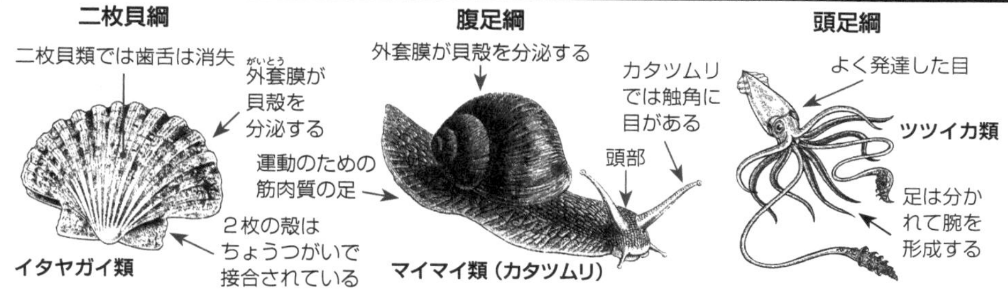

二枚貝綱
- 二枚貝類では歯舌は消失
- 外套膜が貝殻を分泌する
- 運動のための筋肉質の足
- 2枚の殻はちょうつがいで接合されている
- イタヤガイ類

腹足綱
- 外套膜が貝殻を分泌する
- カタツムリでは触角に目がある
- 頭部
- マイマイ類（カタツムリ）

頭足綱
- よく発達した目
- ツツイカ類
- 足は分かれて腕を形成する

節足動物門
- キチンからなる外骨格。
- 脱皮の後、次の発生段階に進む。
- 関節のある付属肢。
- 体節のある体。
- 心臓は体の背側にある。
- 開放血管系。
- 大多数は複眼をもつ。
- 種数：100万種以上
- 現存する動物種の75%を占める。

さらに、以下のようなグループに分けられる。

甲殻亜門：軟甲綱、顎脚綱、鰓脚綱など
- 大部分は海産。
- 無機塩を含んだ外骨格。
- 多くの種にはエラがある。
- イセエビ、カニ類、フジツボ類、エビ類、等脚類、ヨコエビ類などを含む。
- 種数：35,000種以上

鋏角亜門：蛛形綱、節口綱、ウミグモ綱
- 蛛形類では頭部と胸部が合着しており、体が頭胸部と腹部の2つの部分からなる。
- クモ類、サソリ類、マダニ類、ササラダニ類、カブトガニ類など。
- 種数：57,000種以上

六脚亜門：外顎綱（昆虫綱）、内顎綱
- ほとんどが陸生。
- 大多数は飛行能力がある。
- 体は頭部、胸部、腹部の3つの部分からなる。
- バッタ類、トンボ類、ゴキブリ類、チョウ類、ミツバチ類、アリ類、甲虫類、カメムシ類、ハエ類などを含む。
- 種数：80万種以上

多足亜門：

倍脚綱（ヤスデ類）
- 陸生。
- 円筒状の体をもつ。
- 枯れた植物や生きている植物を食べる。
- 種数：2,000種以上

唇脚綱（ムカデ類）
- 陸生。
- 平たい体をもつ。
- 餌を捕まえるための毒のある鉤爪。
- 昆虫、ミミズ、カタツムリなどを食べる。
- 種数：7,000種以上

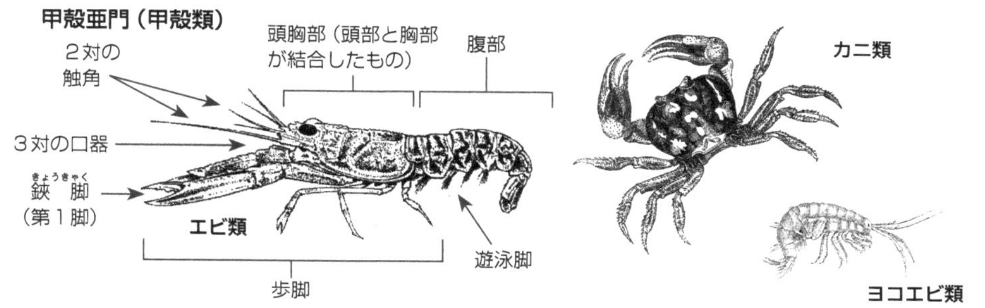

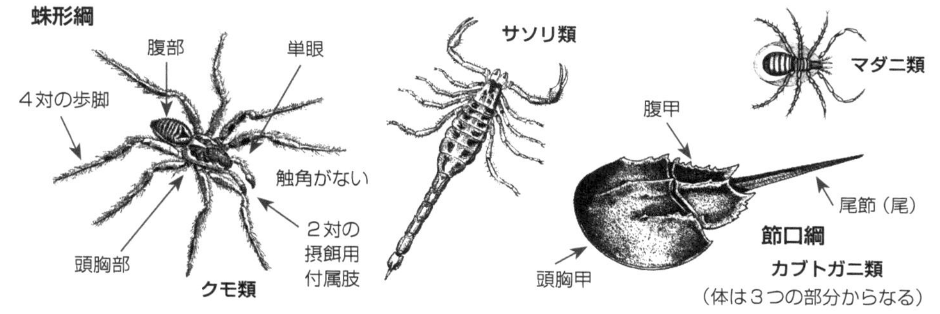

甲殻亜門（甲殻類）
- 2対の触角
- 3対の口器
- 鋏脚（第1脚）
- 頭胸部（頭部と胸部が結合したもの）
- 腹部
- エビ類
- 歩脚
- 遊泳脚
- カニ類
- ヨコエビ類

蛛形綱
- 4対の歩脚
- 腹部
- 単眼
- 触角がない
- 2対の摂餌用付属肢
- 頭胸部
- クモ類
- サソリ類
- マダニ類
- 腹甲
- 尾節（尾）
- 頭胸甲
- 節口綱
- カブトガニ類（体は3つの部分からなる）

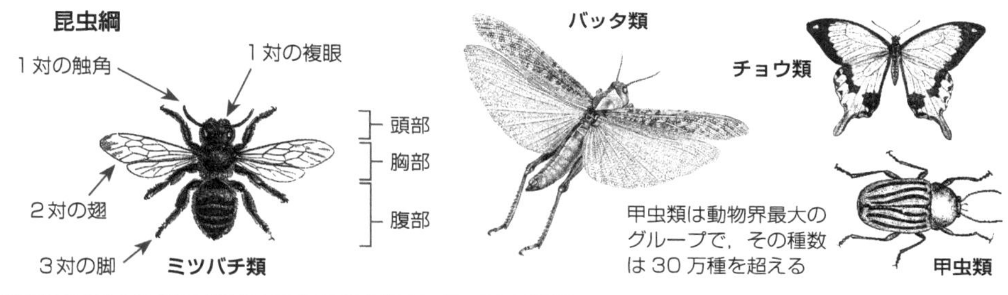

昆虫綱
- 1対の触角
- 1対の複眼
- 頭部
- 胸部
- 腹部
- 2対の翅
- 3対の脚
- ミツバチ類
- バッタ類
- チョウ類
- 甲虫類は動物界最大のグループで、その種数は30万種を超える
- 甲虫類

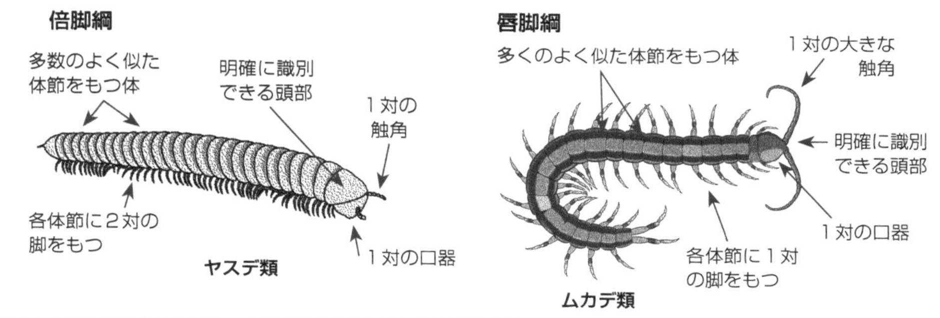

倍脚綱
- 多数のよく似た体節をもつ体
- 明確に識別できる頭部
- 1対の触角
- 各体節に2対の脚をもつ
- 1対の口器
- ヤスデ類

唇脚綱
- 多くのよく似た体節をもつ体
- 1対の大きな触角
- 明確に識別できる頭部
- 各体節に1対の脚をもつ
- 1対の口器
- ムカデ類

棘皮動物門
- 硬い体壁、炭酸カルシウムの骨片からなる内骨格。
- 多くはトゲをもつ。
- 腹側に口、背側に肛門をもつ。
- 体外受精。
- 体節はなく、すべて海産。
- 管足を使って移動。
- 水管系。
- 例：ヒトデ類、クモヒトデ類、ウミシダ類、ウニ類、ウミユリ類
- 種数：6,000種以上

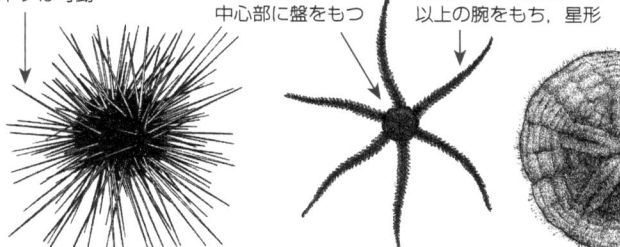

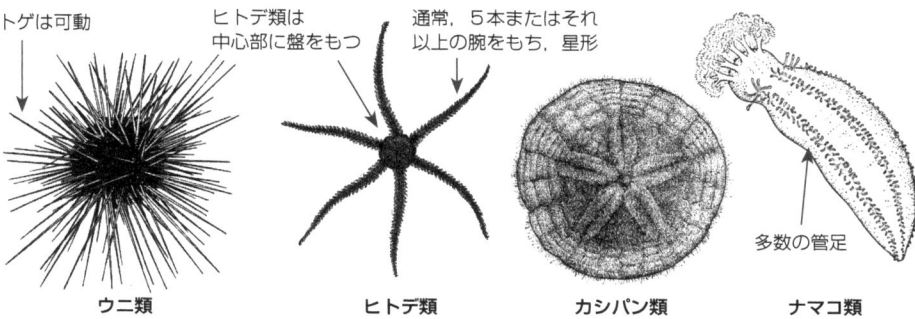

- トゲは可動
- ヒトデ類は中心部に盤をもつ
- 通常、5本またはそれ以上の腕をもち、星形
- ウニ類
- ヒトデ類
- カシパン類
- 多数の管足
- ナマコ類

動物界

脊索動物門

- 生活史のある時期に，背側に脊索（しなやかな棒状の支持器官）をもつ。
- 個体発生のある時期に，肛門の後ろに尾をもつ。
- 背側に管状の神経索がある。
- 咽頭裂がある。
- 多くが閉鎖血管系をもつ。
- 体の腹側に心臓がある。

種数：48,000種以上

- 数個の亜門に分けられる非常に多様なグループ：
  - 尾索動物亜門（ホヤ類，サルパ類）
  - 頭索動物亜門（ナメクジウオ類）
  - 脊椎動物亜門（脊椎動物）

脊椎動物亜門

- 軟骨または骨からなる内骨格。
- よく発達した神経系。
- 発生過程で脊索が脊柱にとって代わられる。
- 環状骨に付着する2対の付属肢（ヒレや手足）。

さらに，以下の綱に分けられる：

軟骨魚綱

- 軟骨（骨でなく）からなる骨格。
- 浮き袋を欠く。
- すべて水生（ほとんどは海産）。
- サメ類，エイ類，ガンギエイ類など。

種数：850種以上

硬骨魚綱

- 浮き袋がある。
- すべて水生（海産および淡水産）。

種数：21,000種以上

両生綱

- 成体は肺をもち，幼生はエラをもつ（成体までエラが保持される場合もある）。
- 皮膚を通してもガス交換できる。
- 水生および陸生（湿潤な環境に限られる）。
- アカガエル類，ヒキガエル類，サンショウウオ類，イモリ類など。

種数：3,900種以上

爬虫綱

- 幼生期をもたない外温動物。
- 歯はすべて同型。
- 卵は，革のような，やわらかい殻に包まれる。
- ほとんどが陸生。
- ヘビ類，トカゲ類，ワニ類，ウミガメ類，陸ガメ類など。

種数：7,000種以上

鳥綱

- 陸生の内温動物。
- 卵は硬い炭酸カルシウムの殻に包まれる。
- 強靭で軽い骨格。
- 高い代謝速度。
- 気嚢のおかげで効率よくガス交換できる。

種数：8,600種以上

哺乳綱

- 体毛をもつ内温動物。
- 乳腺で乳がつくられる。
- 皮膚には腺を備える。
- 外耳がある。
- いくつかの異なる型の歯をもつ。
- 胸部と腹部の間に横隔膜をもつ。

種数：4,500種以上
3つのグループに分けられる：単孔類，有袋類，有胎盤類

軟骨魚綱

シュモクザメ類
- 軟骨からなる内骨格をもつ外温動物
- 側線：感覚器官
- 非対称形の尾ビレによって揚力が発生する
- 腹ビレ
- 胸ビレ
- エラの上にエラ蓋（骨質の覆い）がない

アカエイ類
- 歯のようなウロコを備えた皮膚

硬骨魚綱

ウナギ類

タツノオトシゴ類

ニシン類
- ヒレには骨のような支持構造，鰭条がある
- 薄い骨のようなウロコを備えた，つるつるした皮膚
- 尾ビレは対称形
- エラの上にはエラ蓋（骨質の覆い）がある
- 側線：感覚器官
- 骨からなる内骨格をもつ外温動物

両生綱

オタマジャクシ
- 水生の幼生が変態を経て成体になる

アカガエル類
- 可動性のまぶた
- 鼓膜が見える

ヒキガエル類
- 滑らかな（ウロコに覆われない）湿った皮膚をもつ外温動物

イモリ類
- よく発達した，突き出せる舌

爬虫綱

ワニ類

ウミガメ類
- 角質の板からなる保護用の甲羅

ガラガラヘビ類
- 重なり合うウロコに覆われ，水を透さない乾いた皮膚
- 大多数はよく発達した目をもつ
- ヘビ類には足がない

鳥綱

ペンギン類
- 飛べない鳥もいる

キーウィ類
- 足だけに角質のウロコがある

カモメ類
- 羽毛
- 前足は変化して翼になっている
- 歯のない角質のクチバシ

哺乳綱

カモノハシ
単孔類
卵生の哺乳類

ワラビー類
有袋類
子は非常に未熟な状態で生まれ，生まれてから母親の腹袋の中で発育する

ヌー類

イルカ類
有胎盤類
胎盤をもち，子は母親の胎内で十分に発育してから生まれてくる

生物分類体系

　生物分類は，生物群どうしがどのような類縁関係にあるかを表すことができるように考案されている。生物の分類の基本単位は**種**である。同種個体は遺伝的に非常によく似ているので，交配が可能である。この遺伝的類似性は，同種個体が生理的特性やその他の特性において，ほとんど同じであることも意味する。種はさらに，より大きくより包括的な階級（高次分類群）に分類される。強調しておかなければならないのは，そのような高次分類群はすべて人間によって便宜的につくられたということである。

1. 下の表は，ヒトを7つの主要分類階級によって分類しようとしたものである。次ページのエチオピアハリネズミの分類を参考にして，以下の問いに答えなさい。

    (a) 左側の分類階級の空欄を埋めなさい。

分類階級	ヒトの分類
1. _____	_____
2. _____	_____
3. _____	_____
4. _____	_____
5. _____科	ヒト科
6. _____	_____
7. _____	_____

    (b) 上のヒトの分類表を完成しなさい。

2. 生物に名前をつけるのに使われる，2部構成の学名命名法（**二名法**と呼ばれる）を説明しなさい。

    _____

3. なぜ生物の分類が重要か，理由を2つ挙げなさい。

    (a) _____

    (b) _____

4. 伝統的には，生物の分類は主として形態の類似性に基づいて行われてきた。しかし，現在では，新しい生化学的手法が種の類縁関係を決定するために広く用いられている。種間の関係を明らかにするために，それらの方法がどのように使われているか解説しなさい。

    _____

    _____

    _____

    _____

5. 哺乳類は体の特徴によって次の3つのグループに分けられる。それぞれのグループを識別する目安となる主要な特徴を述べなさい。

    (a) 単孔類：_____

    _____

    (b) 有袋類：_____

    _____

    (c) 有胎盤類：_____

    _____

4 生物の分類

エチオピアハリネズミの分類

下に示すのは**エチオピアハリネズミ**の分類表である。右の図では便宜的に，左の分類階級のそれぞれについて，エチオピアハリネズミが含まれる分類群（黒丸）だけが下位の階級にまで分類されている。ここには示されていない分類階級もある。たとえば，綱の上に**上綱**，科の下に**亜科**といった分類階級を設けることもある。唯一の自然分類階級は**種**である。種は，しばしば**品種**や**亜種**に分けられる。異なる品種や亜種はたいてい互いに形態が異なる。

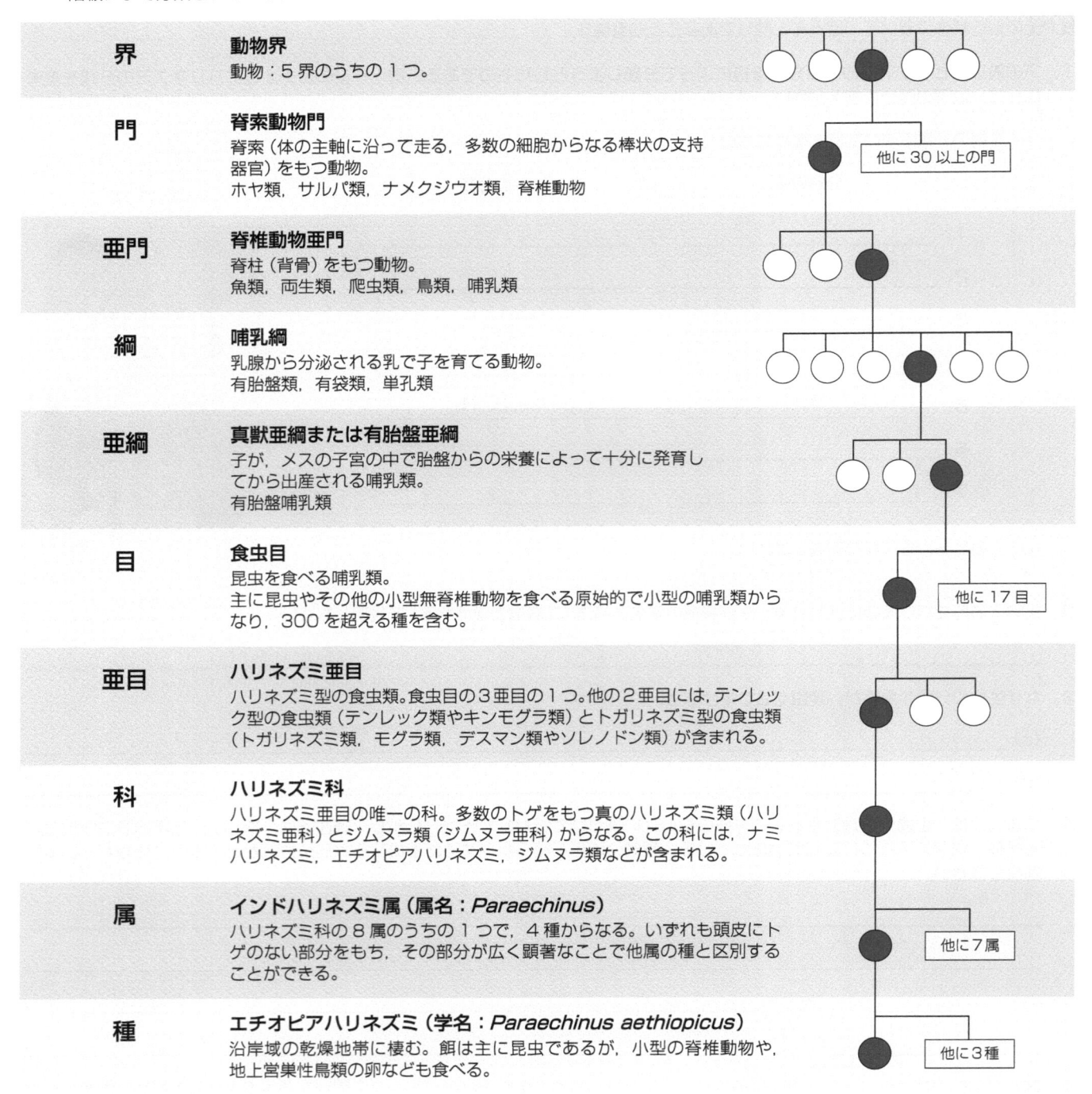

界 動物界
動物：5界のうちの1つ。

門 脊索動物門
脊索（体の主軸に沿って走る，多数の細胞からなる棒状の支持器官）をもつ動物。
ホヤ類，サルパ類，ナメクジウオ類，脊椎動物

他に30以上の門

亜門 脊椎動物亜門
脊柱（背骨）をもつ動物。
魚類，両生類，爬虫類，鳥類，哺乳類

綱 哺乳綱
乳腺から分泌される乳で子を育てる動物。
有胎盤類，有袋類，単孔類

亜綱 真獣亜綱または有胎盤亜綱
子が，メスの子宮の中で胎盤からの栄養によって十分に発育してから出産される哺乳類。
有胎盤哺乳類

目 食虫目
昆虫を食べる哺乳類。
主に昆虫やその他の小型無脊椎動物を食べる原始的で小型の哺乳類からなり，300を超える種を含む。

他に17目

亜目 ハリネズミ亜目
ハリネズミ型の食虫類。食虫目の3亜目の1つ。他の2亜目には，テンレック型の食虫類（テンレック類やキンモグラ類）とトガリネズミ型の食虫類（トガリネズミ類，モグラ類，デスマン類やソレノドン類）が含まれる。

科 ハリネズミ科
ハリネズミ亜目の唯一の科。多数のトゲをもつ真のハリネズミ類（ハリネズミ亜科）とジムヌラ類（ジムヌラ亜科）からなる。この科には，ナミハリネズミ，エチオピアハリネズミ，ジムヌラ類などが含まれる。

属 インドハリネズミ属（属名：*Paraechinus*）
ハリネズミ科の8属のうちの1つで，4種からなる。いずれも頭皮にトゲのない部分をもち，その部分が広く顕著なことで他属の種と区別することができる。

他に7属

種 エチオピアハリネズミ（学名：*Paraechinus aethiopicus*）
沿岸域の乾燥地帯に棲む。餌は主に昆虫であるが，小型の脊椎動物や，地上営巣性鳥類の卵なども食べる。

他に3種

食虫目は最初，トガリネズミ類，モグラ類，ハリネズミ類からなる目として創設されたが，その後，テンレック類，キンモグラ類，デスマン類，ツパイ類やハネジネズミ類も含まれるようになり，この目の分類はかなり混乱していた。最近，ハネジネズミ類とツパイ類はそれぞれハネジネズミ目，ツパイ目として独立に扱われるようになったので，食虫目は，よりまとまりのある分類群になった。

※さらにテンレック類とキンモグラ類も大きく系統が異なることが明らかになったため食虫目は分割され，現在ではテンレック類とキンモグラ類はアフリカトガリネズミ目に，残りは真無盲腸目に分類されている。

エチオピアハリネズミ

分類検索キー

　生物分類体系は，生物の種を同定するために用いられるとともに，それぞれの種が他の種とどれほど近縁であるかを示すものでもある。生物の分類には，明瞭でわかりやすい種の特徴の**記載**と正確な**図**，そして，それぞれの生物に固有の種名（学名：**属と種**を示す）が必要である。ある生物を同定し，正しい種名を与えるために分類検索キーがよく使われる（ただし，その生物がすでに正式に記載されていて検索キーに含まれている場合のみ，分類検索キーによる同定が可能である）。典型的なものは**二分式検索キー**で，一連の形質状態に関する選択問題からなる。二分式検索キーでは各形質について２つの選択肢が用意されている。２つの特徴にはそれぞれ次の別の形質に関する選択肢が用意されているので，ある種名にたどり着くまで次々と該当する特徴を選んでいく。もし，最後までいっても同定できない場合は，その生物が新種である可能性がある。あるいは，使用した分類検索キーが不完全で修正の必要があることを示している。ここに，例として２つの**二分式分類検索キー**を示す。まず，下に示したものは，毛翅目（トビケラ目）のさまざまな属の幼虫を同定するための分類検索キーである。この検索キーを使えば，図の A ～ G で示した幼虫のそれぞれに属名を与えることができる。次のページの検索キーは水生昆虫を目のレベルまで同定するためのものである。

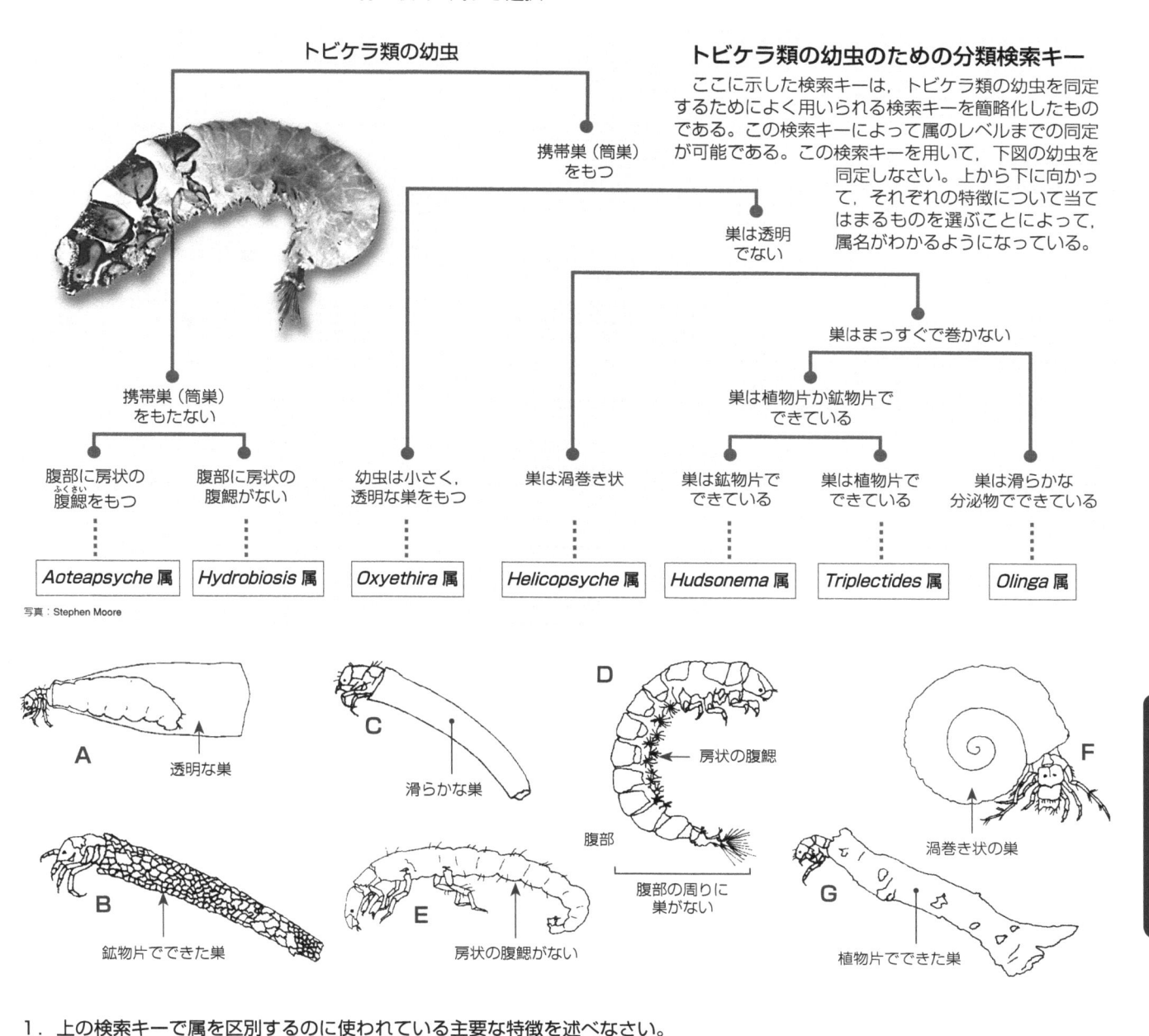

トビケラ類の幼虫のための分類検索キー

　ここに示した検索キーは，トビケラ類の幼虫を同定するためによく用いられる検索キーを簡略化したものである。この検索キーによって属のレベルまでの同定が可能である。この検索キーを用いて，下図の幼虫を同定しなさい。上から下に向かって，それぞれの特徴について当てはまるものを選ぶことによって，属名がわかるようになっている。

1. 上の検索キーで属を区別するのに使われている主要な特徴を述べなさい。＿＿＿＿＿＿＿＿＿＿＿＿＿＿＿＿＿＿＿
＿＿

2. 上の検索キーを使って，図の A ～ G の幼虫の属名を答えなさい。

   A：＿＿＿＿＿＿＿＿＿＿＿＿＿　　D：＿＿＿＿＿＿＿＿＿＿＿＿＿　　G：＿＿＿＿＿＿＿＿＿＿＿＿＿

   B：＿＿＿＿＿＿＿＿＿＿＿＿＿　　E：＿＿＿＿＿＿＿＿＿＿＿＿＿

   C：＿＿＿＿＿＿＿＿＿＿＿＿＿　　F：＿＿＿＿＿＿＿＿＿＿＿＿＿

図の説明（ラベル）

- **A**: 咀嚼のための口器、腹部、尾が2本
- **B**: 口器は短いクチバシ状、泳毛（細かいブラシ状の毛）
- **C**: 咀嚼のための口器、硬い前翅
- **D**: 咀嚼のための口器、伸長できる下唇
- **E**: 咀嚼のための口器、関節のある脚、腹脚
- **F**: 咀嚼のための口器、携帯巣
- **G**: 咀嚼のための口器、尾
- **H**: 咀嚼のための口器、腹部の各体節に1対の長い突起、後端に鉤爪
- **I**: 関節のある脚がない、幼虫には咀嚼のための口器がある

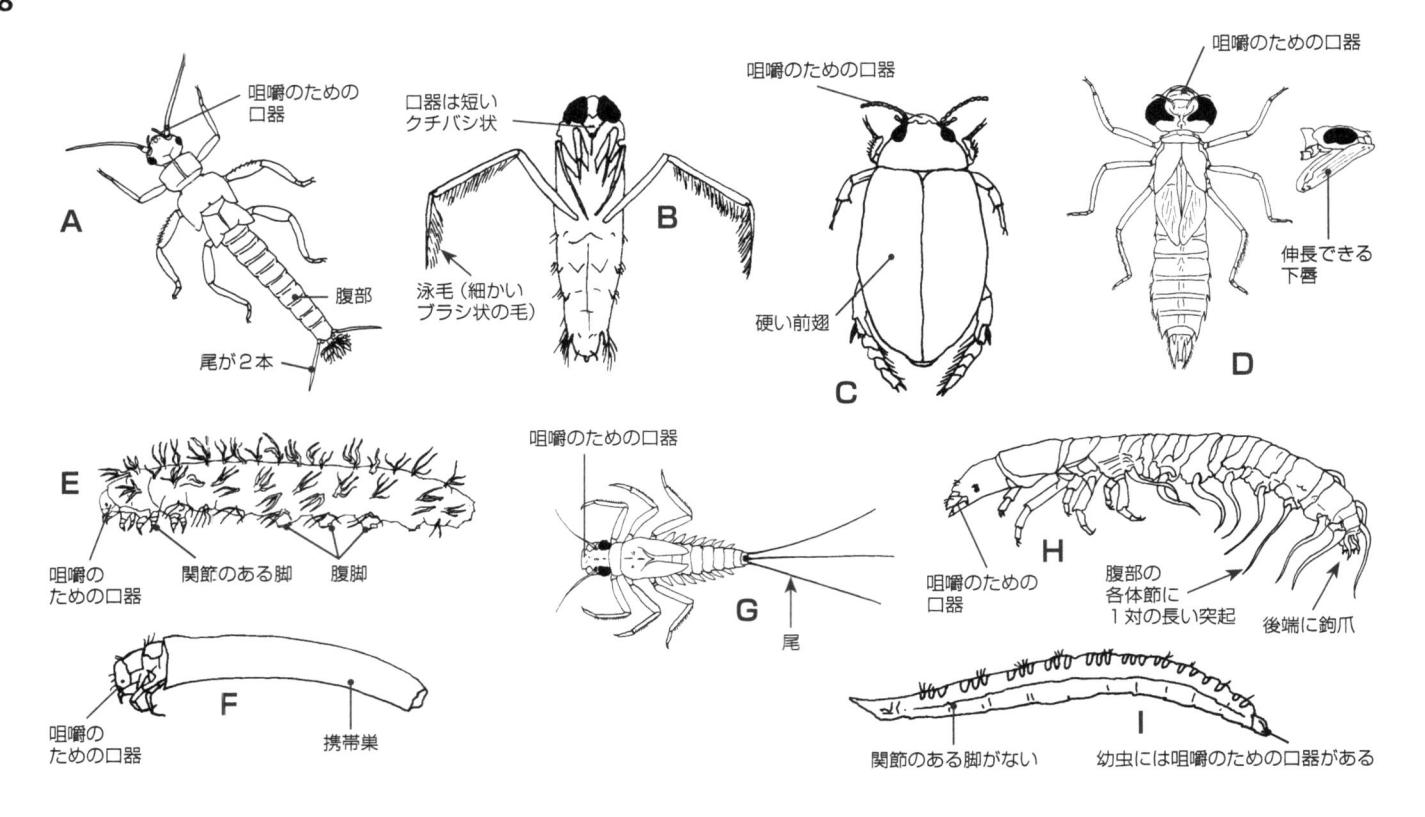

3．右の簡略版分類検索表を用いて，上図のA～Iまでの水生昆虫が分類されている目を同定し，目名または一般名で答えなさい。

(a) 昆虫A：＿＿＿＿＿＿＿＿＿＿＿＿＿＿＿

(b) 昆虫B：＿＿＿＿＿＿＿＿＿＿＿＿＿＿＿

(c) 昆虫C：＿＿＿＿＿＿＿＿＿＿＿＿＿＿＿

(d) 昆虫D：＿＿＿＿＿＿＿＿＿＿＿＿＿＿＿

(e) 昆虫E：＿＿＿＿＿＿＿＿＿＿＿＿＿＿＿

(f) 昆虫F：＿＿＿＿＿＿＿＿＿＿＿＿＿＿＿

(g) 昆虫G：＿＿＿＿＿＿＿＿＿＿＿＿＿＿＿

(h) 昆虫H：＿＿＿＿＿＿＿＿＿＿＿＿＿＿＿

(i) 昆虫I：＿＿＿＿＿＿＿＿＿＿＿＿＿＿＿

水生昆虫の目の分類検索表

1.	咀嚼のための口器をもつ。2枚の前翅は硬く，閉じると体の中央で合わさる（前翅には腹部全体を覆えるものも，短く退化しているものもある）。	**鞘翅目**（甲虫類）
	口器は刺したり吸引したりするためのもので，尖った円錐形。	2へ
	咀嚼のための口器はもっているが，硬い前翅はない。	3へ
2.	口器は短く尖ったクチバシ状。脚に遊泳のためのブラシ状の毛があるか，脚が細長く，水上に浮くことができるよう脚の間が大きく離れている。	**半翅目**（カメムシ類）
	口器はクチバシ状でない。脚はないか，あっても長くなく，ブラシ状の毛はなく，脚の間はさほど離れない。	3へ
3.	下唇が顕著に伸長可能，伸びると頭部より長く，餌の捕獲に使われる。	**蜻蛉目**（トンボ類やイトトンボ類）
	よく目立つ，伸長可能な下唇はない。	4へ
4.	腹部の後端には2本または3本の尾があり，尾は細長いか，ブラシ状の毛がある。	**蜉蝣目**（カゲロウ類）
	明瞭な尾はないか，あっても2本以下である。	5へ
5.	腹部の後端に2本の尾をもつ。	**襀翅目**（カワゲラ類）
	明瞭な尾はない。	6へ
6.	関節のある脚が3対，胸部にある。	7へ
	胸部に脚がない（ただし，腹部に関節のない"偽の脚"すなわち腹脚をもつことがある）。	**双翅目**（ハエ類）
7.	腹部に，微細な鉤爪を備えた腹脚が対をなして並んでいる。	**鱗翅目**（ガ類やチョウ類）
	腹部に腹脚が並んでいない	8へ
8.	腹部に8対の指状の長い突起があり，腹部後端には2対の鉤爪を備える。	**広翅目**（ヘビトンボ類）
	腹部には長い突起はない。	9へ
9.	腹部後端に，鉤爪を備えた尾脚を1対もつ。携帯巣をもっている場合もある。	**毛翅目**（トビケラ類）

植物の種を同定する

二分式の検索キーは便利な方法で，種を区別できるような特徴を適切に選べば，種の同定が可能になる。ときには果実や花のように限られた時季にしか見られない部位の特徴が検索キーに用いられることもあるが，二分式の分類検索キーは野外でも迅速かつ簡単に使うことができるため，多くの植物学者が利用している。中には植物学の専門知識を必要とする検索キーもある。次に挙げる簡単な課題では，カエデ属の5種を図に示された葉の形態に基づいて同定する。この課題を通じて，植物を同定するために，どんな特徴がどのように使われるかを学んでほしい。

カエデ属のよく知られた種を見分けるための二分式分類検索キー

1a 成長した葉は5裂片をもつ。……………………………2へ
1b 成長した葉は3裂片をもつ。……………………………4へ
　2a 葉は幅7.5〜13cmで，縁には鋸歯状のぎざぎざがない。裂片の間の切れ込みはU字形。
　　　　サトウカエデ (*Acer saccharum*)
　2b 葉の縁に鋸歯状のぎざぎざがある。……………………3へ
　　3a 葉の幅は5〜13cmで，裂片の間の切れ込みが深い。
　　　　イロハモミジ (*Acer palmatum*)
　　3b 葉の幅が13〜18cmと広く，裂片の間の切れ込みが深い。
　　　　ギンヨウカエデ (*Acer saccharinum*)
　　　4a 葉の幅は5〜15cmで，葉の縁には小さく尖った鋸歯状のぎざぎざがある。裂片の間の切れ込みは特徴的なV字形。
　　　　　アメリカハナノキ (*Acer rubrum*)
　　　4b 葉の幅は7.5〜13cmで，葉の縁には鋸歯状のぎざぎざはない。裂片の間の切れ込みが浅い。
　　　　　クロカエデ (*Acer nigrum*)

1. 上の分類検索キーを用いて，図に描かれた葉をもつカエデ属の種を同定しなさい。図はすべて一定の縮尺（スケールを参照）で描かれている。検索キーの上から順に，それぞれの葉の形にもっともよく当てはまる記載を選んでたどり着いた種名を答えなさい。

    (a) 種A：＿＿＿＿＿＿＿＿＿＿＿＿＿＿＿＿＿＿＿＿＿＿＿＿＿＿＿＿＿＿＿＿＿＿＿＿＿＿

    (b) 種B：＿＿＿＿＿＿＿＿＿＿＿＿＿＿＿＿＿＿＿＿＿＿＿＿＿＿＿＿＿＿＿＿＿＿＿＿＿＿

    (c) 種C：＿＿＿＿＿＿＿＿＿＿＿＿＿＿＿＿＿＿＿＿＿＿＿＿＿＿＿＿＿＿＿＿＿＿＿＿＿＿

    (d) 種D：＿＿＿＿＿＿＿＿＿＿＿＿＿＿＿＿＿＿＿＿＿＿＿＿＿＿＿＿＿＿＿＿＿＿＿＿＿＿

    (e) 種E：＿＿＿＿＿＿＿＿＿＿＿＿＿＿＿＿＿＿＿＿＿＿＿＿＿＿＿＿＿＿＿＿＿＿＿＿＿＿

2. 葉がないときに，カエデ類の種を同定するために使えると思われる形質を1つ挙げなさい。＿＿＿＿＿＿＿＿＿＿＿＿＿＿

3. 植物を種のレベルまで同定して分類するときには，通常，いくつもの異なる形質を調べる必要がある。その理由を考えなさい。

4. 分類検索キーを使って，ある植物を種のレベルまで同定しようとする際に，あらかじめ何を確認しておかなければならないか，答えなさい。

4 生物の分類

生物の分類

この課題には，111ページと113ページに描かれている生物の図を切り取って用いる。すべての生物はこのページと115ページに挙げた5つの分類群（細菌類，原生生物，菌類，植物，動物）のどれかに分類される。

1. 111ページおよび113ページの図を，生物名が入るようにそれぞれの生物の形に沿って切り抜きなさい。
2. 切り抜いた生物の図を，それぞれが該当する分類群の空欄（このページと115ページ）に置いて分類しなさい。
3. まず，必要に応じて場所を変えられるようにスティック糊や環にしたセロテープなどを使って仮止めしなさい。自分の分類に間違いがないか，よく検討し，間違いなく分類できていることを確認したらしっかり貼りつけなさい。

細菌類

原生生物

菌　類

植　物

コケ植物	種子をつくらない維管束植物	被子植物：単子葉類	被子植物：双子葉類

裸子植物：ソテツ類	裸子植物：球果植物（針葉樹）

このページの生物の図を切り抜き，それぞれの生物が該当する分類群の場所（110ページまたは115ページの空欄）に貼りつけなさい。
縮尺（スケール）は生物によって異なる。

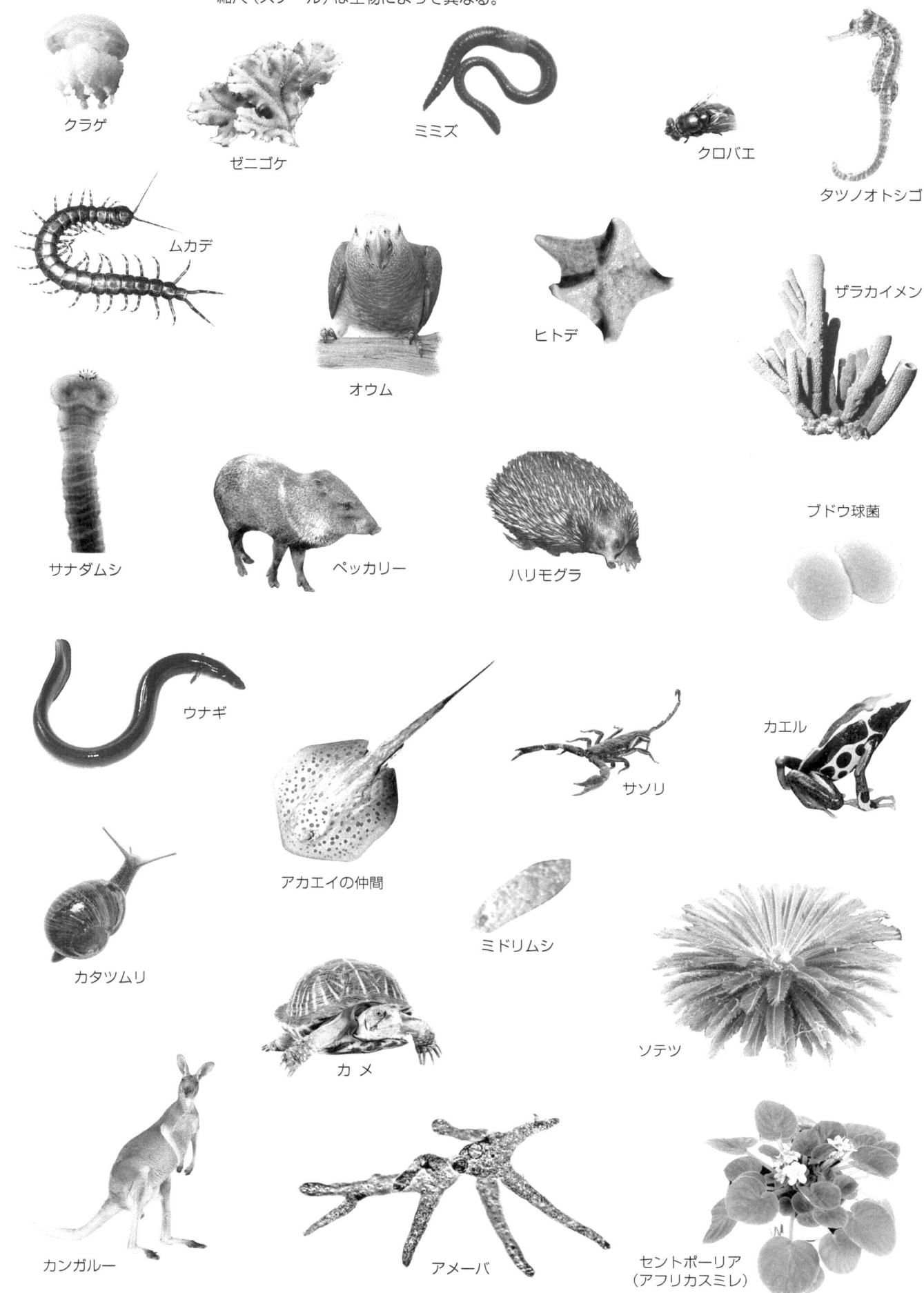

クラゲ
ゼニゴケ
ミミズ
クロバエ
タツノオトシゴ
ムカデ
オウム
ヒトデ
ザラカイメン
サナダムシ
ペッカリー
ハリモグラ
ブドウ球菌
ウナギ
アカエイの仲間
サソリ
カエル
カタツムリ
ミドリムシ
ソテツ
カメ
カンガルー
アメーバ
セントポーリア（アフリカスミレ）

113

このページの生物の図を切り抜き，それぞれの生物が該当する分類群の場所（110ページまたは115ページの空欄）に貼りつけなさい。
縮尺（スケール）は生物によって異なる。

チューリップ
ホタテガイ
カニ
シダ
ワニ
ゾウリムシ
肝蛭
ニシキヘビ
クモノスカビ
トカゲ
ミジンコ
オオツチグモ（タランチュラ）
ノミ
タマゴケ
キノコ
アオリイカ
マナティー
ゴカイ
オオウキモ（ジャイアントケルプ）
ブンブク
アナベナ属のラン藻
ヤスデ
トンボ
ヒドラ
サメ
マツ

4 生物の分類

	動　物			
	海綿動物	刺胞動物	扁形動物	環形動物

軟体動物：	腹足類	二枚貝類	頭足類	棘皮動物

節足動物：	甲殻類	多足類	蛛形類	昆虫類

	軟骨魚類	硬骨魚類	両生類

	爬虫類	鳥　類

哺乳類：	単孔類	有袋類	有胎盤類

4 生物の分類

5界の特徴

　生物は，互いがどのような進化的関係にあるかに基づいて分類されている。同一分類群の生物は，その分類群固有の共通の特徴（**識別形質**）をもち，それらの特徴によって他の分類群の生物と区別される。識別形質を明らかにすることで，それぞれの分類群の進化の歴史をより深く理解することができる。この課題の焦点は，五界説の5つの界それぞれの識別形質となる特徴を要約することにある。

1．**原核生物界**の特徴を記しなさい。

　_____
　_____
　_____
　_____
　_____

2．**原生生物界**の特徴を記しなさい。

　_____
　_____
　_____
　_____
　_____

3．**菌界**の特徴を記しなさい。

　_____
　_____
　_____
　_____
　_____

4．**植物界**の特徴を記しなさい。

　_____
　_____
　_____
　_____
　_____

5．**動物界**の特徴を記しなさい。

　_____
　_____
　_____
　_____
　_____

分裂中のブドウ球菌　　ピロリ菌

血液中のトリパノソーマ（赤血球）　　アメーバ

キノコ　　溶液中の酵母細胞

コケ（蘚類）　　エンドウの花

脱皮中のセミ　　テナガザル

さまざまな微生物の特徴

微生物は文字どおり，顕微鏡でしか見えないような微細な生物のことで，通常，微生物学で扱われる生物，すなわち，細菌類（シアノバクテリア（ラン藻類）を含む），菌類，微小な原生生物，そしてウイルスをさす。ウイルスを除くこれらの微生物はそれぞれ，前ページの課題で特徴を学んだ5界のうちの3つの界に分類される（ウイルスは細胞構造をもたないため，5界の生物分類体系には含まれていない）。微生物を含む分類群には，菌類のように肉眼でも見える大型の生物を含むものもある。大型菌類と微小菌類の区別は人為的なものではあるが，日常生活には便利である。微小菌類は病気を引き起こしたり，物を腐敗させたりすることで，その存在に気づくのに対し，大型菌類はたいてい肉眼で観察できる。微小菌類には酵母や，病原性をもつ種などが含まれる。キノコ類や地衣類などを含む大型菌類については，次ページの「大型菌類と植物の特徴」で取り上げる。

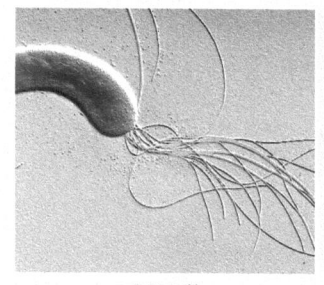

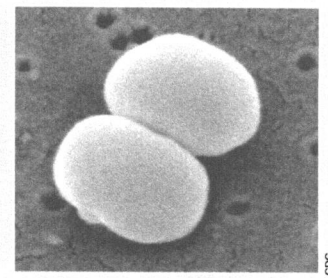

1. 原核生物界の生物，細菌類（シアノバクテリア（ラン藻類）を含む）について，次の2点に関する特徴を述べなさい。

    (a) 生息環境：＿＿＿＿＿＿＿＿＿＿＿＿＿＿＿＿

    ＿＿＿＿＿＿＿＿＿＿＿＿＿＿＿＿＿＿＿＿＿＿

    (b) 生態学的役割：＿＿＿＿＿＿＿＿＿＿＿＿＿＿

    ＿＿＿＿＿＿＿＿＿＿＿＿＿＿＿＿＿＿＿＿＿＿

2. 次のような特徴をもつ細菌類をそれぞれ1つ挙げなさい。

    (a) 光合成をする：＿＿＿＿＿＿＿＿＿＿＿＿＿＿

    (b) 病原性をもつ：＿＿＿＿＿＿＿＿＿＿＿＿＿＿

    (c) 分解者として働く：＿＿＿＿＿＿＿＿＿＿＿＿

    (d) 窒素固定を行う：＿＿＿＿＿＿＿＿＿＿＿＿＿

3. 顕微的な原生生物（原生生物界の生物）について，次の2点に関する特徴を述べなさい。

    (a) 生息環境：＿＿＿＿＿＿＿＿＿＿＿＿＿＿＿＿

    ＿＿＿＿＿＿＿＿＿＿＿＿＿＿＿＿＿＿＿＿＿＿

    (b) 生態学的役割：＿＿＿＿＿＿＿＿＿＿＿＿＿＿

    ＿＿＿＿＿＿＿＿＿＿＿＿＿＿＿＿＿＿＿＿＿＿

4. 次のような特徴をもつ原生生物をそれぞれ1つ挙げなさい。

    (a) 光合成をする：＿＿＿＿＿＿＿＿＿＿＿＿＿＿

    (b) 病原性をもつ：＿＿＿＿＿＿＿＿＿＿＿＿＿＿

    (c) 生物指標に利用されている：＿＿＿＿＿＿＿＿

5. 微小菌類（菌界の生物）について，次の2点に関する特徴を述べなさい。

    (a) 生息環境：＿＿＿＿＿＿＿＿＿＿＿＿＿＿＿＿

    ＿＿＿＿＿＿＿＿＿＿＿＿＿＿＿＿＿＿＿＿＿＿

    (b) 生態学的役割：＿＿＿＿＿＿＿＿＿＿＿＿＿＿

    ＿＿＿＿＿＿＿＿＿＿＿＿＿＿＿＿＿＿＿＿＿＿

6. 次のような特徴をもつ微小菌類をそれぞれ1つ挙げなさい。

    (a) 動物に対して病原性をもつ：＿＿＿＿＿＿＿＿

    ＿＿＿＿＿＿＿＿＿＿＿＿＿＿＿＿＿＿＿＿＿＿

    (b) 植物に対して病原性をもつ：＿＿＿＿＿＿＿＿

    ＿＿＿＿＿＿＿＿＿＿＿＿＿＿＿＿＿＿＿＿＿＿

らせん菌　　　　　　　　ブドウ球菌

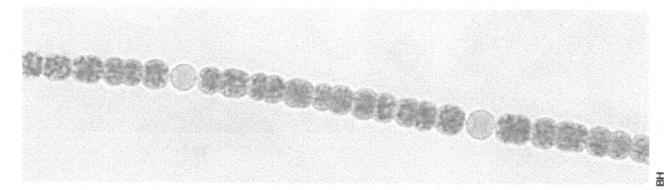

アナベナ属のラン藻

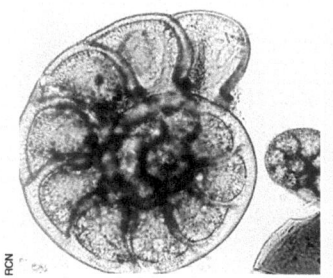

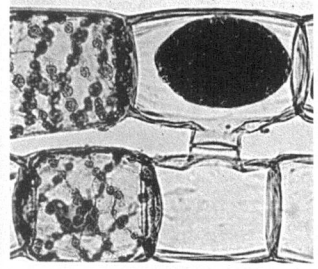

有孔虫　　　　　　　　アオミドロ

プレウロシグマ属の珪藻

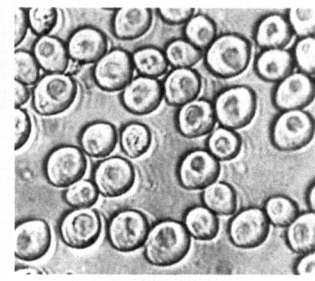

糸状菌（カーブラリア属）の分生胞子　　溶液中の酵母細胞

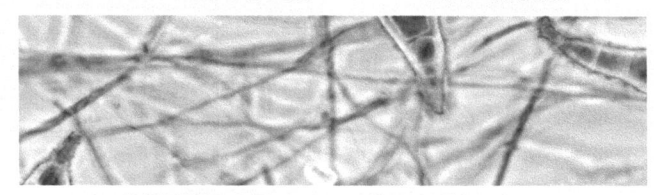

皮膚糸状菌の1種，ミクロスポラム・ジストーツム

4 生物の分類

大型菌類と植物の特徴

　植物と大型菌類には，私たちの身の回りにあってもっともなじみ深い生物が多数含まれるが，それらの分類は必ずしも簡単ではない。植物界は単系統である（すべての植物種は単一の祖先に由来する）ことがわかっている。つまり，今日，私たちが目にするさまざまな植物は，その共通祖先から莫大な多様化を経て生じたものである。菌類はかつて植物の一種として分類されていたが，体のつくり，栄養摂取，成長や生殖の方法において植物とも他の真核生物とも異なる独特の生物である。この課題の焦点は，菌界と植物界の主要分類群の特徴，そして被子植物門の2つの綱の特徴を要約することである。

地衣類　　　　　サルノコシカケ

苔類　　　　　　蘚類

シダの葉　　　　木生シダ

マツの球果　　　ソテツ類

ココヤシの木　　コムギ類

落葉樹　　　　　開花したゴゼンタチバナ

1. **大型菌類**の特徴を記しなさい。＿＿＿＿＿＿＿＿＿
＿＿＿＿＿＿＿＿＿＿＿＿＿＿＿＿＿＿＿＿＿＿＿＿＿
＿＿＿＿＿＿＿＿＿＿＿＿＿＿＿＿＿＿＿＿＿＿＿＿＿
＿＿＿＿＿＿＿＿＿＿＿＿＿＿＿＿＿＿＿＿＿＿＿＿＿
＿＿＿＿＿＿＿＿＿＿＿＿＿＿＿＿＿＿＿＿＿＿＿＿＿

2. **蘚類**や**苔類**の特徴を記しなさい。＿＿＿＿＿＿＿
＿＿＿＿＿＿＿＿＿＿＿＿＿＿＿＿＿＿＿＿＿＿＿＿＿
＿＿＿＿＿＿＿＿＿＿＿＿＿＿＿＿＿＿＿＿＿＿＿＿＿
＿＿＿＿＿＿＿＿＿＿＿＿＿＿＿＿＿＿＿＿＿＿＿＿＿
＿＿＿＿＿＿＿＿＿＿＿＿＿＿＿＿＿＿＿＿＿＿＿＿＿

3. **シダ類**の特徴を記しなさい。＿＿＿＿＿＿＿＿＿＿
＿＿＿＿＿＿＿＿＿＿＿＿＿＿＿＿＿＿＿＿＿＿＿＿＿
＿＿＿＿＿＿＿＿＿＿＿＿＿＿＿＿＿＿＿＿＿＿＿＿＿
＿＿＿＿＿＿＿＿＿＿＿＿＿＿＿＿＿＿＿＿＿＿＿＿＿
＿＿＿＿＿＿＿＿＿＿＿＿＿＿＿＿＿＿＿＿＿＿＿＿＿

4. **裸子植物**の特徴を記しなさい。＿＿＿＿＿＿＿＿＿
＿＿＿＿＿＿＿＿＿＿＿＿＿＿＿＿＿＿＿＿＿＿＿＿＿
＿＿＿＿＿＿＿＿＿＿＿＿＿＿＿＿＿＿＿＿＿＿＿＿＿
＿＿＿＿＿＿＿＿＿＿＿＿＿＿＿＿＿＿＿＿＿＿＿＿＿
＿＿＿＿＿＿＿＿＿＿＿＿＿＿＿＿＿＿＿＿＿＿＿＿＿

5. **被子植物単子葉類**の特徴を記しなさい。＿＿＿＿＿
＿＿＿＿＿＿＿＿＿＿＿＿＿＿＿＿＿＿＿＿＿＿＿＿＿
＿＿＿＿＿＿＿＿＿＿＿＿＿＿＿＿＿＿＿＿＿＿＿＿＿
＿＿＿＿＿＿＿＿＿＿＿＿＿＿＿＿＿＿＿＿＿＿＿＿＿
＿＿＿＿＿＿＿＿＿＿＿＿＿＿＿＿＿＿＿＿＿＿＿＿＿

6. **被子植物双子葉類**の特徴を記しなさい。＿＿＿＿＿
＿＿＿＿＿＿＿＿＿＿＿＿＿＿＿＿＿＿＿＿＿＿＿＿＿
＿＿＿＿＿＿＿＿＿＿＿＿＿＿＿＿＿＿＿＿＿＿＿＿＿
＿＿＿＿＿＿＿＿＿＿＿＿＿＿＿＿＿＿＿＿＿＿＿＿＿
＿＿＿＿＿＿＿＿＿＿＿＿＿＿＿＿＿＿＿＿＿＿＿＿＿

さまざまな動物の特徴

　動物界は約35の**門**に分けられる。以下に示すのは，よく知られた動物を含む分類群である。**刺胞動物**（クラゲ類，イソギンチャク類，サンゴ類などからなる），**環形動物**（体節をもつ蠕虫類），**節足動物**（昆虫類，甲殻類，クモ類，サソリ類，ムカデ類，ヤスデ類など），**軟体動物**（巻貝類，二枚貝類，イカ類やタコ類など），**棘皮動物**（ヒトデ類やウニ類など），**脊索動物門**の中の**脊椎動物**（魚類，両生類，爬虫類，鳥類，哺乳類）である。**節足動物**と**脊椎動物**についてはより詳しく，それらの主要な**分類群**について学習する。以下に挙げた分類群の識別形質となる特徴を述べなさい。

イソギンチャク　　　クラゲ

管棲ゴカイ　　　ミミズ

カミキリムシ　　　チョウ

カニ　　　ワラジムシ

サソリ　　　クモ

ムカデ　　　ヤスデ

1. 刺胞動物の特徴：＿＿＿＿＿＿＿＿＿＿＿＿
＿＿＿＿＿＿＿＿＿＿＿＿＿＿＿＿＿＿＿＿＿
＿＿＿＿＿＿＿＿＿＿＿＿＿＿＿＿＿＿＿＿＿
＿＿＿＿＿＿＿＿＿＿＿＿＿＿＿＿＿＿＿＿＿
＿＿＿＿＿＿＿＿＿＿＿＿＿＿＿＿＿＿＿＿＿

2. 環形動物の特徴：＿＿＿＿＿＿＿＿＿＿＿＿
＿＿＿＿＿＿＿＿＿＿＿＿＿＿＿＿＿＿＿＿＿
＿＿＿＿＿＿＿＿＿＿＿＿＿＿＿＿＿＿＿＿＿
＿＿＿＿＿＿＿＿＿＿＿＿＿＿＿＿＿＿＿＿＿
＿＿＿＿＿＿＿＿＿＿＿＿＿＿＿＿＿＿＿＿＿

3. 昆虫類の特徴：＿＿＿＿＿＿＿＿＿＿＿＿＿
＿＿＿＿＿＿＿＿＿＿＿＿＿＿＿＿＿＿＿＿＿
＿＿＿＿＿＿＿＿＿＿＿＿＿＿＿＿＿＿＿＿＿
＿＿＿＿＿＿＿＿＿＿＿＿＿＿＿＿＿＿＿＿＿
＿＿＿＿＿＿＿＿＿＿＿＿＿＿＿＿＿＿＿＿＿

4. 甲殻類の特徴：＿＿＿＿＿＿＿＿＿＿＿＿＿
＿＿＿＿＿＿＿＿＿＿＿＿＿＿＿＿＿＿＿＿＿
＿＿＿＿＿＿＿＿＿＿＿＿＿＿＿＿＿＿＿＿＿
＿＿＿＿＿＿＿＿＿＿＿＿＿＿＿＿＿＿＿＿＿
＿＿＿＿＿＿＿＿＿＿＿＿＿＿＿＿＿＿＿＿＿

5. 蛛形類の特徴：＿＿＿＿＿＿＿＿＿＿＿＿＿
＿＿＿＿＿＿＿＿＿＿＿＿＿＿＿＿＿＿＿＿＿
＿＿＿＿＿＿＿＿＿＿＿＿＿＿＿＿＿＿＿＿＿
＿＿＿＿＿＿＿＿＿＿＿＿＿＿＿＿＿＿＿＿＿
＿＿＿＿＿＿＿＿＿＿＿＿＿＿＿＿＿＿＿＿＿

6. 多足類の特徴：＿＿＿＿＿＿＿＿＿＿＿＿＿
＿＿＿＿＿＿＿＿＿＿＿＿＿＿＿＿＿＿＿＿＿
＿＿＿＿＿＿＿＿＿＿＿＿＿＿＿＿＿＿＿＿＿
＿＿＿＿＿＿＿＿＿＿＿＿＿＿＿＿＿＿＿＿＿
＿＿＿＿＿＿＿＿＿＿＿＿＿＿＿＿＿＿＿＿＿

4 生物の分類

120

オウムガイ	アワビ
ウニ	ヒトデ
ハタ	サメ
カエル	サンショウウオ
イグアナ	ガラガラヘビ
ペンギン	ペリカン
ウマ	クマ

7. **軟体動物**の特徴：_____
_____
_____
_____
_____

8. **棘皮動物**の特徴：_____
_____
_____
_____
_____

9. **魚類**の特徴：_____
_____
_____
_____
_____

10. **両生類**の特徴：_____
_____
_____
_____
_____

11. **爬虫類**の特徴：_____
_____
_____
_____
_____

12. **鳥類**の特徴：_____
_____
_____
_____
_____

13. **哺乳類**の特徴：_____
_____
_____
_____
_____

メ モ

5 実験のテクニック

重要概念

▶ 正確な生物描画は，生物標本を詳細に記録する最適な方法である。

▶ 顕微鏡を用いることで，細胞の構造と機能を理解することができる。

▶ 生体物質を単離し分析するためには，種々の実験操作が必要となる。

▶ 無菌操作は微生物学において必須の手順である。

重要語句

R_f 値
クロマトグラフィー
ゲル電気泳動
顕微鏡
   顕微鏡使用法
   光学顕微鏡
   走査型電子顕微鏡（SEM）
   透過型電子顕微鏡（TEM）
生物描画
線倍率
組織染色
段階希釈
倍率
微細繁殖（植物組織培養）
比色分析法
分解能
分画遠心法
平板塗抹培養法
（ストリーク・プレート法）
無菌操作
プレパラートの作製

目 的

☐ 1. **重要語句**を参考にして以下の学習の目的を理解し，その課題を行う。

生物描画の作成   p.126 ～ 127, 129

☐ 2. 正確に描画する力をつけ，優れた描画が正確な形態記録の方法であることを理解できるようになる。

顕微鏡   p.123 ～ 125, 128, 130 ～ 134

☐ 3. **光学顕微鏡**や**電子顕微鏡**の構造と基本原理について比較対照し，**TEM（透過型電子顕微鏡）**と**SEM（走査型電子顕微鏡）**を識別できるようになる。

☐ 4. 光学顕微鏡や電子顕微鏡でみられる典型的な動物・植物細胞の顕微鏡写真について解釈できるようになる。

☐ 5. 光学顕微鏡で観察をするためのウエットマウント標本が作製できるようになる。

☐ 6. 顕微鏡標本（**染色**を含む）の役割を説明できるようになる。細胞の特徴を見るための簡単な染色方法が使えるようになる。

☐ 7. **倍率**と**分解能**の違いを説明できるようになる。顕微鏡で観察した像の**線倍率**を計算できるようになる。光学顕微鏡，TEM，SEM での倍率と分解能を比較できるようになる。

基本的な実験手法   p.135 ～ 143

☐ 8. 還元糖，非還元糖，デンプン，タンパク質，脂質についての簡単なテストを記述し，**比色分析法**を使用して，溶液中の還元糖（たとえばグルコース）の濃度を求める方法を説明できるようになる。

☐ 9. **分画遠心**（細胞分画）の原理を記述できるようになる。

☐ 10. **クロマトグラフィー**の基礎を理解し，生体分子の分離と同定の方法を説明できるようになる。R_f **値**を計算し活用できるようになる。

☐ 11. **ゲル電気泳動**によって DNA 断片が分離する原理を説明できるようになる。

☐ 12. **微細繁殖（植物組織培養）**を用いた植物クローニングについて記述できるようになる。

微生物の研究手法   p.143 ～ 145

☐ 13. 微生物培養の準備や植菌を**無菌**条件下で操作できるようになり，細菌株を分離するための**平板塗抹培養法**を説明できるようになる。

☐ 14. 微生物学の基本的な手法である**段階希釈**の役割を説明できるようになる。

光学顕微鏡

光学顕微鏡は生物学において重要なツールであり，これを正しく使うための技術を身につけることは必須である。高倍率の**複式顕微鏡**（下図）は，レンズの組み合わせによって数百倍まで対象物（試料）を拡大できる。このタイプの顕微鏡で試料を観察する場合，試料は薄く，光が透過するくらい透明でなければならない。試料が厚かったり不透明であったりすると，細部を見ることはできない。近年よく使われている顕微鏡は双眼で，2つの接眼レンズは調整可能となっている。解剖顕微鏡は低倍率（4～50倍）で観察するための特別なタイプの双眼顕微鏡で，対物レンズとステージの作動距離が長い。解剖顕微鏡は，片眼ずつに対応する2つの分離したレンズ系をもっているため，試料の三次元像を見ることができ，実体顕微鏡とも呼ばれている。

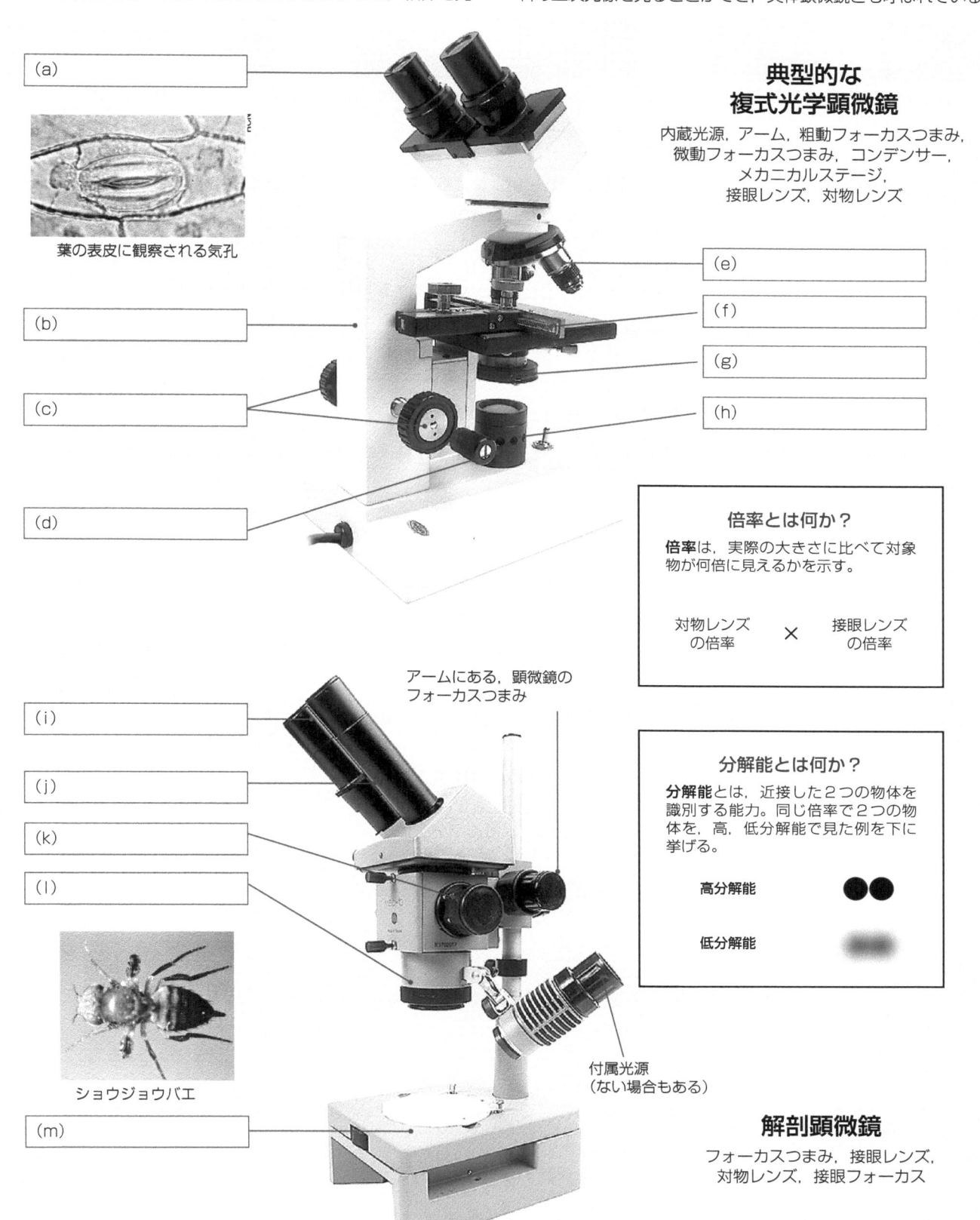

葉の表皮に観察される気孔

典型的な複式光学顕微鏡

内蔵光源，アーム，粗動フォーカスつまみ，微動フォーカスつまみ，コンデンサー，メカニカルステージ，接眼レンズ，対物レンズ

倍率とは何か？

倍率は，実際の大きさに比べて対象物が何倍に見えるかを示す。

対物レンズの倍率 × 接眼レンズの倍率

アームにある，顕微鏡のフォーカスつまみ

分解能とは何か？

分解能とは，近接した2つの物体を識別する能力。同じ倍率で2つの物体を，高，低分解能で見た例を下に挙げる。

高分解能

低分解能

ショウジョウバエ

付属光源（ない場合もある）

解剖顕微鏡

フォーカスつまみ，接眼レンズ，対物レンズ，接眼フォーカス

5 実験のテクニック

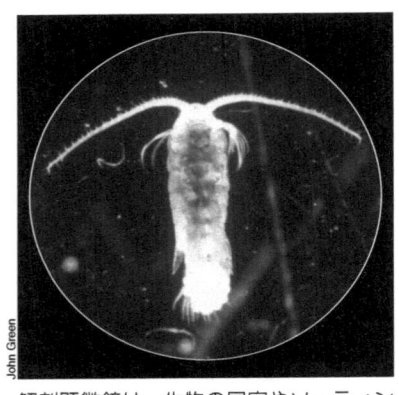

解剖顕微鏡は，生物の同定やソーティング（拾い出し），微生物の観察，解剖などに使われる。

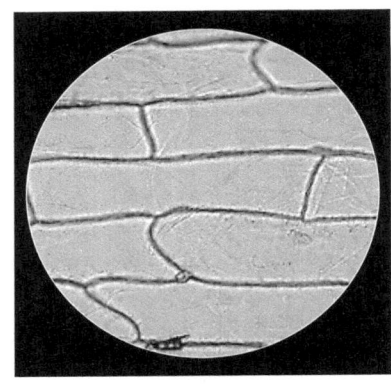

タマネギの表皮細胞を標準的な**明視野**照明で観察したもの。細部についてはわずかしか見えず（細胞壁だけ），細胞核も見えにくい。

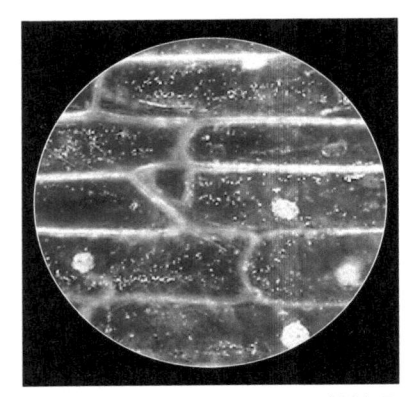

暗視野照明は，ほとんど透明な試料を見るのに優れている。タマネギ表皮の核が鮮明に見える。

1. 前ページの複式顕微鏡（a）～（h）と，解剖顕微鏡（i）～（m）に名称を書き入れなさい。各写真の説明に列記された用語を用いなさい。

2. 顕微鏡の倍率を求めなさい。

　　（a）15× 接眼レンズ と 40× 対物レンズ：_____　　（b）10× 接眼レンズ と 60× 対物レンズ：_____

3. 複式光学顕微鏡と解剖顕微鏡のおもな違いを説明しなさい。_____

4. どのようなタイプの顕微鏡を使用するか述べなさい。

　　（a）標本中の河川性無脊椎動物の個体数を数える：_____　　（b）体細胞分裂をしている細胞を観察する：_____

5. （a）**倍率**と**分解能**の違いを述べなさい。_____

　　（b）高分解能の利点を説明しなさい。_____

6. 以下に，顕微鏡のセットアップと標本を適切に見るための10のステップを挙げている。各ステップの**順番が正しくなるように**，□に番号をつけなさい。

- [ ] 高倍率の対物レンズで試料にフォーカスを合わせて，試料を視野の中心に置く。フォーカス調整には微動つまみだけを使う。
- [ ] 虹彩絞りとコンデンサーを調整して，適切なレベルに照明を調整する。光は対物レンズの直下の試料に当たるように調整し，視野内が均等な明るさとなるように調節する。
- [ ] もっとも短い対物レンズがステージに向くように，レボルバーを回転する。もっとも短い対物レンズとは，最低倍率／最高倍率（一方を消去せよ）のものである。
- [ ] 顕微鏡ステージの上にスライドグラスを置く。ステージ上のクリップでスライドグラスを固定する。
- [ ] 試料がもっとも詳細に見えるように照明を調整する。
- [ ] 中間の対物レンズで試料にフォーカスを合わせて，試料を視野の中心に置く。フォーカスは最初に粗動ノブで合わせてから微動ノブで合わせる。
- [ ] 光源をONにする。
- [ ] 低倍率の対物レンズで試料にフォーカスを合わせて，試料を視野の中心に置く。フォーカスは最初に粗動ノブで合わせてから微動ノブで合わせる。
- [ ] 自分の目のピントに合うように接眼レンズを調整する。
- [ ] 2つの接眼レンズ間の距離を自分の目の幅に合うように調整する。

顕微鏡使用技術

　試料は，特徴を強調したり，細部を明らかにするために，観察する前にいろいろな方法で処理される。**ウエットマウント**法は，スライドグラス上の薄い試料の上に液体を1滴垂らして（試料を含んだ液体を1滴垂らして），その上に薄いカバーグラスを載せて試料を観察する方法である。顕微鏡レベルの生物を生きた状態で観察するのに使われたり，血液などのような懸濁液を観察するときに使われたりする。ウエットマウント法で試料を観察することで，試料の外観をや細部がより見やすくなる。**染色液**や色素は，特定の構成要素や構造を強調するのに用いられる。多くの染色液は**非生体用**であり，死んだ標本に使われるが，無害の**生体染色液**は生きた材料に使われる。

ウエットマウント標本のつくり方

1. **薄切**：新鮮な材料をカミソリの刃で薄く切って切片とする。

2. **封入**：切片をスライドグラスの中央に置き，1滴の液体（たとえば，水，グリセリン，染色液など）を垂らす。その上にカバーグラスを気泡が入らないように置く（下図）。

3. 液体が多い場合はカバーグラスの位置が高くなるため，標本にフォーカスを合わせにくくなる。液体が十分ではない場合はすぐに蒸発してしまい，標本を十分に観察する前に乾燥してしまう。

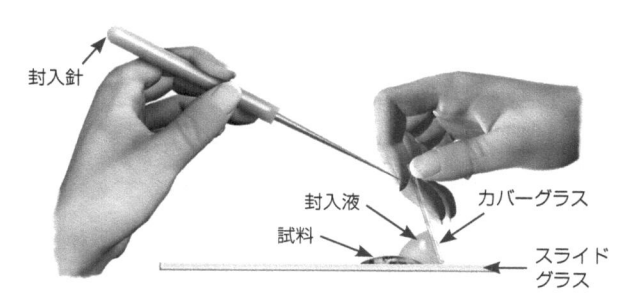

封入針でカバーグラスを支えながら試料の上にゆっくりと被せる。こうすることで，封入の際に空気が入ることを防ぐ。

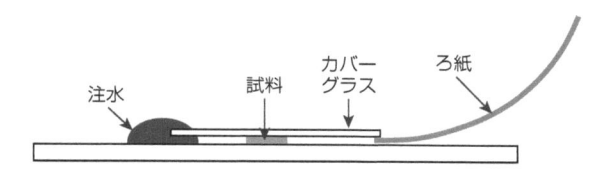

試料がすでに封入されている場合，1滴の染色液をカバーグラスの片側に置き，反対側からろ紙で吸い取る。過剰な染色液を除去する場合も同様にろ紙で吸い取る。

染色技術

代表的な染色液

染色液	色	用途
ヨウ素液	濃紺	デンプンの検出
クリスタルバイオレット	紫	グラム染色
硫酸アニリン	黄色	リグニンの検出
メチレンブルー	青	核の染色

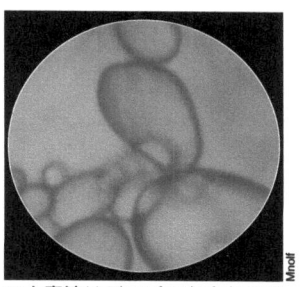

ヨウ素液はデンプンを含む細胞小器官（たとえば**ジャガイモのアミロプラスト**）を濃紺に染める。

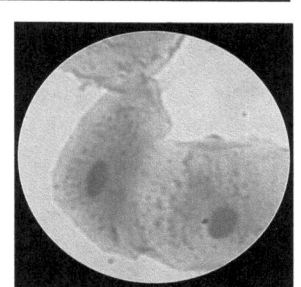

メチレンブルーは動物細胞の一時的染色によく用いられ，**核**を見やすくする。

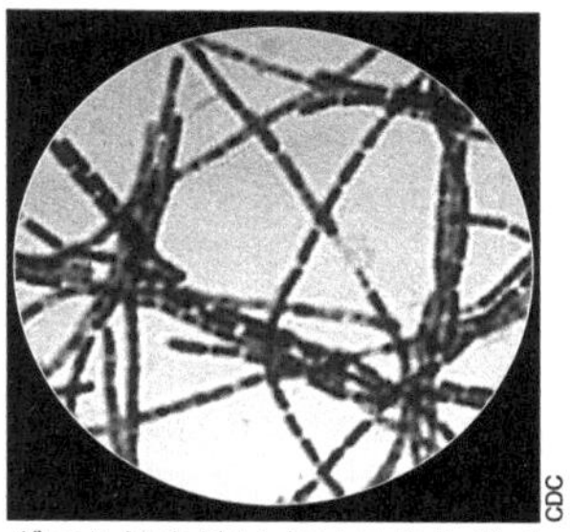

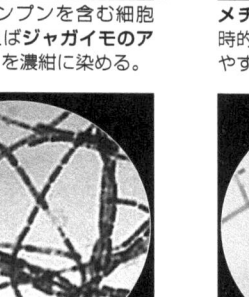

グラム染色液は**クリスタルバイオレット**を含んでいる。これは**グラム陽性菌**の細胞壁にあるペプチドグリカンに結合して紫色に染める。

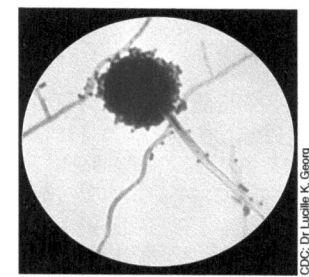

生体染色液は生きた細胞に直ちに害を与えることはない。**トリパンブルー**は生きた細胞と死んだ細胞の区別をしたり，菌糸の研究に利用される。

1. 多くの顕微鏡標本を観察前にウエットマウントするのはなぜか述べなさい。＿＿＿＿＿＿＿＿＿＿＿＿＿＿＿＿＿＿＿

2. 染色液を用いるおもな目的を何か述べなさい。＿＿＿＿＿＿＿＿＿＿＿＿＿＿＿＿＿＿＿

3. 生体染色と非生体染色の違いは何か述べなさい。＿＿＿＿＿＿＿＿＿＿＿＿＿＿＿＿＿＿＿

4. 以下のものを識別するのに適切な染色液を記しなさい。

　（a）菌糸：＿＿＿＿＿＿＿＿＿＿＿＿＿＿＿＿

　（b）ジャガイモの細胞中のデンプン：＿＿＿＿＿＿＿＿

　（c）グラム陽性菌の細胞壁：＿＿＿＿＿＿＿＿

　（d）植物根の切片におけるリグニン：＿＿＿＿＿＿＿＿

　（e）頬の細胞の核：＿＿＿＿＿＿＿＿

生物描画

顕微鏡を用いた観察研究では，多くの場合，あなたが見たものを正確に表現することが要求される。観察は比較的低倍率（40×）で行われることが多いが，組織標本では組織の微細な構造を同定するために高倍率を必要とする。組織切片は，同じ試料の縦断切片と横断切片をつくれば，両方の像からその試料の三次元構造を知ることができる。生物学では，顕微鏡で観察したものを正確に描画するスキルが求められる。特に，**片眼で顕微鏡像を見ながら，もう片眼で描画を見て描くスキル**が必要とされる。構造の左右相称性や比率，各部位の名称記入，倍率の記述，切片や用いた染色液なども必要である。ここでは，上手な生物描画を行ううえで必要となるスキルを練習する。

1. **材料**：高品質の紙，尖ったHB鉛筆，高品質の消しゴムを使用すること。

2. **大きさと位置**：図はページの端ではなく中央に描き，引出線と注釈を記入するためのスペースを確保すること。描画は，細部まで表現するのに十分な大きさとし，構造を理解できる程度で表す。

3. **正確さ**：描画は観察対象を正確に表し，あなたがその対象物について理解した内容が，描画を見た人に伝わるものでなければならない。生物描画は，図解とは異なる。図解は，理想化されていて，多くの場合，顕微鏡切片から見える以上の構造まで記していることがある。比率は正確であること。顕微鏡の視野内の比率から描画上の部位の比率を推定できるので，必要ならば定規で各部位の長さを測りながら調節する。不連続な輪郭線は描かず，必ず連続した線にする。

4. **テクニック**：単純な細い線で描く。点刻は深さを表すときに用いるが，明らかに必要な場合にのみ用いる。描画する間は試料を見ていること。

5. **名称記入**：描画の各部位には名称を正確に記す。引出線は定規で引き，交差させない。可能な範囲で，引出線は垂直または水平にする。描画には，描画を説明する**タイトル**，観察対象物の名称，大きさを示すための**倍率**や**スケール**，構造の名称など，生きている試料であれば見た動きなどを書き入れる。また切片の描画には，横断切片か縦断切片かを記す。

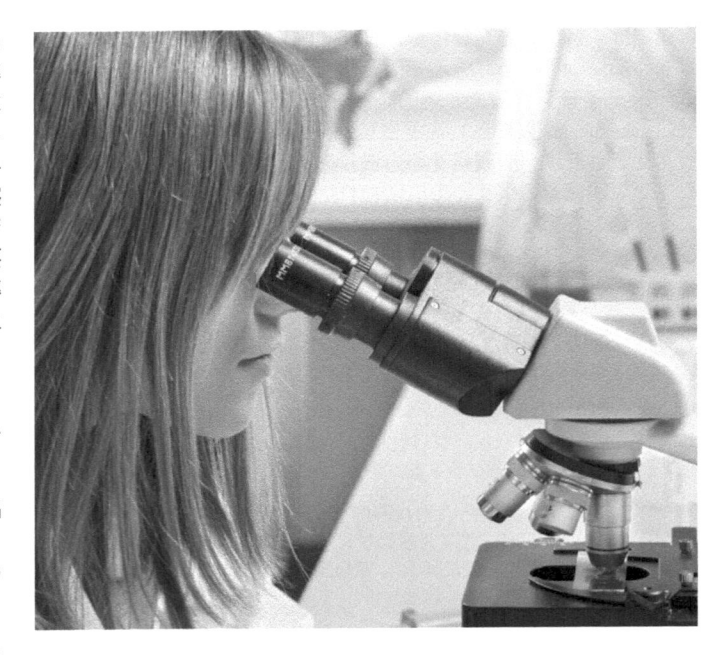

描画は記録であり，精緻な観察を進めるための手段であるので，そこに芸術性は必要ない。描画を提出する前に，自分が描いたすべての線がそれぞれ何を表しているかを確認すること。もしわからなければ，材料をもっとよく見ること。

見えると思ったものではなく，見たものを描くこと。

生物描画として許容範囲にある図の例

下に示す2つの図は，生物描画として許容範囲にある。左図は生物全体を描いた図であり，大きさはスケールで示されている。右図は植物組織を示している。顕微鏡で多くの細胞が見えたとしても，そのすべてを描く必要はない。構造を示し，どのように配置されているかを示すだけで十分である。スケールは倍率で示してある（顕微鏡で見た倍率と混同しないように）。

ケンミジンコ

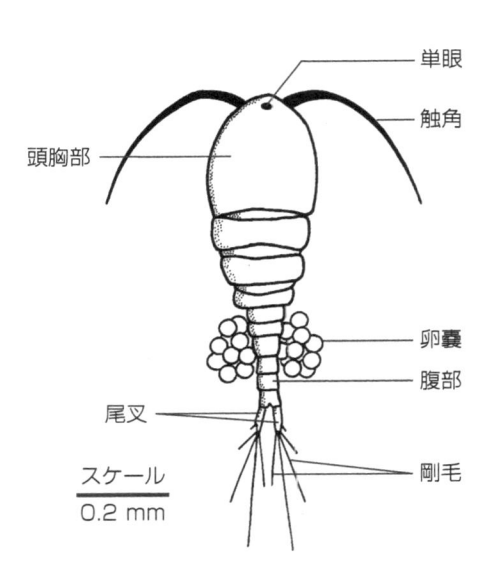

ヒマワリ茎の厚角組織切片（横断切片）×450

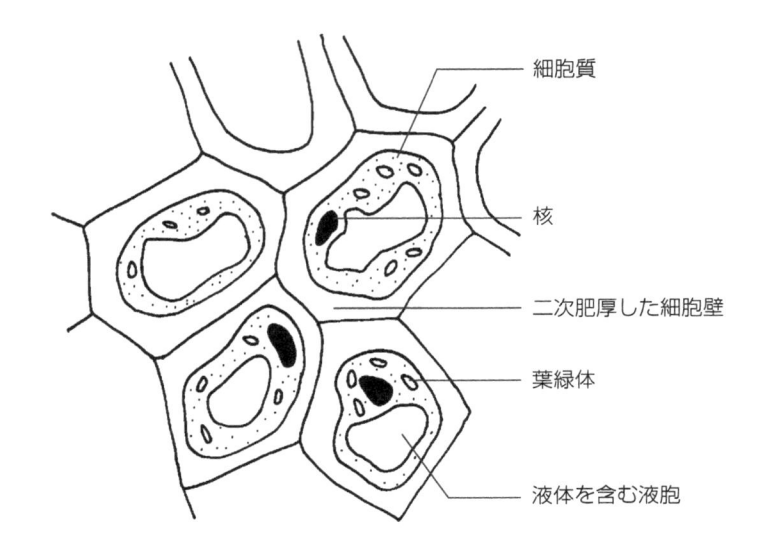

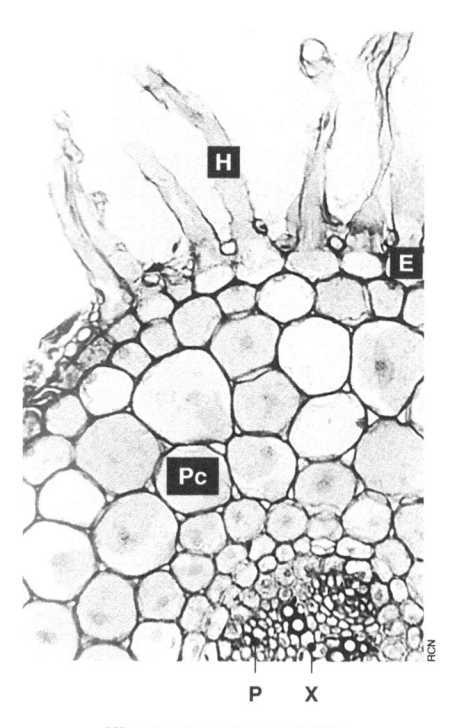

生物描画として許容範囲にない図の例

下の図は生物描画として許容範囲にない図の例である。これは左の写真に基づいてある学生が描いた描画だが、生物描画として許容できない点が多く見られる。下記の問題では、この学生の誤りについて質問している。

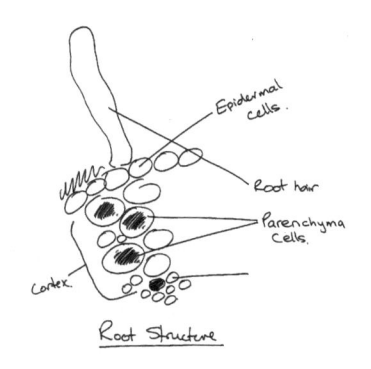

描画に用いられた試料

上は、ラナンキュラス（キンポウゲ属）の根の横断切片を染色し撮影された写真である。この写真は根における異なる組織の配置を示している。根の中心に維管束がある。維管束には大きな道管（X）を中心として、その周りに小さな師管（P）がある。根毛細胞（H）は外側表面に配列していて、上皮層（E）の一部を構成している。柔細胞（Pc）は根の大半を構成している。XからEまでの距離は約150 μm。

1. 上に示した学生の描画について、生物描画として許容範囲にない8つの特徴を確認して記しなさい。

    (a) _____
    (b) _____
    (c) _____
    (d) _____
    (e) _____
    (f) _____
    (g) _____
    (h) _____

2. 上の「悪い例」にある余白部分に、上にある写真に基づいて同じ対象物を描画しなさい。学生の標本で確認した間違いをすべて正しくすること。

3. なぜ正確な生物描画が、芸術的なものより科学研究に価値があるのか説明しなさい。

    _____
    _____

線倍率の計算

　顕微鏡は，標本を拡大した像をつくり出し，肉眼ではとても見ることのできないような細部まで観察できるようにする。**倍率**とは，標本が実際の大きさの何倍で見えているかをさす。可能な倍率の程度は顕微鏡のタイプに依存する。**線倍率**は像の高さと標本の実際の高さの比をもって計算する。比がもし1以上であれば，像は拡大され，1以下であれば縮小される。倍率を計算するときは，すべての測定値は同じ単位に変換する必要がある。質問では，多くの場合，標本の顕微鏡像の大きさと倍率が提示され，標本の実際の大きさを計算せよと求められる。

線倍率の計算：作業例

❶ トコジラミ（右写真）の体長を測定する。測定は 40mm になるだろう（毛や触覚は含まない）。

❷ 1.0mm のスケールの長さを測定する。10mm であるだろう。スケールの倍率が式1（右下）によって計算できる。

　スケールの倍率は **10**（10mm／1mm）

　注：スケールとトコジラミの像は同じ倍率で拡大されているので，トコジラミの写真の倍率も 10 倍となる。

❸ トコジラミの実際の大きさを式2（右）で計算する。

　トコジラミの実際の大きさは **4mm**（40mm／10）。

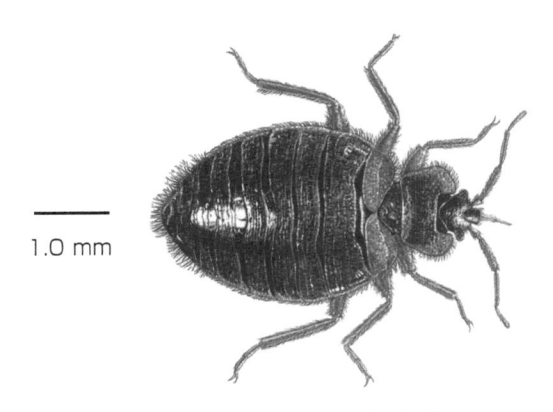

顕微鏡法における計算式

1. 倍率 $= \dfrac{\text{写真での大きさ}}{\text{標本の実際の大きさ}}$

2. 標本の実際の大きさ $= \dfrac{\text{写真での大きさ}}{\text{倍率}}$

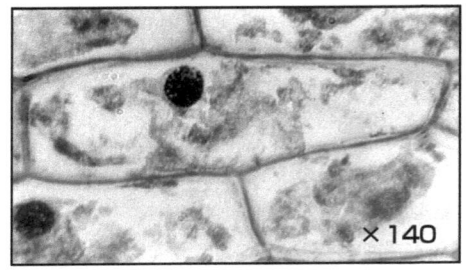

---

1. 左の明視野顕微鏡像はタマネギの表皮細胞である。写真の中央にあるタマネギ細胞の測定長は 52,000 μm（52mm）である。像は 140 倍に拡大されている。細胞の実際の大きさを計算しなさい。

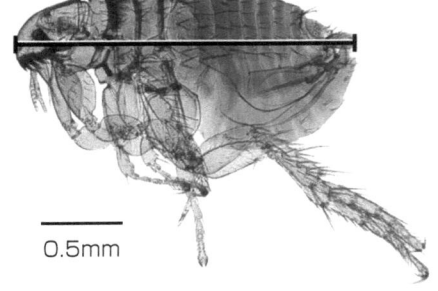

　_____
　_____
　_____

2. 左のノミの像を光学顕微鏡で撮影した。

　(a) 像にあるスケールを用いて倍率を計算しなさい。

　_____
　_____
　_____

　(b) ノミの体長を線で示してある。線に沿って測定し，ノミの実際の長さを計算しなさい。

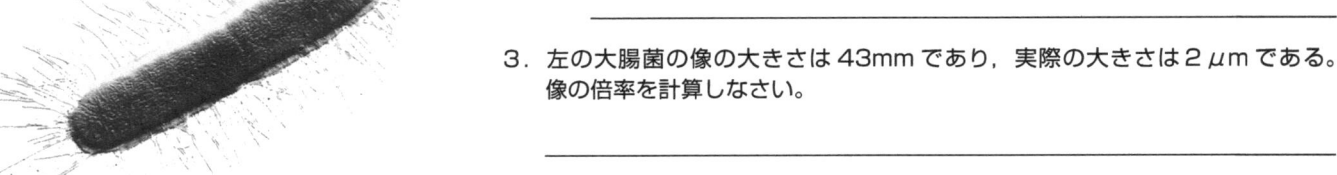

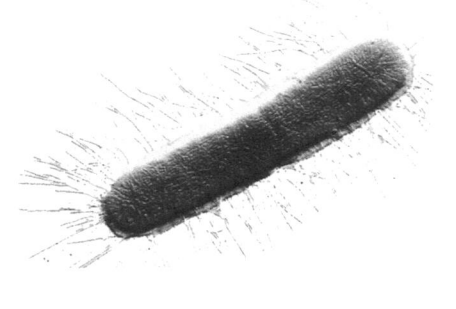

　_____
　_____
　_____

3. 左の大腸菌の像の大きさは 43mm であり，実際の大きさは 2 μm である。像の倍率を計算しなさい。

　_____
　_____
　_____

定性的実習

生物描画では，異なる構造や組織のタイプを区別するのに必要な細部は含め，不要な細部については避けて描くべきである。整然とした組織標本はめったになく，細部が見えない箇所があったり，細胞が重なって見える部分があったりする。このような場合には，隣接する細胞からできるだけ詳細を推測する必要がある。生物描画では濃淡をつけるのは避けたほうがよい。細部が滲んだり，あいまいに見えることがあるからだ。描画には，自分の知識に基づく解釈と，同定した構造を指し示す引出線を引いて名称を記入すること。タイトルや倍率のような像の詳細についても書き加えること。この課題では，見たものを生物描画にするために必要な技術を習得する。

生物描画をするときの顕微鏡観察の様子。描く手が右利きならば左目で観察し，右目を描画に向ける。

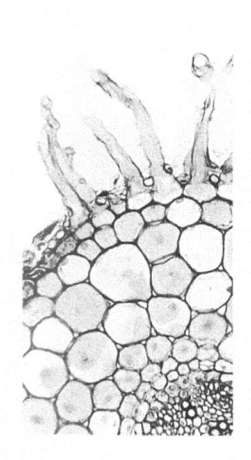

光学顕微鏡写真。ラナンキュラスの根の横断切片。

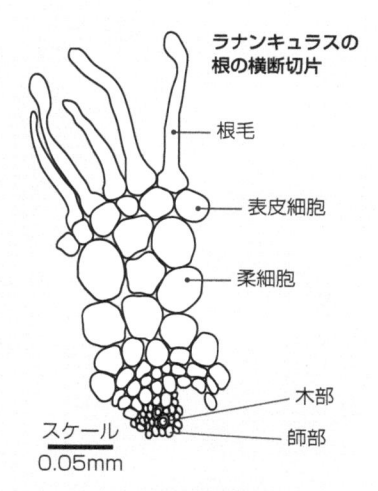

同じ切片の生物描画。理想化され，1枚の切片で見られた以上の構造を含む図解と，生物描画は異なる。

ラナンキュラスの根の横断切片
- 根毛
- 表皮細胞
- 柔細胞
- 木部
- 師部

スケール 0.05mm

練習

双子葉植物の葉の横断切片（下図）の生物描画をしなさい。上のラナンキュラスの根の例を参照して，描画に必要な詳細を記入しなさい。

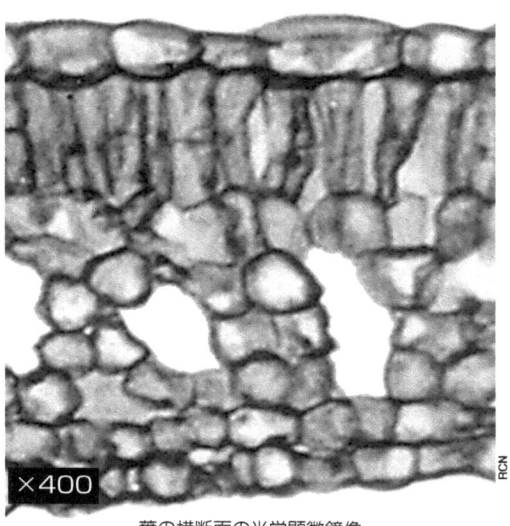

×400

葉の横断面の光学顕微鏡像

5 実験のテクニック

電子顕微鏡

電子顕微鏡（EM）は，像を得るために光の代わりに電子線を使う。電子の波長は光より短いため，EM は光学顕微鏡より高い分解能で像を得ることができる。電子顕微鏡には，**走査型電子顕微鏡**（SEM）と**透過型電子顕微鏡**（TEM）の2つのタイプがある。SEM は，電子線が標本の表面からはね返り，外観に関する詳細な像を得る。TEM は，非常に薄い切片を用いて鮮明な像を得る。

透過型電子顕微鏡（TEM）

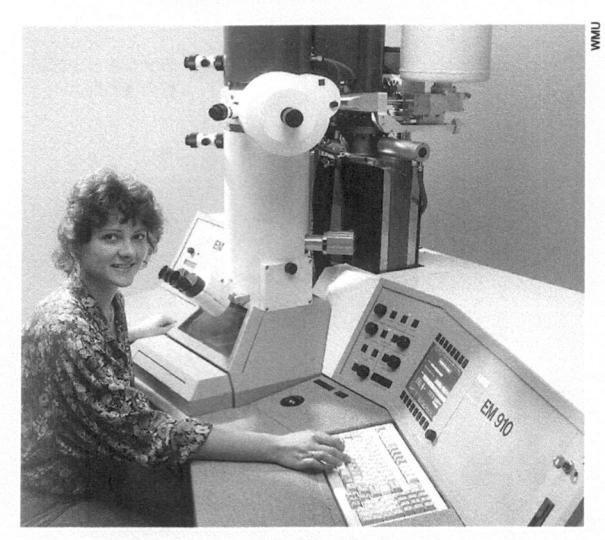

透過型電子顕微鏡は，材料の非常に薄い切片を見るために使われる。電子は試料を通過し，拡散する。磁気レンズは蛍光スクリーンまたは写真フィルムに像を結ぶ。切片は非常に薄いために特別な機器であるウルトラミクロトームで作製する必要がある。その厚さはわずか 3,000 分の1mm。TEM の倍率は数十万倍になる。

走査型電子顕微鏡（SEM）

走査型電子顕微鏡は，一次電子線で試料を走査（スキャン）し，表面からはね返ってきた二次電子線を検出器で集め，増幅し，観察スクリーンや写真板に投射することで，きれいな三次元像を得る。この顕微鏡で，バクテリアなどの小さな生物やウイルスの鮮明な写真が得られる。得られるのは表面の像だけである。

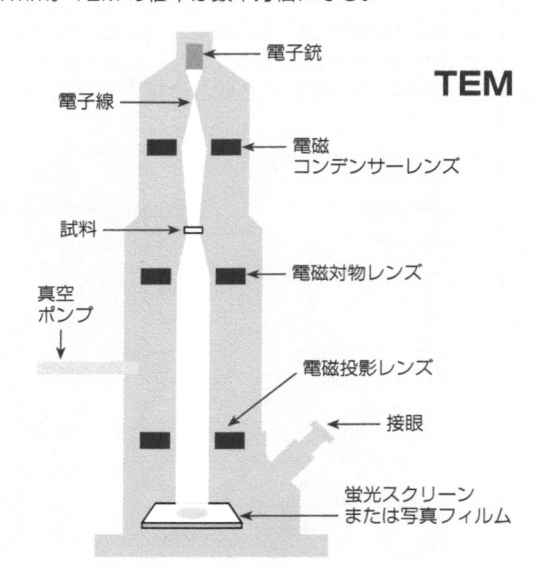

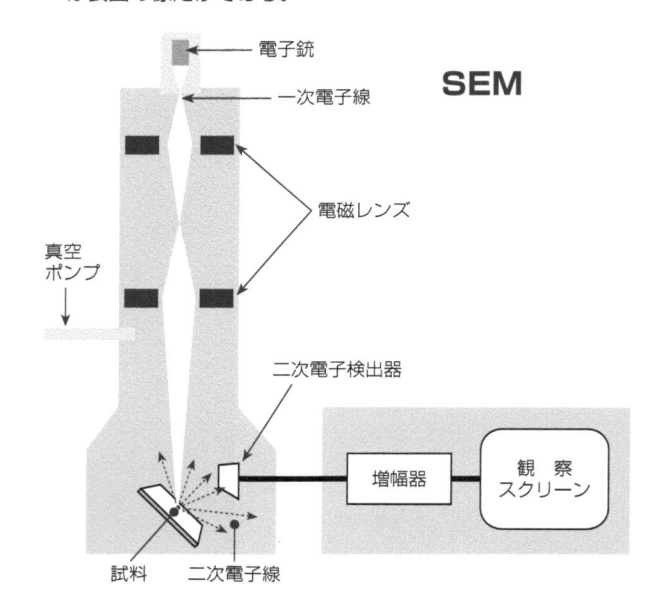

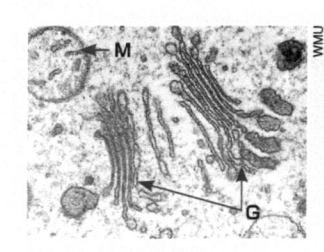

ゴルジ体（G）とミトコンドリア（M）の TEM 写真。

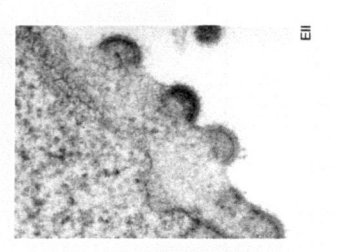

ヒトのリンパ球から出芽する3つの HIV ウイルス（TEM）。

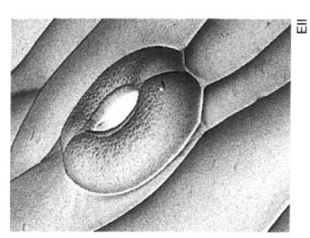

葉の表面にある気孔と表皮細胞の SEM 写真。

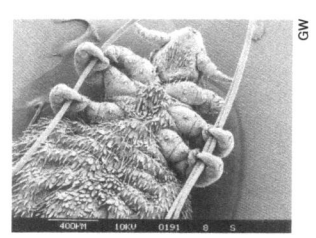

アシカの2本の毛に付着するケジラミの像（SEM）

	光学顕微鏡	透過型電子顕微鏡（TEM）	走査型電子顕微鏡（SEM）
線源	光	電子線	電子線
波長	400～700nm	0.005nm	0.005nm
レンズ	ガラス	電磁	電磁
標本	生体または固定標本スライドグラスに置く	真空中で小さな銅グリッドに載せた固定標本	真空中で金属台に載せた固定標本
最大分解能	200nm	1nm	10nm
最大倍率	1,500×	250,000×	100,000×
染色	色素による染色	重金属による染色	炭素または金蒸着によるコート
像のタイプ	カラー	モノクロ（白黒）	モノクロ（白黒）

1. なぜ電子顕微鏡では光学顕微鏡よりもはるかに詳細を見ることができるのか説明しなさい。

2. 次のタイプの顕微鏡について代表的な適用例を2つ述べなさい。

　　(a) 透過型電子顕微鏡：

　　(b) 走査型電子顕微鏡：

　　(c) 複式光学顕微鏡：

　　(d) 解剖顕微鏡：

3. 以下の写真（A～H）の像は電子顕微鏡（TEMかSEM）によるものか，光学顕微鏡（複式光学顕微鏡か解剖顕微鏡）によるものか見分けなさい。

心筋
A _____

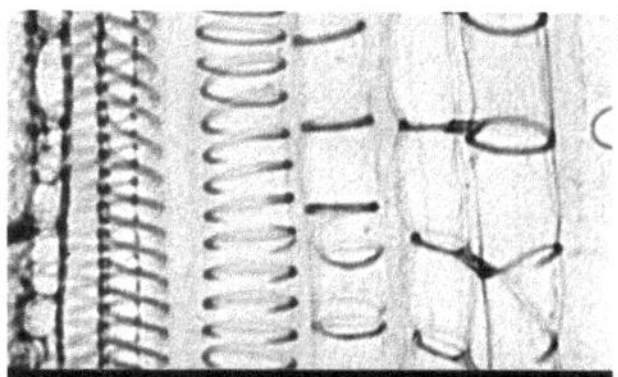

植物の道管
B _____

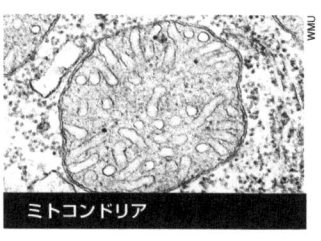

ミトコンドリア
C _____

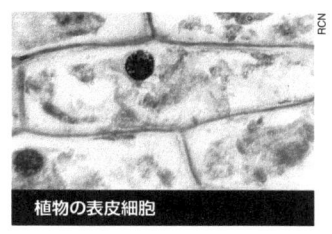

植物の表皮細胞
D _____

アタマジラミ
E _____

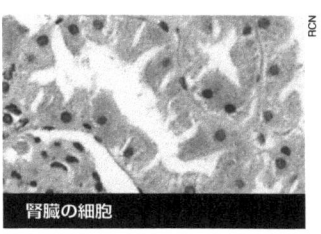

腎臓の細胞
F _____

センブリの幼虫（水生）
G _____

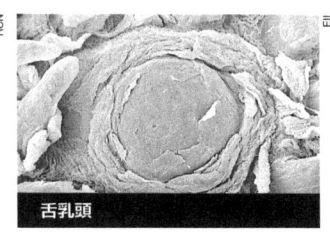

舌乳頭
H _____

植物細胞の構造の確認

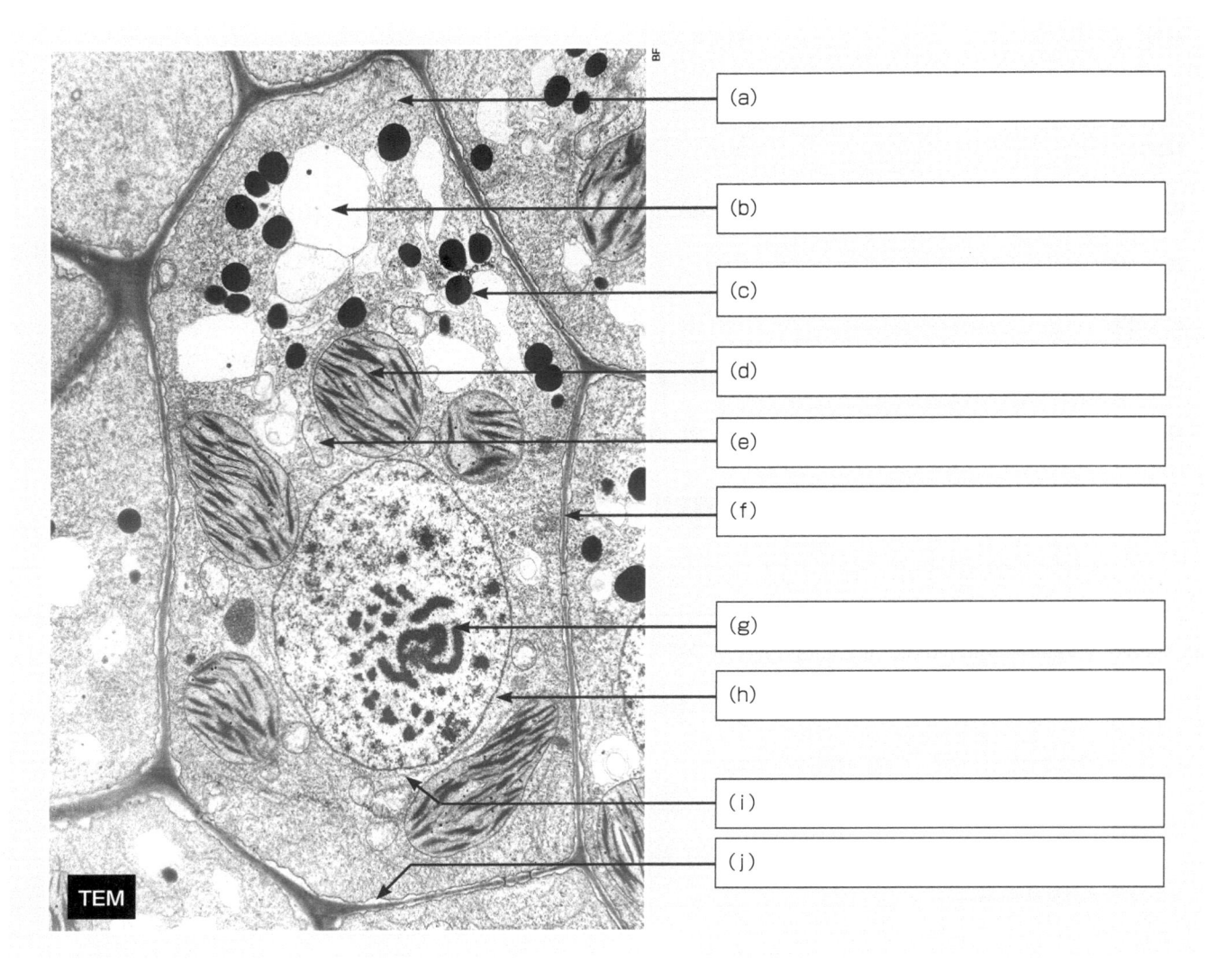

- (a) _____
- (b) _____
- (c) _____
- (d) _____
- (e) _____
- (f) _____
- (g) _____
- (h) _____
- (i) _____
- (j) _____

1. 上の細胞に示されている10個の構造の名称を，以下の用語から選んで書き込みなさい。

    核膜，細胞質，小胞体，ミトコンドリア，デンプン粒，染色体，液胞，細胞膜，細胞壁，葉緑体

2. 上の電子顕微鏡写真には何個の細胞（細胞の一部または全部）が見えるか述べなさい。 _____

3. 上の細胞のタイプ（細菌細胞，植物細胞，動物細胞）を確認して，その理由を述べなさい。 _____
_____
_____

4. (a) 細胞質は細胞のどこにあるか説明しなさい。 _____
_____

    (b) 細胞質は何からつくられているか述べなさい。 _____
_____

5. 上の細胞の写真で，貯蔵に関係している2つの構造を挙げなさい。

    (a) _____
_____

    (b) _____
_____

動物細胞の構造の確認

細胞の微細構造に関する知見は，電子顕微鏡の出現によってもたらされた。透過型電子顕微鏡（TEM）は細胞小器官の観察のための技術としてもっともよく使用されている。TEM で見ると，細胞切片が横断であるか縦断であるかによって，細胞小器官の見え方がまったく異なる。

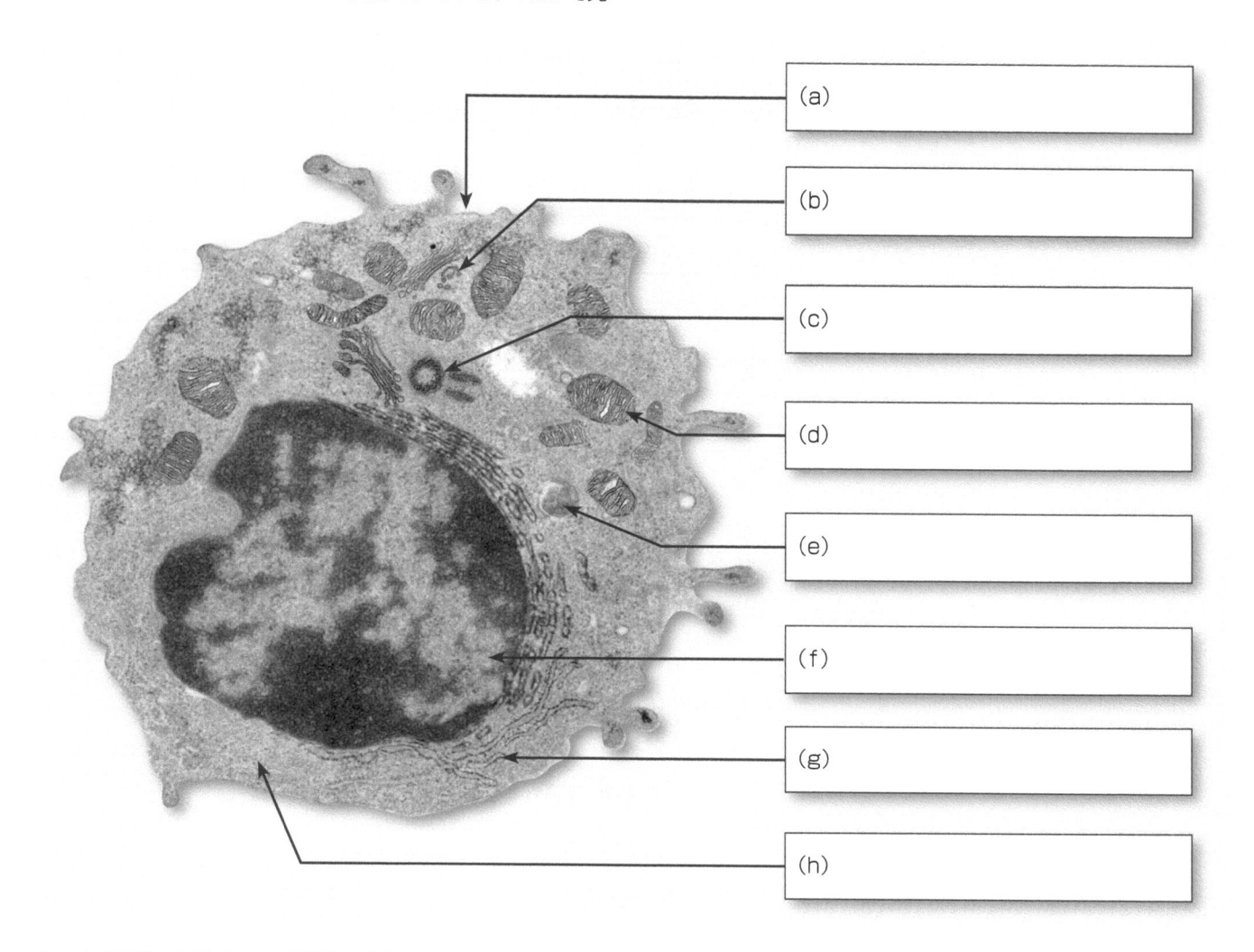

- (a)
- (b)
- (c)
- (d)
- (e)
- (f)
- (g)
- (h)

1. 上の細胞に示されている構造の名称を，以下の用語から選んで書き込みなさい。

   細胞質，細胞膜，粗面小胞体，ミトコンドリア，核，中心体，ゴルジ体，リソソーム

2. 上の電子顕微鏡写真の中で，2個1組となって，横断面と縦断面の両方が見えている細胞小器官を挙げなさい。

3. 植物は動物細胞に特有の移動性食細胞はない。それはなぜか説明しなさい。

4. 上の写真の動物細胞はリンパ球である。それを示す特徴を述べなさい。

   (a) タンパク質を合成し分泌する役割をもっている：

   (b) 代謝が活発である：

5. 上のリンパ球が真核細胞であることを示す特徴を述べなさい。

電子顕微鏡写真を読み解く

下記は，**透過型電子顕微鏡（TEM）**で撮影した写真である。これらはいくつかの細胞小器官を詳細に示している。これらの写真は**細胞の一部を写したものであり，細胞全体ではないこと**を覚えておこう。いくつかの写真には1つ以上の小器官が示されている。以下は写真の中央にあるおもな小器官についての質問である。

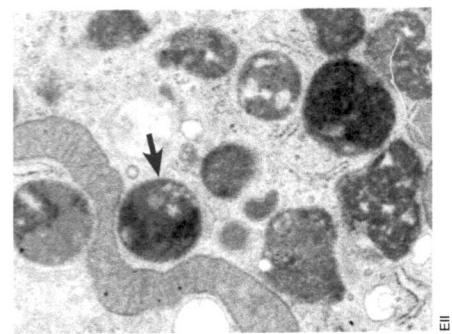

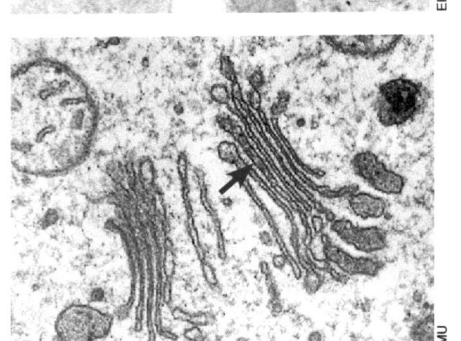

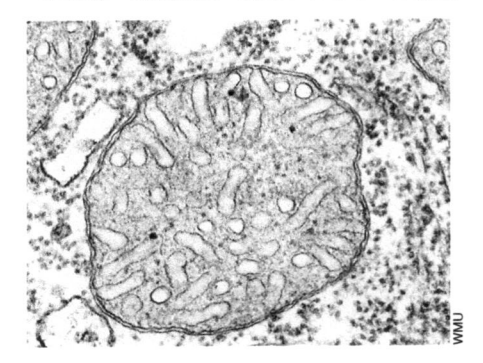

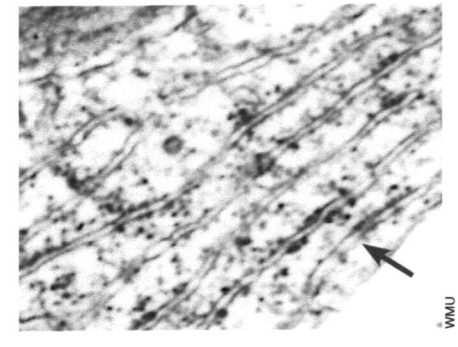

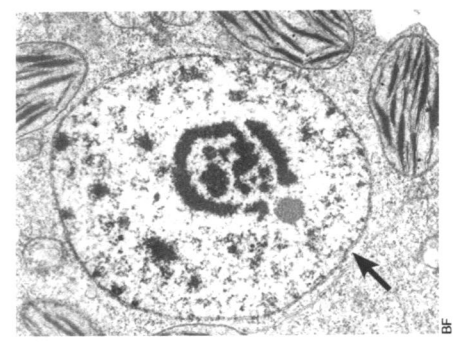

1. (a) 矢印で示した小器官の名称を書きなさい。＿＿＿＿＿＿＿
   (b) この小器官が見られる細胞の種類を述べなさい。
   ＿＿＿＿＿＿＿＿＿＿＿＿＿＿＿＿＿＿＿＿＿＿
   (c) この小器官の機能について述べなさい。＿＿＿＿＿＿＿
   ＿＿＿＿＿＿＿＿＿＿＿＿＿＿＿＿＿＿＿＿＿＿

2. (a) 矢印で示した小器官の名称を書きなさい。＿＿＿＿＿＿＿
   (b) この小器官が見られる細胞の種類を述べなさい。
   ＿＿＿＿＿＿＿＿＿＿＿＿＿＿＿＿＿＿＿＿＿＿
   (c) この小器官の機能について述べなさい。＿＿＿＿＿＿＿
   ＿＿＿＿＿＿＿＿＿＿＿＿＿＿＿＿＿＿＿＿＿＿

3. (a) 大きく円形の小器官の名称を書きなさい。＿＿＿＿＿＿＿
   (b) この小器官が見られる細胞の種類を述べなさい。
   ＿＿＿＿＿＿＿＿＿＿＿＿＿＿＿＿＿＿＿＿＿＿
   (c) この小器官の機能について述べなさい。＿＿＿＿＿＿＿
   ＿＿＿＿＿＿＿＿＿＿＿＿＿＿＿＿＿＿＿＿＿＿
   (d) この**小器官内**に見られる**2つの部位**の名称を書きなさい。
   ＿＿＿＿＿＿＿＿＿＿＿＿＿＿＿＿＿＿＿＿＿＿

4. (a) 矢印で示したリボンのような小器官の名称を書きなさい。
   ＿＿＿＿＿＿＿＿＿＿＿＿＿＿＿＿＿＿＿＿＿＿
   (b) この小器官が見られる細胞の種類を述べなさい。
   ＿＿＿＿＿＿＿＿＿＿＿＿＿＿＿＿＿＿＿＿＿＿
   (c) この小器官の機能について述べなさい。＿＿＿＿＿＿＿
   ＿＿＿＿＿＿＿＿＿＿＿＿＿＿＿＿＿＿＿＿＿＿
   (d) この小器官に付着している黒い「小顆粒」の名称を書きなさい。
   ＿＿＿＿＿＿＿＿＿＿＿＿＿＿＿＿＿＿＿＿＿＿

5. (a) 矢印で示した大きな円形構造の名称を書きなさい。＿＿＿
   (b) この小器官が見られる細胞の種類を述べなさい。
   ＿＿＿＿＿＿＿＿＿＿＿＿＿＿＿＿＿＿＿＿＿＿
   (c) この小器官の機能について述べなさい。＿＿＿＿＿＿＿
   ＿＿＿＿＿＿＿＿＿＿＿＿＿＿＿＿＿＿＿＿＿＿
   (d) この小器官の3つの特徴的な構造の名称を写真の中に書き入れなさい。
   ＿＿＿＿＿＿＿＿＿＿＿＿＿＿＿＿＿＿＿＿＿＿

生化学試験

生化学試験は，脂質，タンパク質，炭水化物（糖やデンプン）などの分子の存在を検出するために用いられる。物質の存在を色の変化で検出する試験（**比色分析**）は，その物質の濃度を測定することができる。混合物質を分析するには，**クロマトグラフィー**のような技術が用いられる。たとえば，ベネジクト試験が陽性であれば還元糖の存在を示すことができるが，クロマトグラフィーならば異なる糖（たとえば，フルクトースとグルコース）を区別することができ，比色計は糖の濃度を測定することができる。

簡単な食物検査

タンパク質：ビウレット試験

試薬： ビウレット液
手順： 試料をビウレット液に入れ，ゆっくり加熱する。
陽性反応： 溶液が青色から薄紫色に変わる。

デンプン：ヨウ素試験

試薬： ヨウ素液
手順： ヨウ素液を標本に加える。
陽性反応： 紺色の染色が起こる。

脂質：乳化試験

試薬： エタノール
手順： 試料をエタノールに撹拌する。放置してから液体部分を蒸留し，水と混合する。
陽性反応： 溶液は脂質分子が懸濁した白い乳濁に変わる。

糖：ベネジクト試験

試薬： ベネジクト液
手順： **非還元糖**：試料を希釈した塩酸（酸による加水分解）に入れ沸騰させ，冷却後に中和する。還元糖のテストをその後に行う。
　　　　還元糖：ベネジクト液を加え，試料を湯煎する。
陽性反応： 溶液は青色からオレンジ色，そして赤褐色に変わる。

還元糖の量的試験

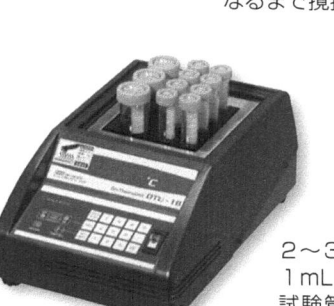

このマフィンに還元糖（たとえばグルコース）がどれだけ含まれているかを調べるために，**ベネジクト試験**を行う。

マフィンを水と一緒に撹拌機に入れ，均一な混合物になるまで撹拌する。

2〜3 mLのマフィン混合物を1 mLのベネジクト液とともに試験管に入れる。これを4〜10分間加熱する。

色の濃さは試料に存在するグルコースの濃度に依存する。色が濃ければグルコースは多い。**比色分析法**によって，存在するグルコースの量を測定することができる（次の課題を参照）。

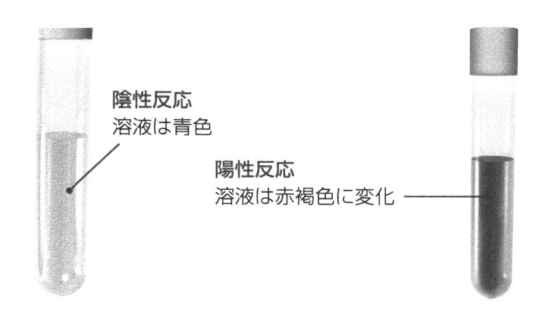

陰性反応
溶液は青色

陽性反応
溶液は赤褐色に変化

1. 脂質を水で懸濁させる前にエタノールに混合するのはなぜか説明しなさい。

2. ベネジクト試薬で非還元糖を検査する前に，酸による加水分解を行う目的は何か説明しなさい。

3. 脂質，エタノール，水の懸濁液が濁って見えるのはなぜか説明しなさい。

比色分析法

比色分析は，溶液中にある特定の物質の濃度を求めるために用いられる簡単な測定技術である。特定の試薬（たとえばベネジクト試薬）を試験液に加えると，反応して発色する。一定の反応時間後，試料を**比色計**に設置し，特定の波長の光で溶液の吸光度を測定する。一連の希釈によって**校正曲線**を作成することができ，これにより試料に含まれる物質の未知の濃度を測定することができる。グルコースを例に，この実験過程を以下に示す。

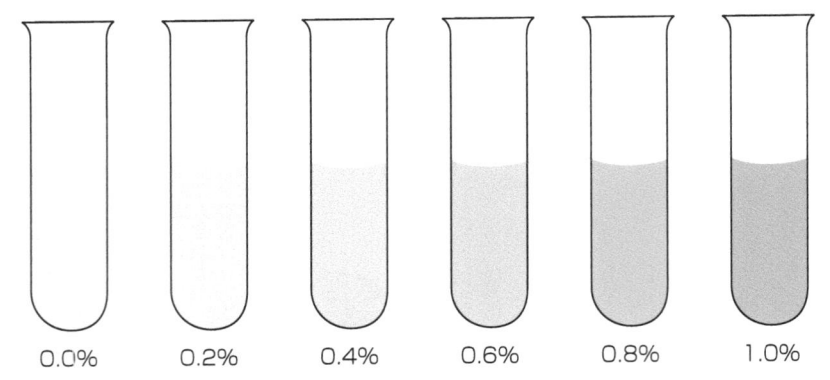

❶ グルコース標準液の調製

既知の濃度のグルコースを含んだ溶液を試験管に用意する。ベネジクト試薬を加え，4〜10分間，湯煎で加熱する。反応終了時には，グルコースを含んだ試料の色は変化している。試料を冷却し，ろ過または遠心して懸濁している粒子を除去する。

0.0%　0.2%　0.4%　0.6%　0.8%　1.0%

グルコースの濃度

沸騰させた恒温槽でベネジクト試薬と4〜10分間反応させる

❷ 校正曲線の作成

校正曲線を作成するために，準備したグルコース標準液を比色計に設置し，735nmでの吸光度を記録する。この値はグルコースの校正曲線の作成に使われる。よい結果を得るためには，分析のたびに新しい校正曲線を作成すべきである。これは反応物質の条件によって，吸光度にわずかな変化が起こるためである。

グルコース

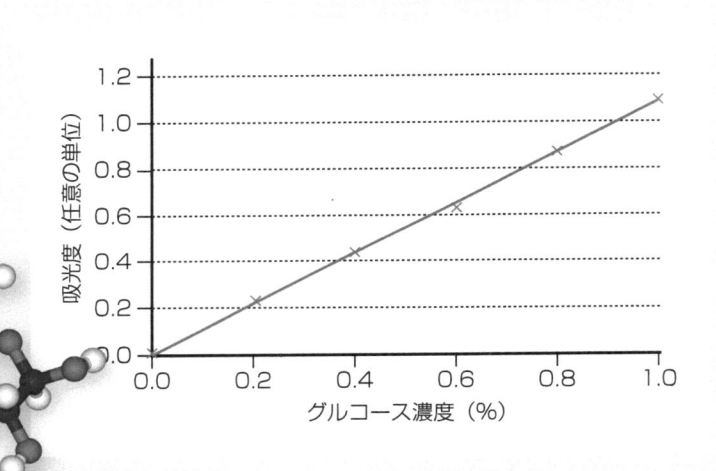

1. (a) 市販のさまざまなグルコース飲料に含まれているグルコース量を測定するには，どのようにしたらよいか述べなさい。

___

(b) もし「未知」の試料の多くが，あなたが得た吸光度の校正曲線の範囲外であったら，どのように対応するか述べなさい。

___

2. 吸光度を測定する前に，懸濁している固形物を試料から除去することが重要なのはなぜか述べなさい。

___

分画遠心法

　分画遠心法（細胞分画法ともいう）は，研究対象となる細胞から細胞小器官を分画する手法であり，その目的は細胞小器官を傷のない完全な状態で分離することにある。代謝速度を遅らせ，細胞小器官の自己消化を進ませないためには，試料を低温状態に保つことが必要である。また，細胞小器官の容積が変化したり，pHの変化で酵素が変性しないように，試料は等張の緩衝液に入れる。

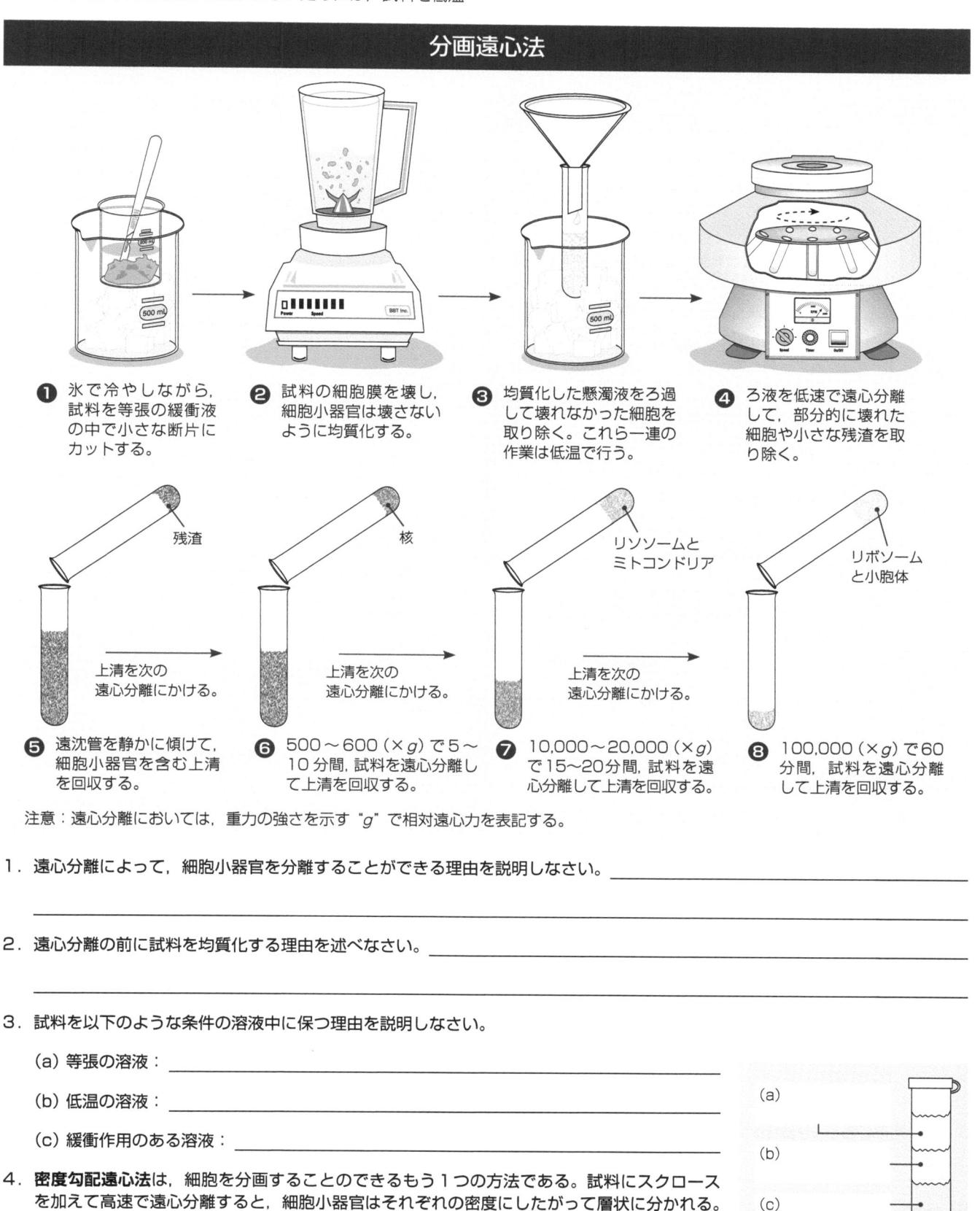

分画遠心法

❶ 氷で冷やしながら，試料を等張の緩衝液の中で小さな断片にカットする。

❷ 試料の細胞膜を壊し，細胞小器官は壊さないように均質化する。

❸ 均質化した懸濁液をろ過して壊れなかった細胞を取り除く。これら一連の作業は低温で行う。

❹ ろ液を低速で遠心分離して，部分的に壊れた細胞や小さな残渣を取り除く。

❺ 遠沈管を静かに傾けて，細胞小器官を含む上清を回収する。（残渣）

❻ 500〜600（×g）で5〜10分間，試料を遠心分離して上清を回収する。（核）

❼ 10,000〜20,000（×g）で15〜20分間，試料を遠心分離して上清を回収する。（リソソームとミトコンドリア）

❽ 100,000（×g）で60分間，試料を遠心分離して上清を回収する。（リボソームと小胞体）

注意：遠心分離においては，重力の強さを示す "g" で相対遠心力を表記する。

1. 遠心分離によって，細胞小器官を分離することができる理由を説明しなさい。＿＿＿＿＿＿＿＿＿＿＿＿＿＿＿＿

2. 遠心分離の前に試料を均質化する理由を述べなさい。＿＿＿＿＿＿＿＿＿＿＿＿＿＿＿＿

3. 試料を以下のような条件の溶液中に保つ理由を説明しなさい。

    (a) 等張の溶液：＿＿＿＿＿＿＿＿＿＿＿＿＿＿＿＿＿＿＿＿＿＿＿＿＿＿＿＿＿＿＿

    (b) 低温の溶液：＿＿＿＿＿＿＿＿＿＿＿＿＿＿＿＿＿＿＿＿＿＿＿＿＿＿＿＿＿＿＿

    (c) 緩衝作用のある溶液：＿＿＿＿＿＿＿＿＿＿＿＿＿＿＿＿＿＿＿＿＿＿＿＿＿＿

4. **密度勾配遠心法**は，細胞を分画することのできるもう1つの方法である。試料にスクロースを加えて高速で遠心分離すると，細胞小器官はそれぞれの密度にしたがって層状に分かれる。上に書かれた情報を参考にして，右図の遠沈管の (a), (b), (c) の各層に含まれる細胞小器官を記入しなさい。

(a)
(b)
(c)
(d) 細胞残渣

5 実験のテクニック

ペーパークロマトグラフィー

特定の分子種を検出するための簡単な生化学的テストは多々あるが，それらの方法で得られる情報は十分とはいえない。**クロマトグラフィー**は，複数の分子種の混合物をそれぞれに分離することができる精度の高い手法である。クロマトグラフィーは少量の試料の分析に役立ち，たとえば果糖とブドウ糖のような特定の分子種を識別することにも適している。クロマトグラフィーによる分析は，広く製薬工業や食品工業において，分子種の精製と分析に利用されている。クロマトグラフィーでは，溶媒である移動相に溶けている混合物を固定相に通すことで，それぞれの特徴にしたがって分子種が分離される。ペーパークロマトグラフィーはろ紙のような多孔性紙を固定相として，溶媒である水またはエタノールを移動相として用いる，簡単な手法である。

ペーパークロマトグラフィー

セットアップと手順

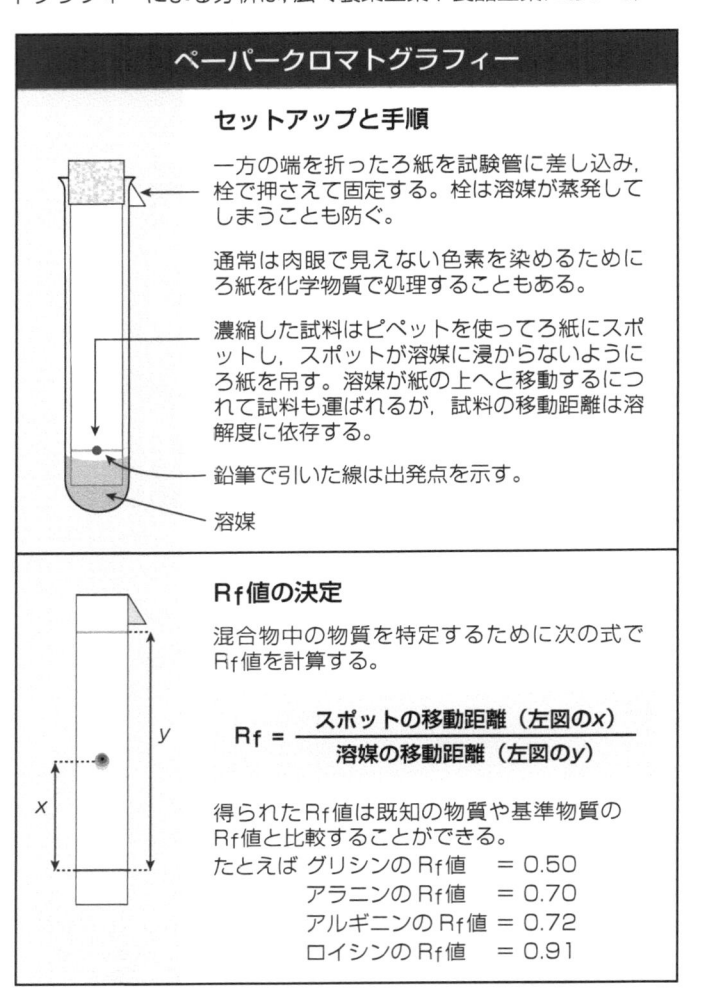

一方の端を折ったろ紙を試験管に差し込み，栓で押さえて固定する。栓は溶媒が蒸発してしまうことも防ぐ。

通常は肉眼で見えない色素を染めるためにろ紙を化学物質で処理することもある。

濃縮した試料はピペットを使ってろ紙にスポットし，スポットが溶媒に浸からないようにろ紙を吊す。溶媒が紙の上へと移動するにつれて試料も運ばれるが，試料の移動距離は溶解度に依存する。

鉛筆で引いた線は出発点を示す。

溶媒

Rf値の決定

混合物中の物質を特定するために次の式でRf値を計算する。

$$R_f = \frac{スポットの移動距離（左図のx）}{溶媒の移動距離（左図のy）}$$

得られたRf値は既知の物質や基準物質のRf値と比較することができる。

たとえば グリシンのRf値 ＝ 0.50
アラニンのRf値 ＝ 0.70
アルギニンのRf値 ＝ 0.72
ロイシンのRf値 ＝ 0.91

光合成色素の分離

緑色植物の4つの主要な色素はペーパークロマトグラフィーによって簡単に分離，同定できる。まずアセトンで葉から色素を抽出する。ペーパークロマトグラフィーでは，色素は相対的な溶解度の違いによって分離される。主要な2つのクラスの色素が検出できる。緑色に見える2つのクロロフィルと黄色に見える2つのカロテノイドである。

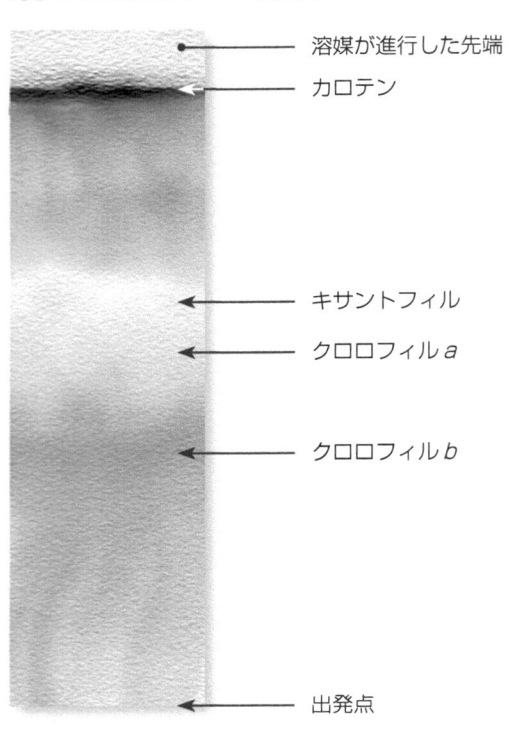

- 溶媒が進行した先端
- カロテン
- キサントフィル
- クロロフィル*a*
- クロロフィル*b*
- 出発点

1．上に例として示した光合成色素の展開図についてRf値を計算しなさい。（途中の計算も示すこと）

2．物質のRf値は常に1以下であることの理由を説明しなさい。

3．簡単なテストではなく，クロマトグラフィーを使うのが適当となるのはどんなときかを検討しなさい。

4．試料のスポットを溶媒の上に吊すのではなく浸けてしまったら，何が起こるのかを予想しなさい。

5．上の囲みにあるRf値を参照して，4種のアミノ酸の溶解度を順位付けしなさい。

6．脂質については，水に乳化する前に必ずエタノールと混合しなくてはならない理由の概要を説明しなさい。

ゲル電気泳動

　ゲル電気泳動は，核酸やタンパク質など大きな分子を大きさや電荷，それ以外の物理的特徴に基づいて分離する方法である。分子がわずかに電荷を帯びているDNA（DNAについては右下図参照）をゲル電気泳動にかける際には，切断して小さな**断片**に調製することも多い。DNAを切断するためには，**制限酵素**を混ぜて制御された状態で1時間程度反応させる。制限酵素で消化すると，いろいろな長さのDNA断片ができる。電気泳動ゲルに電圧をかけると，DNA分子はゼリー状の物質である**ゲル**にある穴を通って移動する。ゲルの両端にある電極がDNA分子が移動する原動力を提供する。一方の電極からの電流は分子を遠ざけ，同時に他方の電極は分子を引きつける。ゲルの摩擦力が分子の移動に対する抵抗力として働き，分子を大きさによって分離する。ゲル内での各分子の移動度は電場の強さ，分子の大きさや形，分子が移動している緩衝液の温度やイオン強度に依存する。電気泳動後に染色すると，分離された分子が各レーンの端から端までに広がる一連のバンドとして観察できる。

ゲル電気泳動を使ったDNAの解析

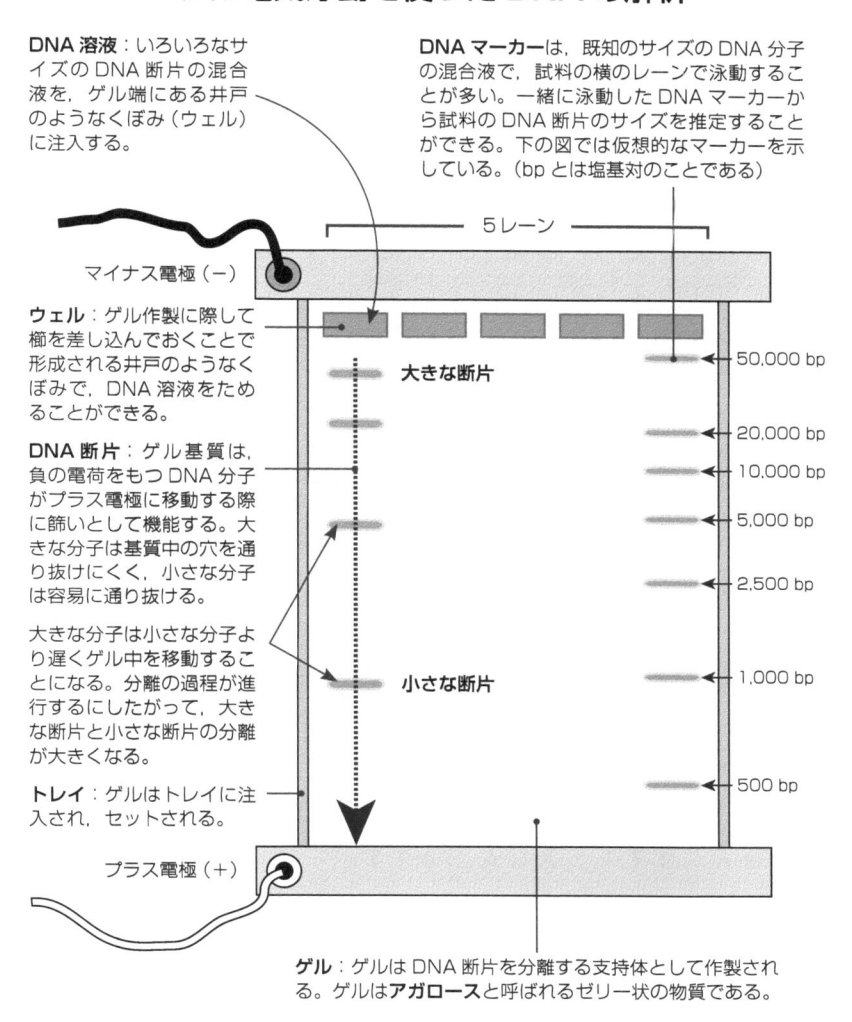

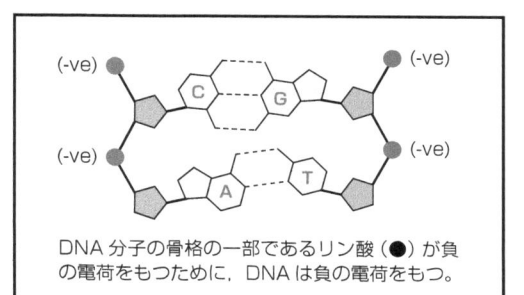

DNA溶液：いろいろなサイズのDNA断片の混合液を，ゲル端にある井戸のようなくぼみ（ウェル）に注入する。

DNAマーカーは，既知のサイズのDNA分子の混合液で，試料の横のレーンで泳動することが多い。一緒に泳動したDNAマーカーから試料のDNA断片のサイズを推定することができる。下の図では仮想的なマーカーを示している。（bpとは塩基対のことである）

マイナス電極（－）

ウェル：ゲル作製に際して櫛を差し込んでおくことで形成される井戸のようなくぼみで，DNA溶液をためることができる。

DNA断片：ゲル基質は，負の電荷をもつDNA分子がプラス電極に移動する際に篩いとして機能する。大きな分子は基質中の穴を通り抜けにくく，小さな分子は容易に通り抜ける。

大きな分子は小さな分子より遅くゲル中を移動することになる。分離の過程が進行するにしたがって，大きな断片と小さな断片の分離が大きくなる。

トレイ：ゲルはトレイに注入され，セットされる。

5レーン

大きな断片

小さな断片

50,000 bp
20,000 bp
10,000 bp
5,000 bp
2,500 bp
1,000 bp
500 bp

プラス電極（＋）

ゲル：ゲルはDNA断片を分離する支持体として作製される。ゲルは**アガロース**と呼ばれるゼリー状の物質である。

DNA分子の骨格の一部であるリン酸（●）が負の電荷をもつために，DNAは負の電荷をもつ。

DNAのゲル電気泳動の手順

1. ゲル基質を作製するためのトレイを準備する。
2. ゲルにウェルをつくるための櫛（コーム）をトレイに差し込む。
3. 緩衝液（DNAを安定な状態に保つことのできる）とアガロース粉末とを混ぜる。ゲルが溶けるまで加熱して，トレイに流し込んで冷やす。
4. ゲルが固まったらトレイを電気泳動槽に固定し，ゲルが浸かる程度まで泳動槽に緩衝液を入れる。これで電極間を流れる電流はゲルを通るようになる。
5. DNA試料は色素を含むローディングバッファーと混ぜて見やすくする。ローディングバッファーには，DNA試料がゲルのウェル底部に収まるように試料に重みをつけるグリセロールかスクロースも含まれている。
6. 安全カバーをゲルにかぶせて，電極を電源につなぎ通電する。
7. 色素マーカーがゲルの端まで移動したら通電を止め，ゲルをトレイからはがす。
8. DNAに結合し紫外線を当てると蛍光を発するエチジウムブロマイドで染色すると，ゲル中のDNA分子を観察できる。

1. ゲル電気泳動の目的を説明しなさい。＿＿＿＿＿＿＿＿＿＿＿＿＿＿＿＿＿＿＿＿＿＿＿＿＿＿

2. ゲル中を移動するDNA断片のスピードを調節する2つの力について記述しなさい。＿＿＿＿＿＿
   (a) ＿＿
   (b) ＿＿
3. もっとも小さい分子がゲル中をもっとも速く移動する理由を説明しなさい。＿＿＿＿＿＿＿＿＿

DNA試料を解析する

　DNA断片のヌクレオチド（塩基配列）は，DNAの塩基配列決定法を用いて決定することができる。塩基配列はタンパク質のアミノ酸配列を決めるので，DNAの塩基配列を知ることで遺伝子がコードしているタンパク質のタイプがわかる。ここでは，ゲル電気泳動による解析を通じて，DNAの複製，転写，翻訳について概観する。下記のゲルのパターンは新たに合成されたDNA鎖の塩基配列を示している。

1. 以下のステップにしたがって，DNAの塩基配列からタンパク質のアミノ酸配列を決定しなさい。

    (a) ゲルの写真から，**合成された**DNA鎖の塩基配列を決定しなさい。

    (b) **試料DNA**（(a)の相補的な）DNAの塩基配列を決定しなさい。

    (c) (b)のDNAから合成されるmRNAの塩基配列を決定しなさい。

    (d) mRNAの遺伝暗号表を参考にして，**アミノ酸**配列を決定しなさい。

    注：ゲルのヌクレオチドは下から上に読んでいき，配列は空欄の左から右へと記入すること。ただし最初の4つはすでに記入されている。

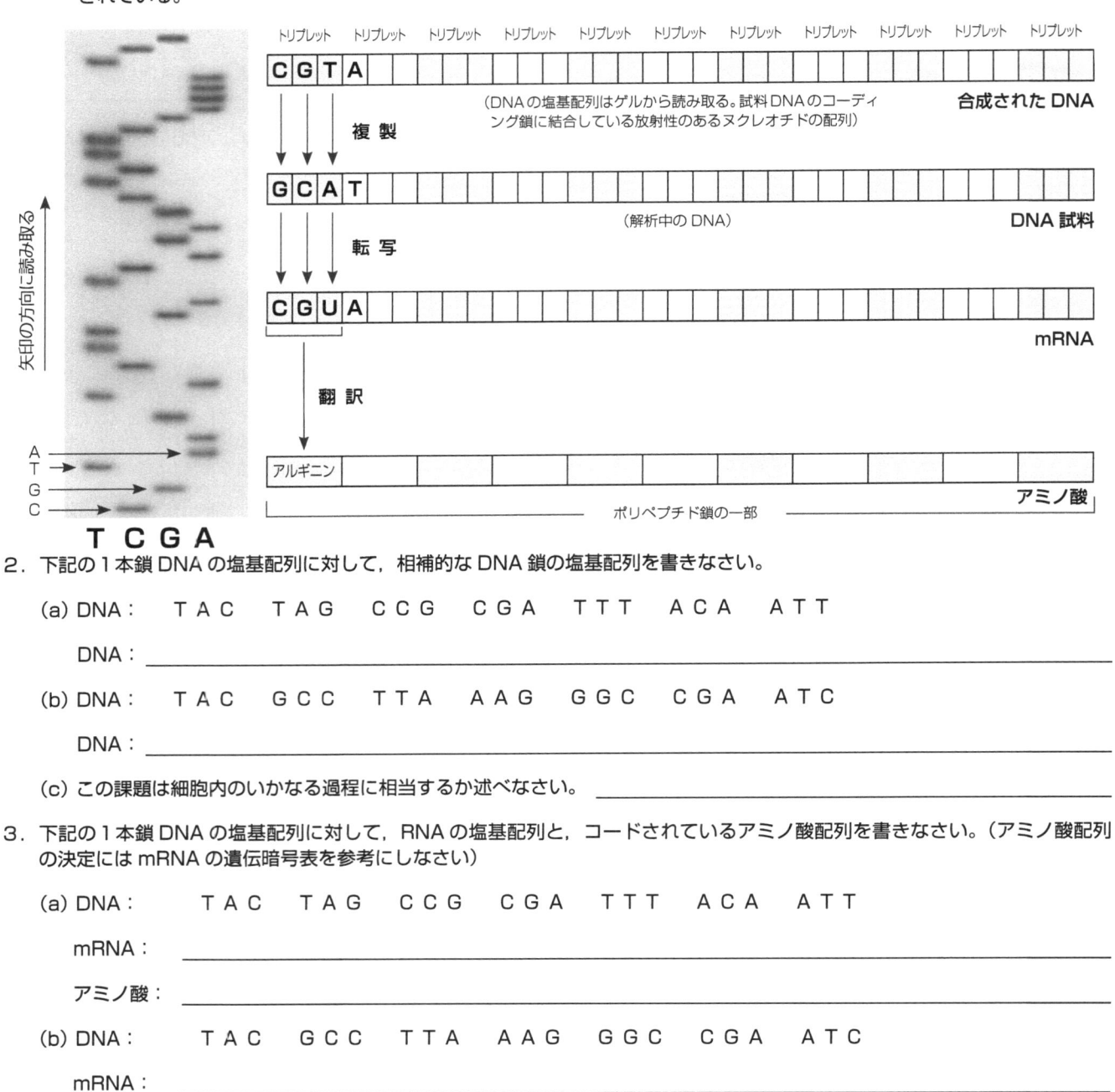

2. 下記の1本鎖DNAの塩基配列に対して，相補的なDNA鎖の塩基配列を書きなさい。

    (a) DNA：　TAC　TAG　CCG　CGA　TTT　ACA　ATT

    　　DNA：＿＿＿＿＿＿＿＿＿＿＿＿＿＿＿＿＿＿＿＿＿＿＿＿＿＿＿＿＿＿＿

    (b) DNA：　TAC　GCC　TTA　AAG　GGC　CGA　ATC

    　　DNA：＿＿＿＿＿＿＿＿＿＿＿＿＿＿＿＿＿＿＿＿＿＿＿＿＿＿＿＿＿＿＿

    (c) この課題は細胞内のいかなる過程に相当するか述べなさい。＿＿＿＿＿＿＿＿＿＿＿＿

3. 下記の1本鎖DNAの塩基配列に対して，RNAの塩基配列と，コードされているアミノ酸配列を書きなさい。（アミノ酸配列の決定にはmRNAの遺伝暗号表を参考にしなさい）

    (a) DNA：　TAC　TAG　CCG　CGA　TTT　ACA　ATT

    　　mRNA：＿＿＿＿＿＿＿＿＿＿＿＿＿＿＿＿＿＿＿＿＿＿＿＿＿＿＿＿＿＿＿

    　　アミノ酸：＿＿＿＿＿＿＿＿＿＿＿＿＿＿＿＿＿＿＿＿＿＿＿＿＿＿＿＿＿＿

    (b) DNA：　TAC　GCC　TTA　AAG　GGC　CGA　ATC

    　　mRNA：＿＿＿＿＿＿＿＿＿＿＿＿＿＿＿＿＿＿＿＿＿＿＿＿＿＿＿＿＿＿＿

    　　アミノ酸：＿＿＿＿＿＿＿＿＿＿＿＿＿＿＿＿＿＿＿＿＿＿＿＿＿＿＿＿＿＿

    (c) この課題は細胞内のいかなる過程に相当するか述べなさい。：＿＿＿＿＿＿＿＿＿＿＿

植物の組織培養

植物の組織培養法（**微細繁殖**ともいう）は，植物のクローニングに利用される手法である。この方法は，優れた遺伝子型を備え商業的に重要な植物を短期間で増殖したり，絶滅に瀕した植物を回復させたりするために広く使われている。クローニング技術によって，植物の生産性や品質を迅速に向上させたり，病気や汚染物質，害虫に対する耐性を増大させることができる。しかし，限られた系統の継続的な組織培養は，遺伝的多様性の喪失にもつながる。クローン化された系統に新しい系統の株を定期的に導入することで，その懸念を抑止できるかもしれない。分化した植物細胞は，成体の植物を構成するすべての細胞になり得るポテンシャルを保持しているので，組織培養による増殖が可能になる。植物の組織培養は，従来の植物の増やし方に対して下に記したように明らかに有利な点があるが，大変な労力をともなう作業でもある。加えて，成長や再生に至適な条件も決めなくてはならない。そして，この方法で増やした植物は染色体の構造変化や染色体数の異常により，遺伝的に不安定になったり，不稔性となったりすることがある。植物の組織培養を成功するためには，**外植体**（培養に用いる植物の部分）の選択，培地の組成，植物ホルモンの濃度，光や温度といったさまざまな要因を検討しなければならない。

❶ 植物の株は可能な限り病害虫をもたないように維持する。

外植体（この例では腋芽）

❷ 外植体と呼ばれる小片を植物から切り出す。これらの小片は節のある茎組織，花芽，葉や茎頂の分裂組織に由来する。

❸ 外植体の表面を次亜塩素酸ナトリウム溶液などで滅菌する。

❹ 外植体を無菌条件下で培養容器に移す。

❺ **培養容器で培養する。**
期　間：3〜9週間
温　度：15〜30℃
光照射：1日あたり10〜14時間

注：培地に含まれるホルモンの種類によって成長の度合いは異なる。数種類の植物ホルモンの濃度を変えることで，カルス形成，発根，発芽を開始させることができる。

❻ 未分化細胞の固まりである**カルス**ができる。

❼ 新芽は外植体から切り離して新しい培地に置く。この過程を数週間ごとに繰り返すと，少数の植物から非常に多くの植物を得ることができる。

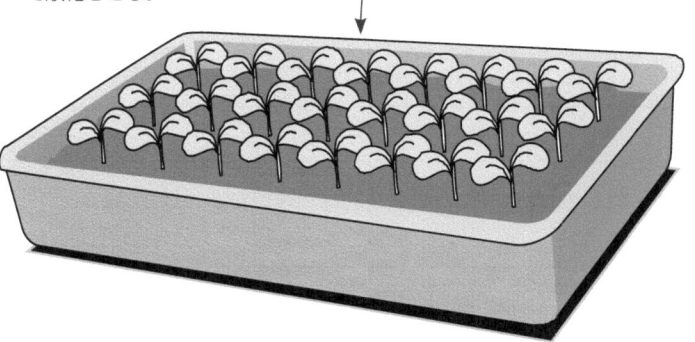

培地：寒天ゲル中に栄養と成長を調節する因子（オーキシン，ジベレリン，サイトカイニンのような植物ホルモン）が含まれている。

❽ 組織培養による植物は，野外に植えつける前に必ず温室環境で順化させる。

❾ **植物細胞培養**：液体培地に懸濁したカルスを機械的に個々の細胞にまですることができれば，植物細胞培養を無限に維持することができる。

組織培養の優位性

- 1つの種子や外植体から多数のクローンをつくり出すことができる。
- 望ましい特徴の選択が試験管内での培養段階から可能なので，圃場での試験に要する面積を削減できる。
- 種子になるのを待たずに植物を増やすことができる。
- 世代交代に長時間を要するもの，種子が少ないものや，なかなか発芽しない種類の植物も短期間に増やすことができる。
- 種子バンクのように，増やしたい植物の花粉や細胞のコレクションの保存が可能になる。
- 滅菌した植物材料であれば，検疫の必要なしに国際的な流通が可能になる。
- 増殖の際に注意深く株を選択し，滅菌技術を利用することで，植物の病気の駆逐に寄与する。
- 発芽の季節性を克服することができる。
- 多数の生育可能な植物を限られたスペースに低温保存することが可能になる。

タスマニアブラックウッド（*Acacia melanoxylon*）の組織培養

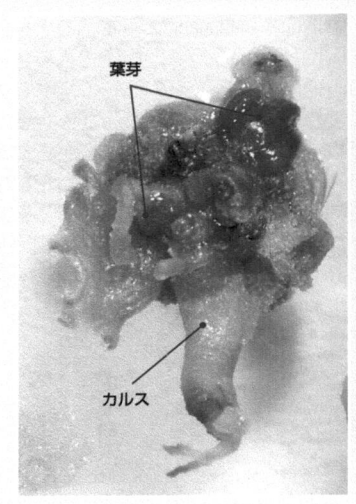

培地上で育つカルスに葉芽が形成され緑化している。

幼葉をつけた正常な若枝が培地上のカルスから育っている。これらは種子から育ったものと同じ見かけをしている。

温室に移して6カ月の若い枝葉をつけた苗木。

組織培養は，遺伝子操作と結びついて遺伝子導入植物の増殖に広く使われるようになっている。遺伝子操作と組織培養は，より正確で迅速に，生育季節に依存することなく，従来の選抜育種と同様な結果をもたらす。上図の**タスマニアブラックウッド**はこうした操作に適している。用途の広い堅い材が得られるタスマニアブラックウッドは，いくつかの国で熱帯性広葉樹の代替として大規模に試されている。熱帯性広葉樹の材は良質なのだが，遺伝的な多様性により個体ごとの質や色が異なる。組織培養は，材の色が均一など望む特徴を備えた木を量産することを可能にする。さらに，森林管理だけでは容易に解決できない問題に対して，組織培養が回答を見つける助けになるかもしれない。植物に新規の遺伝子を導入するという遺伝子操作と結びつけることで，病害や除草剤に対する感受性の問題を解決できるかもしれない。遺伝子操作は雄性不捻にかかわる遺伝子を導入することで花粉形成を止めるためにも使われるだろう。これによって花の自家受粉を阻止することができ，手作業で雄蕊を取り除く大変な作業よりも効率的に交配を制御できるようになる。

（この情報はニュージーランドのワイカト大学のRaewyn Pooleの修士論文からの情報である。）

1. 植物の組織培養のおもな目的を説明しなさい。

2. （a）**カルス**とは何か説明しなさい。

（b）どのようにしたらカルスから根と茎の形成開始を促進できるか説明しなさい。

3. 従来の方法と比べて，組織培養を利用した植物の増やし方の**有利な点**と**不利な点**を検討しなさい。

4. 環境変化に対する長期的な適応能力について，組織培養によって植物を増やすことの潜在的な問題点を述べなさい。

微生物培養の技術

細菌やカビは液体培地や固体培地で培養する。これらの培地は，**寒天**をベースとし，微生物の成長に必要な栄養を加えてつくられる。寒天は紅藻からのゼリー状の抽出物であり，固体としても液体としても使用できる。寒天は2つの特徴から培地に適している。第一に，100℃で溶けた寒天は，40℃に冷えてゲル状になるまでは液状のままであること。第二に，寒天を消化することのできる微生物はほとんどいないため，培養中に寒天がなくなってしまわないことである。寒天プレートや液状寒天に微生物を加えることを**植菌**といい，無菌環境で行わなくてはならない。このときに望まない菌の混入を防ぐために，器具や培地の**滅菌**を含めた**無菌操作技術**が不可欠となる。滅菌とは，加熱や薬品処理によってすべての微生物や胞子を殺すための工程をさす。

細菌とカビの培養条件

カビ

温度：ほとんどのカビの生育にとって至適な温度は25℃であるが，5〜35℃の間であれば生きていける。

pH：カビは生育環境として中性（pH7）を好むが，多少の酸性には耐えられるものが多い。

栄養：カビはタンパク質合成のための炭素と窒素のほか，カリウム，リン，マグネシウムといった微量元素も必要とする。カビの生育を高めるために成長因子を加えることもある。

水ポテンシャル（水分保持力）：カビの重量の85〜90％が水である。水は常に菌糸から蒸発しており，その分は培地から吸収した水で置き換えられている。カビが培地から水を取り込めるように，培地の水ポテンシャルはカビより小さな負の値にしてある。

気体環境：カビの大半は好気的であるが，嫌気的条件に耐えるものもいる。これがカビが培地の中ではなく表面に生えてくる理由である。

細菌

温度：学校の実験室で扱う細菌のほとんどは20〜40℃で生育する中温菌である。

pH：ほとんどの細菌の生育にとって至適な培地のpHは6〜8であるが，ごく少数の細菌は酸性環境において生育できる。

栄養：細菌の生育には，生の食材に含まれているような炭素，窒素と無機塩類が必要である。

水ポテンシャル：すべての細菌は増殖のために水を必要とする。細菌が溶菌や脱水の状態に陥らないように，培地の水ポテンシャルは細菌の中と外での水の出入りが最小となるようにする。

気体環境：好気性菌は酸素のある環境でのみ生育するが，クロストリジウムのような偏性嫌気性菌は酸素に耐性がない。通性嫌気性菌は酸化的環境でも酸素が供給されない環境でも生育が可能である。すべての細菌培養には低濃度の二酸化炭素が好ましい。

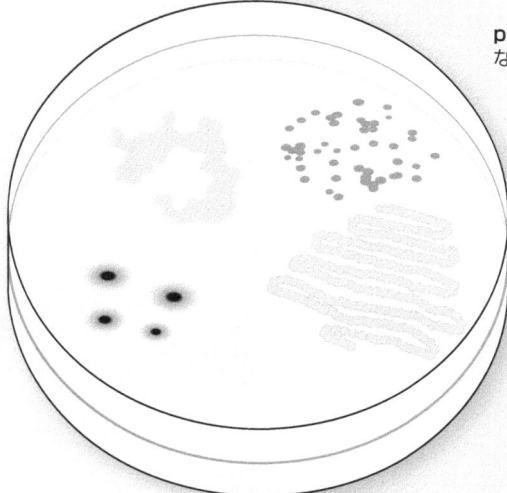

固体培地への植菌

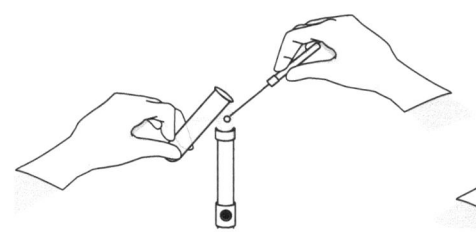

❶ 植菌ループが赤くなるまで炎にかざす。培養液の入った瓶の蓋を外し，瓶の首の部分を炎に通す。

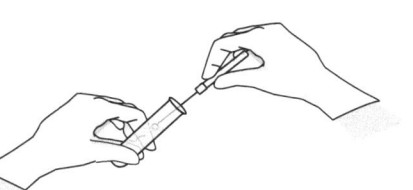

❷ 冷えた植菌ループを培養液に浸す。炎を再び瓶の首にあて，蓋を戻す。

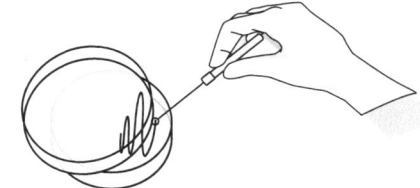

❸ 寒天プレートを敷いた培養器の蓋を，植菌ループでストリーク（塗抹）できる程度に持ち上げ，培地の表面にストリークする。寒天プレートの蓋を閉め，テープでシールをし，寒天プレートの上下を逆さにしてインキュベーターで培養する。

1. 植菌した寒天培地をインキュベーターに保存するときに上下を逆さまにする理由を説明しなさい。＿＿＿＿＿＿
＿＿＿

2. 微生物の培養に利用した培地やプレートの廃棄処理について，正しい手順を簡単に説明しなさい。＿＿＿＿＿＿
＿＿＿

3. 培養液から微生物を分離することができる一般的な手法について説明しなさい。＿＿＿＿＿＿＿＿＿＿＿＿＿＿
＿＿＿

5 実験のテクニック

菌株の単離

自然界において，細菌は混合群として存在する。しかし研究室での研究のためには同じ個体に由来するクローンであるなど，純系の培養でなくてはならない。寒天培地の表面に培養された細菌の細胞を単離するもっとも一般的な方法は，菌を寒天の表面でストリークする方法（ストリーク・プレート法，**平板塗抹培養法**）である。これは試料を物理的に希釈する簡単で迅速な手法である。植菌ループが寒天表面を横切ってストリークされる間に，多くの細菌の個体が植菌ループから拭い取られ，他から離れた1つずつの個体が寒天上に落ち着くに至る。培養の後，ストリークを始めた領域には細菌が**密集**してシート状に増えている。一方で，ストリークを終えた領域では，互いに**分離**した細菌のコロニーが観察されるはずである。周りから離れているコロニーを無菌的に回収し，滅菌した新しい培地に移す。培養後に得られる個体はすべてが同じ個体の子孫である。

- この辺りからストリークを始める。図に示したように順にストリークしていく。最初のストリークは細菌の混合群からなる。
- 各ストリークにおいて，植菌ループが直前のストリークから細菌を拾うことで，毎回細胞が希釈される。
- この辺りに1つの細胞から生じた独立したコロニーが見られるはずである。これらのコロニーを取り出して，別々に培養する。
- 手袋の着用は手についている細菌やカビが培地に混入することを防ぐ。

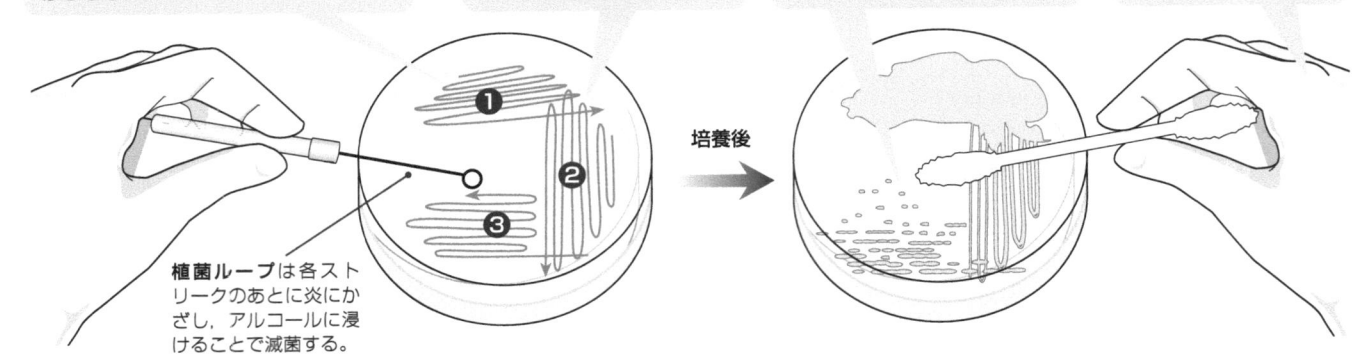

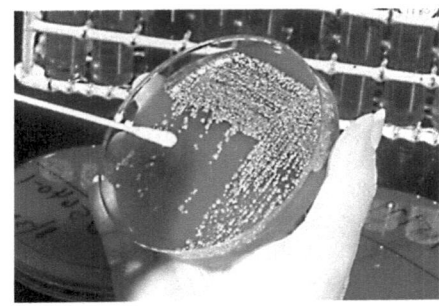

植菌ループは各ストリークのあとに炎にかざし，アルコールに浸けることで滅菌する。

おおよそ1,000万から1億の細菌細胞があると，コロニーとして肉眼で見えてくる。上の写真では，コロニーが互いによく離れている。以後の研究のためには，単一のコロニーを分離する。

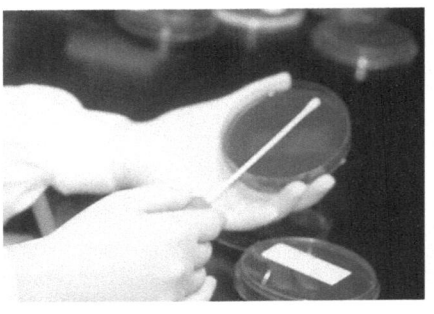

単一系統の細菌である試料を綿棒で採取し，別の培養皿に植菌して細菌の純粋な培養（クローン）を得る。

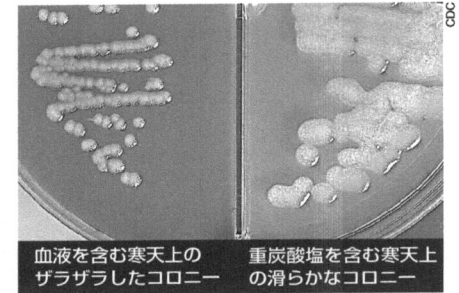

血液を含む寒天上のザラザラしたコロニー　重炭酸塩を含む寒天上の滑らかなコロニー

純度を検定するのに，培養の一部を1種類の細菌の生育しか促進しない選択培地で育てることもできる。上の写真は炭疽菌の芽胞形成テストを示している。

1．培養プレートにストリークすることで細菌が単離できる理由を説明しなさい。

2．無菌操作の基本的な考え方について討議し，各手順の必要性について説明しなさい。

3．培養プレートでストリークするにあたって，滅菌操作の重要性について述べなさい。

4．肉眼でコロニーが見えてくる前に，培養プレート上には何個くらいの細菌があるのか述べなさい。

5．細菌を培養するのに，選択培地を使う必要がある場合について簡単に述べなさい。

段階希釈法

培地中の微生物の生育状況を測定する手法は何種類かある。間接的な方法では，培地の乾燥重量や濁度を測定する方法がある。これらはどちらも細胞の密度に正比例することが多い。もっと一般的に行われているのは，培養液中の細胞の数を直接的にあるいは間接的に数える方法である。培養液中の微生物の細胞数は非常に多いので，多くの場合は，そのわずかな一部を採取して個体数を計数することになる。なかでも，もっとも使われる間接的な方法は段階希釈法であり，その後の培養プレートでの計数となる。注意深く段階希釈を進めれば，この方法は培養液中の細胞密度について，かなり正確な推定値を与える。

段階希釈を使った微生物の生育の計測

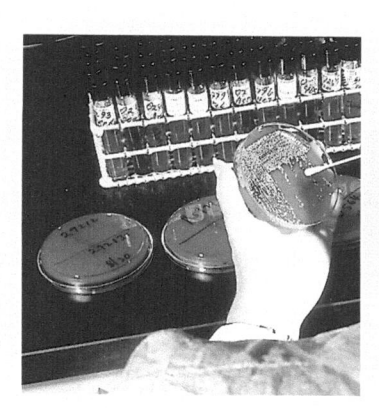

段階希釈は生育のいろいろなステージで行うことができる。段階希釈を行い，培養皿にまいて培養することで現れるコロニーを数えれば，もとの培養液の細胞の密度は計算で求めることができる。コロニーが互いによく離れていて，計数に理想的なコロニーの数は，少なくも多くもない 15～30 程度である。

計算：　プレート上のコロニー数 × 培養の希釈の逆数 ＝ 1 cm³ あたりの細菌数

例：　プレートには 28 個のコロニーがあり，もとの培養を 1/1,000 に希釈していた。もとの培養に含まれていた細菌の数は
　　　$28 \times 1{,}000 = 28 \times 10^3 \text{cm}^{-3}$

プレート上での計数は微生物学では広く使われている。この方法では，コロニー形成のための培養時間を要するが，生きているコロニーだけを計数する点で有用である。食品工業において品質管理の目的で菌を計数する際には，牛乳の処理過程のように食品生産物が腐りやすく，培養に時間をかけるわけにはいかないので，液浸レンズを備えた顕微鏡で微生物を直接数える方法が採用される。

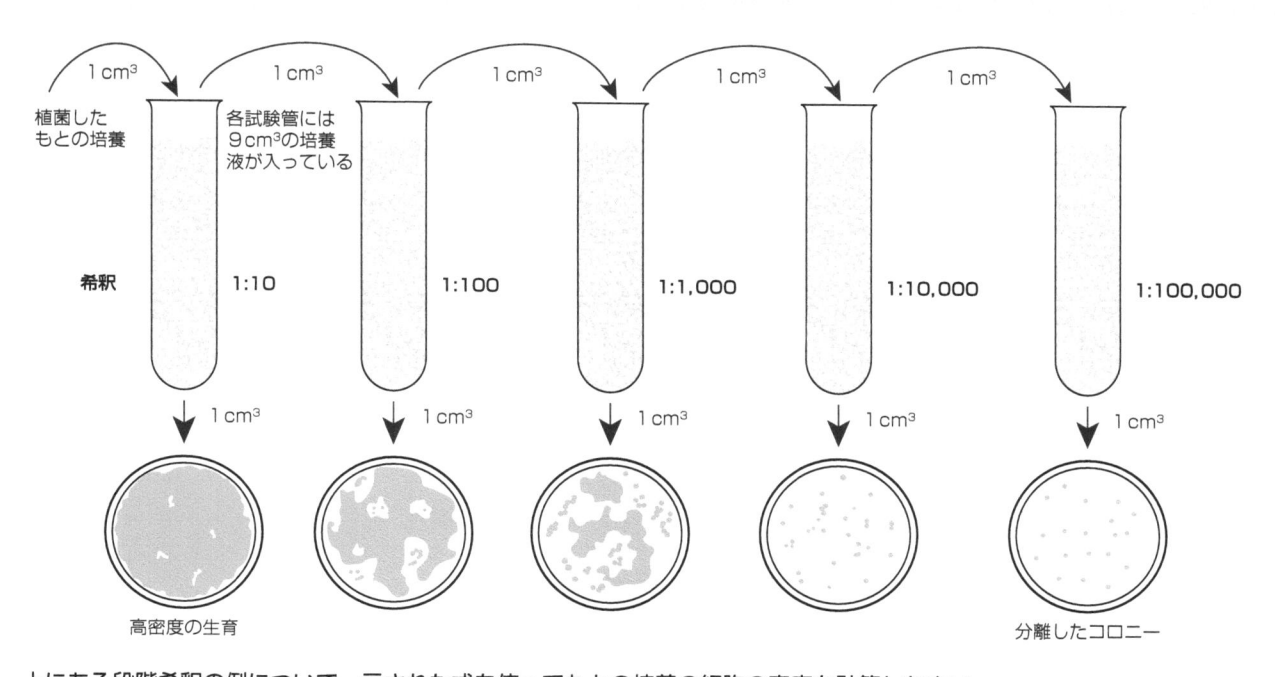

1. 上にある段階希釈の例について，示された式を使ってもとの培養の細胞の密度を計算しなさい。 _____

2. (a) 生菌数という言葉を説明しなさい。 _____

   (b) 希釈してから培養プレートに菌を蒔くことが生菌数を知るのに有用な手法である理由を説明しなさい。

   (c) 比濁分析法のような，希釈してから培養プレートに菌をまく方法を代替する手法について，両者がどのように異なるのかを検討しなさい。

用語の確認

1. 以下の文章は，この章で説明した顕微鏡の使い方に関するいくつかの重要事項をまとめたものである。文章が完全になるように，後ろの（　）内の用語を選び空所に入れなさい。（可視化，顕微鏡使用法，光学，生体用，染色液，走査型，電子線，透過型，倍率，非生体用，分解能）

＿＿＿＿＿＿＿＿＿＿は，肉眼で見るよりも細部まで試料を見るために，科学のさまざまな分野で顕微鏡を用いる技術である。＿＿＿＿＿＿＿＿顕微鏡は像を得るために，一般的には透過光を利用する。顕微鏡に関する2つの重要なことは，＿＿＿＿＿＿＿＿（実際の大きさに比べて対象物を何倍拡大しているのか），そして，＿＿＿＿＿＿＿＿（接近しているが離れている物体を識別する能力）である。生物学的＿＿＿＿＿＿＿＿と色素は，細部を見えるようにしたり，特定の構成要素を＿＿＿＿＿＿＿＿するために使われる。多くの染色液は，死んだ標本に使われ，＿＿＿＿＿＿＿＿と呼ばれる。試料に害を与えない染色液は＿＿＿＿＿＿＿＿と呼ばれる。電子顕微鏡は，＿＿＿＿＿＿＿＿を用いて高解像の像をつくることができる。＿＿＿＿＿＿＿＿電子顕微鏡は表面の像だけをつくるのに対して，＿＿＿＿＿＿＿＿電子顕微鏡は材料の薄い切片における細部を見るために用いられる。

2. それぞれの用語にふさわしい定義をA～Pの中から選び，アルファベットで答えなさい。

生物描画 ＿＿＿＿＿＿＿＿
組織染色 ＿＿＿＿＿＿＿＿
校正曲線 ＿＿＿＿＿＿＿＿
細胞分画 ＿＿＿＿＿＿＿＿
クロマトグラフィー ＿＿＿＿＿＿＿＿
比色分析法 ＿＿＿＿＿＿＿＿
電子顕微鏡 ＿＿＿＿＿＿＿＿
ゲル電気泳動 ＿＿＿＿＿＿＿＿
倍率 ＿＿＿＿＿＿＿＿
微細繁殖 ＿＿＿＿＿＿＿＿
光学顕微鏡 ＿＿＿＿＿＿＿＿
分解能 ＿＿＿＿＿＿＿＿
走査型電子顕微鏡 ＿＿＿＿＿＿＿＿
段階希釈 ＿＿＿＿＿＿＿＿
透過型電子顕微鏡 ＿＿＿＿＿＿＿＿
生体染色 ＿＿＿＿＿＿＿＿

A　顕微鏡像が標本の実際の大きさよりどのくらい大きいか。

B　観察した生物材料を正確に現す描画。

C　非常に薄い試料を通過した電子線が試料内部の像を形成する電子顕微鏡。

D　緩衝液の中に入れたゲル基質に，いろいろなサイズのDNA断片を入れ，電流を通して分ける方法。

E　試料の表面の特徴を表す像をつくり出す電子顕微鏡。

F　植物をクローニングする方法。植物組織培養とも呼ばれる。

G　接近しているが離れている物体を識別する能力。

H　細胞に害を与えずに投与できるタイプの生物染色。

I　分画遠心法により溶液中で細胞小器官を分けること。

J　吸光度により溶液の濃度を求める方法。

K　電子線を用いて高解像度の像をつくり出す顕微鏡。

L　化学的あるいは物理的特徴をもとに，混合物の中の要素を分ける方法。

M　レンズを用いて試料を通過した光を像にするタイプの顕微鏡。

N　細胞の特定の部分に結合して，細胞を見やすくする化学物質。

O　溶液中の物質の段階的希釈。

P　既知の濃度の標準試料を用いてつくった曲線。未知の試料の濃度を求めるために使われる。

索 引

●数字
95％信頼区間（CI） 43
●英字
ANOVA 54, 55, 56
Log_{10} 38
R_f 値 138
r_s 値 61
SEM 130, 131
TEM 130, 131
t 検定（t 値） 51, 52
●ア行
遺伝子流動 99
ウエットマウント法 125
円グラフ 25
遠心分離 137
折れ線グラフ 15, 28
●カ行
回帰線 27, 28, 46, 47
回帰分析 37
カイトグラフ 26, 82
カイ二乗検定 57, 58, 59, 60
解剖顕微鏡 123, 124
仮説 2, 3, 33, 34, 36
片側検定 51, 52
仮定 3, 41, 59, 97
環境勾配 26, 70, 71, 81
観察度数 57, 58, 59
間接サンプリング 77
棄却値 43, 51, 52, 53
記述統計量 7, 13, 14, 39, 41, 42, 44, 54
期待度数 40, 57, 59
帰無仮説 3, 51, 52, 57, 59
共有派生形質 95, 97, 99
極限生物 96
近似曲線 15
均等度 70
クロマトグラフィー 138
系統学的種概念 99
系統発生 97
ゲル電気泳動 139, 140
原核生物上界 96, 100
件数表 21, 24
光学顕微鏡 123, 131
校正曲線 136
五界説 96, 100, 116
古細菌ドメイン 96, 100
誤差範囲 45, 49, 50, 55
誤差棒 43, 45, 49, 50, 55
個体群密度 77, 88
個体識別 83
コドラート 70, 71, 81, 86, 87
コロニー数 38, 145
●サ行
最節約法 97

最頻値 13, 39, 42
散布図 15, 27, 46, 47, 49
サンプリング計画 30, 70, 73
サンプリング効率 80
サンプリング集団 41
サンプリング精度 69
サンプリング努力 74
サンプリング単位 39, 70, 74
サンプルサイズ 39, 41, 56, 57, 59
指標生物 72
従属変数 2, 9, 23, 25, 28, 46
集中分布 70
自由度 43, 51, 52, 53, 57, 59
種の豊富さ 70
順位相関係数 61
植物組織培養 141, 142
真核生物上界 96, 100
真核生物ドメイン 96
真正細菌ドメイン 96
推計統計学 43
ストリーク・プレート法 144
スピアマンの順位相関 61
正規分布 13, 38, 39, 40, 51, 54, 61
生体染色液 125
精度 5, 6, 9, 138
生物学的種概念 99
生物分類学 100
線形回帰 46
線倍率 128
走査型電子顕微鏡 130, 131
相対優占度 70, 87
ソーラス 40
存在量 7, 26, 70, 86
●タ行
対照群 51, 63
対立仮説 51, 52
多重比較 51
多様度指数 70, 72
タリーチャート 21
段階希釈法 145
中央値 7, 13, 39, 40, 68
定性的調査 8
定性的データ 7, 8, 13
定量的調査 9
定量的データ 5, 7, 8, 39
データセット 13, 14, 41
データロガー 75
透過型電子顕微鏡 130, 131, 133, 134
同定 107, 109, 126, 138
独立変数 2, 9, 23, 27, 28, 29, 46
度数分布（図） 21, 22, 24, 39, 40, 41
トランセクト 70, 71, 81
●ナ行
生データ 5, 13, 21, 28, 38

二分式分類検索キー 95, 107, 109
二名法 95, 105
●ハ行
ばらつき 28, 39, 41, 43, 56, 70
微細繁殖 141
比色分析法 135, 136
ヒストグラム 15, 21, 24, 40, 41
非線形回帰 46, 49
被度 26, 82, 86, 87
標識再捕獲法 70, 71, 83
標準誤差 39, 43
標準偏差 14, 40, 41, 43, 51
標本数 43, 51, 52, 63
標本分散 42
標本の大きさ 39, 41, 74, 87
複式光学顕微鏡 123
二山型分布 13, 39
物理的環境 69, 75, 76, 90
不連続データ 7, 23, 25, 39
分解能 123, 131
分画遠心法 137
分岐分類学 97, 98
分散 41, 43, 51, 52
分散分析 54, 55, 56
分類階級 95, 97, 99, 106
分類群 95, 97, 100, 105, 116
平均 13, 14, 39, 40, 41, 43, 49, 51, 52, 54
平板塗抹培養法 144
平方根 38, 53
平方和 52
ベルトトランセクト法 70, 81
変数 2, 7, 9, 39, 61
ポイントサンプリング法 70, 71, 81
棒グラフ 13, 23, 44, 45, 55
母集団 43, 69
●マ行
無菌操作 143
無作為抽出 6, 41, 68, 70, 86
メンデル比 59, 60
●ヤ行
野外研究 69, 70, 73, 74, 90
野帳 23, 24, 25, 26, 29, 82, 91
有意確率 43, 53, 57, 59
●ラ行
ライントランセクト法 70, 71
ラジオトラッキング法 71, 85
ランダムサンプリング 6, 41, 70
ランダム分布 70
両側検定 51, 52
リンカーン法 83
齢構造 71, 77, 86
六界説 95, 96

147

【Writing Team】

- Tracey Greenwood
- Lissa Bainbridge-Smith
- Kent Pryor
- Richard Allan

【監訳者略歴】

●後藤　太一郎　〈5章〉
　1955年生まれ。横浜市立大学文理学部生物学科卒業，岡山大学大学院理学研究科修士課程修了，岐阜大学大学院医学研究科博士課程単位取得退学（医学博士）。三重大学教育学部教授。

【訳者略歴】

●平山　大輔　〈1，2章〉
　1975年生まれ。大阪市立大学理学部生物学科卒業，大阪市立大学大学院理学研究科博士課程修了，博士（理学）。三重大学教育学部准教授。

●平野　弥生　〈3，4章〉
　1957年生まれ。岡山大学理学部生物学科卒業，岡山大学大学院理学研究科修士課程修了，北海道大学大学院理学研究科博士課程修了（理学博士）。千葉県立中央博物館分館海の博物館共同研究員ならびに東邦大学理学部東京湾生態系研究センター訪問研究員。

●冨樫　伸　〈5章〉
　1955年生まれ。横浜市立大学文理学部生物学科卒業，筑波大学大学院博士課程生物科学研究科修了（理学博士）。明星大学教育学部教授。

- 本書の内容に関する質問は，オーム社ホームページの「サポート」から，「お問合せ」の「書籍に関するお問合せ」をご参照いただくか，または書状にてオーム社編集局宛にお願いします．お受けできる質問は本書で紹介した内容に限らせていただきます．なお，電話での質問にはお答えできませんので，あらかじめご了承ください．
- 万一，落丁・乱丁の場合は，送料当社負担でお取替えいたします．当社販売課宛にお送りください．
- 本書の一部の複写複製を希望される場合は，本書扉裏を参照してください．

JCOPY ＜出版者著作権管理機構 委託出版物＞

ワークブックで学ぶ生物学実験の基礎

2014年10月20日　　　第1版第1刷発行
2024年 4月10日　　　第1版第6刷発行

著　者　Tracey Greenwood
　　　　Lissa Bainbridge-Smith
　　　　Kent Pryor
　　　　Richard Allan
監訳者　後藤太一郎
発行者　村上和夫
発行所　株式会社オーム社
　　　　郵便番号　101-8460
　　　　東京都千代田区神田錦町3-1
　　　　電話　03(3233)0641(代表)
　　　　URL　https://www.ohmsha.co.jp/

© オーム社 2014

印刷・製本　小野高速印刷株式会社
ISBN978-4-274-50513-3　Printed in Japan